普通高等教育"十四五"规划教材



# 农产品品质与安全标准化检测

王小龙 主编

Quality and Safety Standardization Testing of Agricultural Products

中国农业大学出版社
China Agricultural University Press
·北京·

## 内容简介

本书主要面向“新农科”人才培养需要，结合农科类专业教学中农产品品质与安全标准化的理论与应用需求，以水稻、玉米、大豆、蔬菜、甘蔗、茶叶、苹果、肉类、鸡蛋、牛奶等我国重要农产品为实验对象，编写其感官特性、营养品质和质量安全等环节涉及的标准化检测与评价方法。同时，设计了涵盖上述各方面的综合性农业标准化实验，使本书既有验证性、演示性实验，又有综合性、研究性实验。通过对本书内容的学习，学生们既可以了解常见农产品质量与安全评价的标准化操作，培养基本标准化实验技能，又可以培养发现问题、分析问题及解决问题的综合能力，全面提高对现代农业标准化认知，以达到培育“新农科”人才的本科教学要求。

**图书在版编目(CIP)数据**

农产品品质与安全标准化检测/王小龙主编. --北京：中国农业大学出版社，2023.10
ISBN 978-7-5655-2998-6

Ⅰ.①农… Ⅱ.①王… Ⅲ.①农产品－品质－研究－中国②农产品－质量管理－安全检查－研究－中国 Ⅳ.①S331②F326.5

中国国家版本馆 CIP 数据核字(2023)第 107227 号

**书　　名** 农产品品质与安全标准化检测
Nongchanpin Pinzhi yu Anquan Biaozhunhua Jiance
**作　　者** 王小龙 主编

**策划编辑** 何美文　　**责任编辑** 何美文
**封面设计** 李尘工作室
**出版发行** 中国农业大学出版社
**社　　址** 北京市海淀区圆明园西路 2 号　　**邮政编码** 100193
**电　　话** 发行部 010-62733489，1190　　读者服务部 010-62732336
编辑部 010-62732617，2618　　出 版 部 010-62733440
**网　　址** http://www.caupress.cn　　**E-mail** cbsszs@cau.edu.cn
**经　　销** 新华书店
**印　　刷** 河北虎彩印刷有限公司
**版　　次** 2023 年 10 月第 1 版　2023 年 10 月第 1 次印刷
**规　　格** 185 mm×260 mm　16 开本　14 印张　350 千字
**定　　价** 42.00 元

# 编写人员

**主　编**　王小龙　（华南农业大学）

**副主编**　安　静　（华南农业大学）

**参　编**　（按姓氏拼音排序）

程　雄　（华南农业大学）

段美洋　（华南农业大学）

高旭华　（广东省科学院生物与医学工程研究所）

侯　俊　（长江大学）

刘盈茹　（河北农业大学）

龙　攀　（湖南农业大学）

沈雪峰　（广东海洋大学）

唐中祺　（甘肃农业大学）

王　晔　（北京农学院）

王树丽　（华南农业大学）

张钰石　（中国农业大学）

**主　审**　陈源泉　（中国农业大学）

# 前 言

党的二十大擘画了以中国式现代化全面推进中华民族伟大复兴的宏伟蓝图。坚持农业农村优先发展，加快农业农村现代化步伐，全面贯彻落实乡村振兴战略，推动我国从农业大国向农业强国转变，是新时代全面建设社会主义现代化国家的重大战略举措。农业标准化是现代农业的重要基石。发展乡村特色产业，利用农业特色资源，发展“一村一品，一品一业”的特色经济，挖掘农村增收潜力，拓宽农民增收致富渠道。通过标准化形成与市场对接的价值链，围绕需求链，培育产业链，扩大产业面，壮大产业群。积极开展农业标准化，由此形成生态保护农业、休闲度假农业、旅游观光农业等文化农业的形态，是推动乡村产业、人才、文化、生态、组织振兴的重要途径。

农业标准化学科是标准化科学技术与农业生产领域交叉渗透形成的新兴学科。2001 年，华南农业大学改革农学专业本科人才培养方案，率先在农学专业下开设“农产品标准化与贸易”方向，并于同年开设农业标准化体系课程，至今已开设 20 年。经过长期教学总结与改革，形成包括理论（农业标准化体系）、验证性实验（农业标准化体系实验）和创新性综合实验（农产品品质与安全综合实验）“三位一体”式课程体系。在“新农科”建设背景下，面向农业现代化、标准化的人才培养目标，该课程体系的重要性和影响力正在进一步凸显。

为实现学生对农业标准化理论、方法、标准化检测等认识和实践能力的锻炼，由华南农业大学牵头，组织中国农业大学、湖南农业大学、河北农业大学、甘肃农业大学、广东海洋大学、长江大学、北京农学院、广东省科学院生物与医学工程研究所等涉农兄弟院校及相关科研单位，结合现行国家、行业相关标准，共同编写了《农产品品质与安全标准化检测》。该教材主要包括农产品感官特性标准化检测与评价、农产品品质标准化检测与评价、农产品质量安全标准化检测与评价和农产品品质与安全标准化综合性实验等 4 章内容，使本书既有验证性、演示性实验，又有综合性、研究性实验。其中，第 1 章由王小龙、安静、刘盈茹、唐中祺、王晔、张钰石编写，第 2 章由王树丽、程雄、沈雪峰、龙攀编写，第 3 章由段美洋、高旭华、侯俊编写，第 4 章由王小龙、安静编写。全书由王小龙和安静统稿和修改，林镓浚和陈拓硕士参与了文字校订。在编写本书过程中，编者得到了许多相关人士的支持和帮助，在此一并表示感谢。

本教材编写过程中，着力突出以下特点：一是深入挖掘实验性教材中的课程思政元素，提升教材育人的功能；二是所有实验内容及步骤来源于国家、行业或地方最新标准，反映农业标准化最新进展和技能需求；三是教材涉及的实验内容与课程理论知识紧密结合，从农产品外观品质、内在品质和安全特性等方面，全面反映农产品标准化评价、验证和优化的关键指标及实验操作方法，充分体现“新农科”人才培养需求；四是师生联动，根据教学情况明确实验具体内容的编写详略程度，设计验证性和综合性实验，突出实验教学的高阶性和挑战性。

本教材可用作农科类相关专业教材，也可供农产品检验、质量监督机构等相关单位或企业的科技人员、实验人员参考。

感谢中国农业大学出版社对本书编写的大力支持和帮助，本书能够列入中国农业大学出版社普通高等教育“十四五”规划教材是编者编写本教材的主要动力。感谢中国农业大学陈源泉教授对本书提出的宝贵审校意见，增强了本书内容的系统性和科学性。尽管编写人员做了很大努力，限于编者水平，且农业标准化学科涉及面广，书中难免存在不妥或疏漏之处，恳请使用本教材的师生和读者给予批评、指正。

**编　者**

2023 年 5 月

# 目录

# 第1章　农产品感官特性标准化检测与评价

农产品感官品质是指可以通过人的视觉、嗅觉、触觉和味觉等感觉器官来判断农产品质量优劣的品质特性，如稻米垩白粒率、长宽比、垩白度、色泽等外观品质，西瓜的大小、甜度、口感等市场品质，以及果蔬产品的新鲜程度、整齐度、病斑、虫口等视觉感观品质等。农产品感官品质作为重要的品质特性具有判断直观、快速的特点。通过对农产品感官性状的标准化检测与评价，可以及时、快速、准确地检测出农产品质量在感官性状方面有无出现异常现象，便于尽早发现问题并进行处理，避免对人造成危害。党的二十大提出，要推进高水平对外开放，稳步扩大规则、规制、管理、标准等制度型开放，推动货物贸易优化升级，创新服务贸易发展机制，发展数字贸易，加快建设贸易强国。标准化是沟通国际贸易和国际技术合作的技术纽带，标准化的程度直接影响贸易中技术壁垒的形成和消除。感官品质评价所用方法直观，设备简易，便于农产品快速分级，其评价指标与国内外各级农产品认证体系有机联系。提高我国农业标准化水平，推动我国农产品认证体系与国际市场接轨，对推动农产品市场健康有序发展和提高农产品商品性特征具有重要意义。本章选择我国主要粮油、果蔬和动物产品作为实验对象，开展感官品质标准化检测与评价，以便学生和相关专业技术人员掌握相关技术标准，理解标准背后的实验原理。

## 第1节　粮食与油料作物感官品质标准与评价

### 实验1　稻谷感官品质测定与评价

#### 一、实验目的

1. 学习和掌握稻谷碾磨品质和稻米外观及蒸煮品质的分析测定技术。
2. 掌握稻米品质级别的评定方法。

#### 二、实验原理

正常的稻谷具有固有的色泽、气味和口味，综合稻谷的碾米感官品质和蒸煮品质，评价稻谷的感官品质，合理划分稻谷的等级。

## 三、实验器材

1. 实验材料

不同类型水稻稻谷：粳稻、籼稻、糯米。

2. 实验器具

实验砻谷机：适合稻谷脱壳且不损伤糙米粒的小型实验室用砻谷机。

实验碾米机：适合糙米碾磨去除皮层和胚的小型实验室用碾米机。

蒸锅：直径为 26～28 cm 的单屉铝(或不锈钢)锅。

饭盒：容量为 60 mL 以上的带盖铝(或不锈钢)盒，也可用盛放 2 mL 注射器的铝(或不锈钢)盒。

电炉(2 000 W 或相同功率的电磁炉)、天平(感量 0.01 g)、白色瓷盘或搪瓷盘(32 cm×22 cm)、贴有黑纸的平板(20 cm×40 cm)、种子净度仪、沥水筛、洗米盆、谷物选筛、游标卡尺、广口瓶、水浴锅、量筒等。

## 四、实验步骤

1. 碾米外观品质

(1)稻谷除杂　用种子净度仪除去杂物、空粒和秕谷。

(2)出糙率测定　从净稻谷试样中称取 20～25 g 试样($m_0$)，精确至 0.01 g，先拣出生芽粒，单独剥壳，称量生芽粒糙米质量($m_1$)；然后将剩余试样用实验砻谷机脱壳，除去谷壳，称量砻谷机脱壳后的糙米质量($m_2$)；感官检验、拣出糙米中不完善粒糙米，包括未熟粒、虫蚀粒、病斑粒和生霉粒，称量不完善粒糙米质量($m_3$)。

稻谷出糙率($X$)以百分数计，按公式(1-1-1)计算：

$$X=\frac{(m_1+m_2)-\frac{m_1+m_3}{2}}{m_0}\times 100\% \tag{1-1-1}$$

式中：$X$—稻谷出糙率(%)；$m_1$—生芽粒糙米质量(g)；$m_2$—砻谷机脱壳后的糙米质量(g)；$m_3$—不完善粒糙米质量(g)；$m_0$—试样质量(g)。

在重复性条件下，获得的两次独立测试结果的绝对差值不大于 0.5%，求其平均数，即为测试结果，测试结果保留 1 位小数。

(3)整精米率测定　将糙米全部置于经过调整的实验碾米机内，碾磨一定时间，使加工精度达到国家标准(GB/T 1354)三级大米，除去糠粉后，分拣出整精米并称重($m$)。

稻谷整精米率($H$)以百分数计，按公式(1-1-2)计算：

$$H=\frac{m}{m_0}\times 100\% \tag{1-1-2}$$

式中：$H$—整精米率(%)；$m_0$—稻谷试样质量(g)；$m$—整精米质量(g)。

两次平行试验测定值的绝对差值不应超过 1.5%，取平均值作为检验结果。

(4)色泽鉴定　取 100 g 样品，在贴有黑纸的平板上均匀地摊成 15 cm×20 cm 的薄层，在散射光线下仔细观察样品的整体颜色和光泽。结果以“正常”或“不正常”表示，对“不正常”的应加以说明。

(5)气味鉴定　分取 20～50 g 样品，放在手掌中用哈气或摩擦的方法，提高样品的温度后，立即嗅其气味。结果以“正常”或“不正常”表示，对“不正常”的应加以说明。

(6)垩白度检验　从大米试样中随机数取完整米粒 100 粒($n_0$)，拣出有垩白的米粒(粒数 $n_1$)。再从拣出的垩白米粒中，随机取 10 粒(不足 10 粒者按实有粒数取)，将垩白米粒平放，正视观察，逐粒目测垩白投影面积占完整米粒投影面积的百分率，并计算其平均值，即为垩白米粒垩白大小($W_D$)的数值(%)。重复一次，两次测定结果平均值为垩白大小。

垩白度($D$)以百分数计，按公式(1-1-3)计算：

$$D = W_D \times \frac{n_1}{n_0} \tag{1-1-3}$$

式中：$D$—垩白度(%)；$W_D$—垩白大小(%)；$n_1$—试样中垩白米粒粒数；$n_0$—试样粒数。

(7)长宽比测定　随机取完整米粒 10 粒，平放于黑色背景的平板上，按照头对头、尾对尾、不重叠、不留隙的方式，紧靠直尺排成一行，读出长度，除以 10 即为大米的平均长度($L$)。再将 10 粒米粒紧密相连摆成一排，在最宽的地方测量，读数，除以 10 即为大米的平均宽度($W$)。

米粒的长宽比($R$)按公式(1-1-4)计算：

$$R = \frac{L}{W} \tag{1-1-4}$$

式中：$R$—米粒的长宽比；$L$—米粒平均长度(mm)；$W$—米粒平均宽度(mm)。

(8)分级　依据表 1-1-1 评定稻谷碾米品质。优质大米垩白度质量要求见表 1-1-2。

**表 1-1-1　稻谷碾米品质分级标准**

| 等级 | 早籼稻谷、晚籼稻谷、籼糯稻谷 | | 粳稻谷、粳糯稻谷 | | 色泽、气味 |
|---|---|---|---|---|---|
| | 出糙率/% | 整精米率/% | 出糙率/% | 整精米率/% | |
| 1 | ≥79.0 | ≥50.0 | ≥81.0 | ≥61.0 | 正常 |
| 2 | ≥77.0 | ≥47.0 | ≥79.0 | ≥58.0 | |
| 3 | ≥75.0 | ≥44.0 | ≥77.0 | ≥55.0 | |
| 4 | ≥73.0 | ≥41.0 | ≥75.0 | ≥52.0 | |
| 5 | ≥71.0 | ≥38.0 | ≥73.0 | ≥49.0 | |
| 等外 | <71.0 | — | <73.0 | — | |

注：“—”为不要求。

**表 1-1-2　优质大米垩白度质量要求**　%

| 项目 | 优质籼米 | | | 优质粳米 | | |
|---|---|---|---|---|---|---|
| | 一级 | 二级 | 三级 | 一级 | 二级 | 三级 |
| 垩白度 | ≤2.0 | ≤5.0 | ≤8.0 | ≤2.0 | ≤4.0 | ≤6.0 |

2. 食用感官品质

(1)称样　称取 10 g 已制备好的大米试样于饭盒中，参加品评人员每人一盒。

(2)洗米　将称量后的试样倒入沥水筛，将沥水筛置于盆内，快速加入 300 mL 水，顺时针搅拌 10 圈，逆时针搅拌 10 圈，快速换水重复上述操作 1 次。再用 200 mL 蒸馏水淋洗 1 次，沥尽余水，放入蒸饭皿中。洗米时间控制在 3～5 min。

(3)加水浸泡　籼米加蒸馏水量为样品量的 1.6 倍，粳米加蒸馏水量为样品量的 1.3 倍。加水量可依据米饭软硬适当增减。浸泡水温 25 ℃左右，浸泡 30 min。

(4)蒸煮　蒸锅内加入适量的水，用电炉(或电磁炉)加热至沸腾，取下锅盖，再将盛放样品的蒸饭皿加盖后置于蒸屉上，盖上锅盖，继续加热并开始计时，蒸煮 40 min，停止加热，焖制 20 min。

(5)品评　将制成的试样连同蒸饭皿放在白瓷盘上(每人 1 盘)，每盘 4 份试样，趁热品尝。评价员在每次品评前用温开水漱口，漱去口中的残留物。

①辨别米饭气味。趁热将米饭置于鼻腔下方，适当用力地吸气，仔细辨别米饭的气味。

②观察米饭外观。观察米饭表面的颜色、光泽和饭粒完整性。

③辨别米饭的适口性。用筷子取米饭少许放入口中，细嚼 3～5 s，边嚼边用牙齿、舌头等感觉器官仔细品尝米饭的黏性、软硬度、弹性、滋味等项。

④评价冷饭质地。米饭在室温下放置 1 h 后，品尝、判断冷饭的黏弹性、黏结成团性和硬度。

(6)评分　根据米饭的气味、外观结构、适口性、滋味和冷饭质地，参考表 1-1-3 对样品米饭进行评定。

**表 1-1-3　米饭蒸煮品质评分表**

| 一级指标(分值) | 二级指标(分值) | 描述 |
|---|---|---|
| 气味(20 分) | 纯正性、浓郁性(20 分) | 具有米饭特有的香气，香气浓郁：18～20 分 |
| | | 具有米饭特有的香气，米饭清香：15～17 分 |
| | | 具有米饭特有的香气，香气不明显：12～14 分 |
| | | 米饭无香味，但无异味：7～11 分 |
| | | 米饭有异味：0～6 分 |
| 外观结构(20 分) | 颜色(7 分) | 米饭颜色洁白：6～7 分 |
| | | 米饭颜色正常：4～5 分 |
| | | 米饭发黄或发灰：0～3 分 |
| | 光泽(8 分) | 有明显光泽：7～8 分 |
| | | 稍有光泽：5～6 分 |
| | | 无光泽：0～4 分 |
| | 完整性(5 分) | 米饭结构紧密，饭粒完整性好：4～5 分 |
| | | 米饭大部分结构紧密完整：3 分 |
| | | 米饭粒出现爆花：0～2 分 |

续表1-1-3

| 一级指标（分值） | 二级指标（分值） | 描述 |
| --- | --- | --- |
| 适口性（30 分） | 黏性（10 分） | 滑爽，有黏性，不黏牙：8～10 分 |
| | | 有黏性，基本不黏牙：6～7 分 |
| | | 有黏性，黏牙；或无黏性：0～5 分 |
| | 弹性（10 分） | 米饭有嚼劲：8～10 分 |
| | | 米饭稍有嚼劲：6～7 分 |
| | | 米饭疏松、发硬，感觉有渣：0～5 分 |
| 适口性（30 分） | 软硬度（10 分） | 软硬适中：8～10 分 |
| | | 感觉略硬或略软：6～7 分 |
| | | 感觉很硬或很软：0～5 分 |
| 滋味（25 分） | 纯正性、持久性（25 分） | 咀嚼时，有较浓郁的清香和甜味：22～25 分 |
| | | 咀嚼时，有淡淡的清香滋味和甜味：18～21 分 |
| | | 咀嚼时，无清香滋味和甜味，但无异味：16～17 分 |
| | | 咀嚼时，无清香滋味和甜味，但有异味：0～15 分 |
| 冷饭质地（5 分） | 成团性、黏弹性、硬度（5 分） | 较松散，黏弹性较好，硬度适中：4～5 分 |
| | | 结团，黏弹性稍差，稍变硬：2～3 分 |
| | | 板结，黏弹性差，偏硬：0～1 分 |

## 五、注意事项与说明

(1)本实验涉及的相关术语及定义如表 1-1-4 所示。

**表 1-1-4　相关术语及其定义**

| 术语 | 说明 |
| --- | --- |
| 净稻谷 | 除去杂质和谷外糙米后的稻谷 |
| 出糙率 | 净稻谷脱壳后的糙米占试样的质量分数，其中不完善粒折半计算 |
| 整精米 | 糙米碾磨成加工精度为国家标准(GB/T 1354)三级大米时，长度达到试样完整米粒平均长度 3/4 及以上的米粒 |
| 整精米率 | 整精米占净稻谷试样的质量分数 |
| 不完善粒 | 未成熟或受到损伤但尚有使用价值的稻谷颗粒。包括未熟粒、虫蚀粒、病斑粒、生芽粒和生霉粒 |
| 未熟粒 | 籽粒不饱满，糙米粒外观全部为粉质的颗粒 |
| 虫蚀粒 | 被虫蛀蚀并伤及胚或胚乳的颗粒 |
| 病斑粒 | 糙米胚或胚乳有病斑的颗粒 |
| 生芽粒 | 芽或幼根已突出稻壳，或芽或幼根已突破糙米表皮的颗粒 |
| 生霉粒 | 稻谷粒生霉，去壳后糙米表面有霉斑的颗粒 |

续表1-1-4

| 术语 | 说明 |
| --- | --- |
| 垩白度 | 胚乳中有白色不透明部分(包括腹白、心白和背白)的米粒为垩白粒;垩白粒试样平放时垩白投影面积总和占试样投影面积的百分率 |
| 粒型(长宽比) | 完整精米粒长度与宽度的比值 |

(2)在检验过程中,不应进行与检验无关的活动,包括样品准备,因为这些活动可能导致结果偏离。检验室应温度舒适,通风良好;空气流动应有限定,以防止室内温度过度波动。不允许持久性的气味(如烟草味或化妆品味)污染检验室环境。尽管有色光线几乎不能完全掩蔽样品外观的差异,但控制光线的颜色和强度通常有利于检验。

(3)在检验前 1 h 内,应禁止评价员吸烟和食用零食(如咖啡)。评价员不应将任何外来气味带入评价活动,如烟草味、化妆品味,因为这些气味会影响其他评价员的反应。

(4)检验前,应对实验砻谷机、实验碾米机等设备进行调整,必要时应使用标准样品进行测试,测试结果应符合整精米率标准样品定值的要求。

## 六、结果与分析

实验结果按表 1-1-5 进行记录。以小组为单位,分析实验员之间的差异;计算本组的平均分值,以表格或图示表示。必要时全组讨论,得出各个样品的综合评价。

**表 1-1-5　稻谷外观品质评价记录表**

| 项目 | | 品评样品(样品编号) | | | | |
| --- | --- | --- | --- | --- | --- | --- |
| | | 样品 1 | 样品 2 | 样品 3 | 样品 4 | 样品 5 |
| 稻谷碾米外观品质 | 糙米率/% | | | | | |
| | 整精米率/% | | | | | |
| | 色泽 | | | | | |
| | 气味 | | | | | |
| | 垩白度/% | | | | | |
| | 长宽比 | | | | | |
| 米饭感官品质 | 气味 | | | | | |
| | 外观结构 | | | | | |
| | 适口性 | | | | | |
| | 滋味 | | | | | |
| | 冷饭质地 | | | | | |
| 综合评分 | | | | | | |

## 七、思考题

1. 影响稻米品质分析的主要因素有哪些?
2. 在分析中如何提高结果的稳定性和可靠性?

# 实验 2　鲜食玉米感官品质测定与评价

## 一、实验目的

1. 了解鲜食玉米的类型。
2. 学习鲜食玉米外观品质和蒸煮品质测定与评价标准。
3. 掌握鲜食玉米外观品质和蒸煮品质评定的方法。

## 二、实验原理

结合鲜食玉米的外观品质和蒸煮品质，根据鲜食玉米的苞叶、果穗和籽粒的外观，以及蒸煮后的气味、色泽、适口性、果皮厚薄、滋味等，合理地评价鲜食玉米的感官品质。

## 三、实验器材

1. 实验材料

不同品种的甜玉米、糯玉米和甜糯玉米。

2. 实验器具

蒸锅(直径 26～28 cm)、电炉(1 000 W 或相应功率的电磁炉)、白瓷盘、切刀、计时器等。

## 四、实验步骤

1. 外观品质评定

随机选取 3 穗及以上具有代表性的鲜玉米穗，先观察苞叶外观，剥下苞叶后，用目测法进行果穗穗型整齐度、秃尖、秃尾、籽粒色泽、虫害、霉变、损伤、籽粒整齐度检测；用指压法对籽粒饱满度进行检测。参考表 1-2-1，根据玉米的苞叶外观、果穗外观、籽粒表面和籽粒整体情况，对玉米样品外观品质评分，总分 30 分。

**表 1-2-1　甜玉米、糯玉米、甜糯玉米外观品质评分表**

| 指标(分值) | 标准描述 | 评分/分 |
|---|---|---|
| 苞叶外观(10 分) | 新鲜整洁，苞叶深绿，包被完整、收口良好，无露尖 | 9～10 |
| | 新鲜整洁，苞叶绿，包被较完整、收口稍差，无露尖 | 7～8 |
| | 较为新鲜整洁，苞叶浅绿，包被基本完整，露尖≤1 cm | 4～6 |
| | 不新鲜发黄、发干，整洁度差，苞叶包被不完整，露尖＞1 cm | 1～3 |
| 果穗外观(10 分) | 穗型一致，基本无秃尖，无秃尾 | 9～10 |
| | 穗型基本一致，秃尖≤1 cm，无秃尾 | 7～8 |
| | 穗型稍有差异，秃尖≤2 cm，秃尾≤1 cm | 5～6 |
| | 穗型差异较明显，秃尖＞2 cm，秃尾＞1 cm | 1～4 |

续表1-2-1

| 指标（分值） | 标准描述 | 评分/分 |
| --- | --- | --- |
| 籽粒表面状况（4分） | 籽粒具有乳熟时应有的色泽，无虫咬，无霉变，损伤粒＜5粒 | 3～4 |
| | 色泽较差，无霉变，虫咬、损伤粒≤10粒 | 2～3 |
| | 籽粒失去乳熟时应有的色泽，虫咬、霉变、损伤粒＞10粒 | 1 |
| 籽粒整体情况（6分） | 籽粒饱满、平整、粒型基本一致，粒深较深，排列整齐紧密，穗行直 | 5～6 |
| | 有个别籽粒不饱满、不平整，粒型稍有差异，粒深较浅，排列较为整齐紧密，穗行较直、有轻微螺旋 | 3～4 |
| | 籽粒饱满度和平整度较差，粒型有差异，粒深浅，排列不整齐、松散，穗行紊乱且螺旋明显 | 1～2 |

2. 蒸煮品质评定

(1)试样制备　随机抽取具有代表性的试样5～10穗，除净苞叶和玉米须。

(2)蒸煮　将每穗样品放入单独的蒸锅蒸屉内，盖上锅盖并加热。蒸锅中水加热至沸腾后开始计时，甜玉米蒸5～10 min，停止加热；糯玉米或甜糯玉米蒸20～25 min，停止加热。取出样品，从每穗正中段切取8～10 cm作为品评样品。

(3)品评　每次品评需将制成的试样依次放在白瓷盘上(每人1盘)，趁热直接闻试样的气味，再观察籽粒色泽，依次品尝其甜度(糯性或糯甜性)、脆嫩性或柔嫩性、皮的薄厚和滋味。根据评定的甜玉米、糯玉米、甜糯玉米类型，参照表1-2-2至表1-2-4，每项指标评分可设定为：气味7分，色泽7分，甜度(糯性或糯甜性)18分，脆嫩性(柔嫩性)10分，皮厚薄18分，滋味10分，总分70分，评估玉米样品的蒸煮品质。

**表1-2-2　甜玉米蒸煮品质评分表**

| 指标 | 标准描述 | 评分/分 |
| --- | --- | --- |
| 气味（7分） | 具有甜玉米特有清香气味，香气明显 | 6～7 |
| | 具有甜玉米特有清香气味，香气不明显 | 4～5 |
| | 无香味，但无异味 | 1～3 |
| | 有异味 | 0 |
| 色泽（7分） | 具有玉米本来颜色，有光泽 | 6～7 |
| | 具有玉米本来颜色，较暗、光泽不明显 | 4～5 |
| | 具有玉米本来颜色，灰暗、无光泽 | 1～3 |
| 甜度（18分） | 咀嚼时甜味明显 | 15～18 |
| | 咀嚼时甜味稍不明显 | 10～14 |
| | 咀嚼时甜味较不明显 | 5～9 |
| | 咀嚼时基本无甜味 | 1～4 |

续表1-2-2

| 指标 | | 标准描述 | 评分/分 |
| --- | --- | --- | --- |
| 适口性 | 脆嫩性（10 分） | 籽粒脆爽、鲜嫩感好 | 8～10 |
| | | 籽粒脆爽、鲜嫩感稍差 | 5～7 |
| | | 籽粒脆爽、鲜嫩感较差 | 1～4 |
| | 皮厚薄（18 分） | 籽粒皮薄，基本无渣 | 15～18 |
| | | 籽粒皮较厚，有渣不明显 | 10～14 |
| | | 籽粒皮厚，明显有渣 | 5～9 |
| | | 籽粒皮过厚，渣感过于明显 | 1～4 |
| 滋味（10 分） | | 咀嚼时有较浓郁的甜香味 | 8～10 |
| | | 咀嚼时有较淡的甜香味 | 5～7 |
| | | 咀嚼时基本无香甜味，但无异味 | 1～4 |
| | | 咀嚼时无香甜味，有异味 | 0 |

**表 1-2-3　糯玉米蒸煮品质评分表**

| 指标 | | 标准 | 评分/分 |
| --- | --- | --- | --- |
| 气味（7 分） | | 具有糯玉米特有糯香气味，香气明显 | 6～7 |
| | | 具有糯玉米特有糯香气味，香气不明显 | 4～5 |
| | | 无香味，但无异味 | 1～3 |
| | | 有异味 | 0 |
| 色泽（7 分） | | 具有玉米本来颜色，有光泽 | 6～7 |
| | | 具有玉米本来颜色，较暗、光泽不明显 | 4～5 |
| | | 具有玉米本来颜色，灰暗、无光泽 | 1～3 |
| 糯性（18 分） | | 咀嚼时糯(黏)性明显 | 15～18 |
| | | 咀嚼时糯(黏)性稍差 | 10～14 |
| | | 咀嚼时糯(黏)性一般 | 5～9 |
| | | 咀嚼时基本无糯(黏)性 | 1～4 |
| 适口性 | 柔嫩性（10 分） | 籽粒柔滑，柔嫩度好，软硬适当 | 8～10 |
| | | 籽粒柔滑感减弱，柔嫩度稍差，稍软或稍硬 | 5～7 |
| | | 籽粒过硬或过嫩 | 1～4 |
| | 皮厚薄（18 分） | 籽粒皮薄，基本无渣 | 15～18 |
| | | 籽粒皮较厚，有渣不明显 | 10～14 |
| | | 籽粒皮厚，明显有渣 | 5～9 |
| | | 籽粒皮过厚，渣感过于明显 | 1～4 |

续表1-2-3

| 指标 | 标准 | 评分/分 |
|---|---|---|
| 滋味（10分） | 咀嚼时有浓郁的糯玉米味 | 8～10 |
| | 咀嚼时有较淡的糯玉米味 | 5～7 |
| | 咀嚼时基本无糯玉米味，但无异味 | 1～4 |
| | 咀嚼时无糯玉米味，有异味 | 0 |

**表 1-2-4 甜糯玉米蒸煮品质评分表**

| 指标 | | 标准 | 评分/分 |
|---|---|---|---|
| 气味（7分） | | 具有甜糯玉米特有糯香和清香气味，香气明显 | 6～7 |
| | | 具有甜糯玉米特有糯香和清香气味，香气不明显 | 4～5 |
| | | 无香味，但无异味 | 1～3 |
| | | 有异味 | 0 |
| 色泽（7分） | | 具有玉米本来颜色，有光泽 | 6～7 |
| | | 具有玉米本来颜色，较暗、光泽不明显 | 4～5 |
| | | 具有玉米本来颜色，灰暗、无光泽 | 1～3 |
| 糯甜性（18分） | | 咀嚼时糯（黏）性明显，同时伴有明显甜味 | 15～18 |
| | | 咀嚼时糯（黏）性稍差，甜味稍不明显 | 10～14 |
| | | 咀嚼时糯（黏）性一般，甜味较不明显 | 5～9 |
| | | 咀嚼时无糯（黏）性，基本无甜味 | 1～4 |
| 适口性 | 柔嫩性（10分） | 籽粒柔滑，柔嫩度好，软硬适当 | 8～10 |
| | | 籽粒柔滑感减弱，柔嫩度稍差，稍软或稍硬 | 5～7 |
| | | 籽粒过硬或过嫩 | 1～4 |
| | 皮厚薄（18分） | 籽粒皮薄，基本无渣 | 15～18 |
| | | 籽粒皮较厚，有渣不明显 | 10～14 |
| | | 籽粒皮厚，明显有渣 | 5～9 |
| | | 籽粒皮过厚，渣感过于明显 | 1～4 |
| 滋味（10分） | | 咀嚼时有浓郁的糯玉米和甜香味 | 8～10 |
| | | 咀嚼时有较淡的糯玉米或甜香味 | 5～7 |
| | | 咀嚼时基本无糯玉米和甜香味，但无异味 | 1～4 |
| | | 咀嚼时无香甜味，有异味 | 0 |

## 五、注意事项与说明

（1）检验室和品评员的注意事项和要求参考第1章第1节实验1。

（2）实验过程中注意避免蒸煮过程高温烫伤。

## 六、结果与分析

实验结果按表 1-2-5 填写记录。以小组为单位，分析实验员之间的差异；计算本组的平均分值，以表格或图表示。必要时全组讨论，得出各个样品的综合评价。

**表 1-2-5　玉米感官品质评分记录表**

| 项目 | | 品评样品(样品编号) | | | |
|---|---|---|---|---|---|
| | | 样品 1 | 样品 2 | 样品 3 | 样品 4 |
| 外观品质<br>(30 分) | 苞叶外观 | | | | |
| | 果穗外观 | | | | |
| | 籽粒表面 | | | | |
| | 籽粒整体情况 | | | | |
| 蒸煮品质<br>(70 分) | 气味 | | | | |
| | 色泽 | | | | |
| 蒸煮品质<br>(70 分) | 甜度/糯性/糯甜性 | | | | |
| | 脆嫩性/柔嫩性 | | | | |
| | 皮厚薄 | | | | |
| | 滋味 | | | | |
| 综合评分 | | | | | |

## 七、思考题

1. 影响鲜食玉米食用品质和口感的因素主要有哪些？
2. 如何延长鲜食玉米采后的保鲜期？

# 实验 3　小麦感官品质测定与评价

## 一、实验目的

1. 学习谷物容重及小麦硬度的测量方法。
2. 学习并掌握小麦外观评价、等级划分的相关标准和方法。

## 二、实验原理

根据小麦的色泽、气味、皮色、杂质和不完善粒等对其进行感官检验，结合小麦的容重、水分和硬度的测定，正确评价并合理地划分小麦的等级。

## 三、实验器材

1. 实验材料

不同品种的小麦，如淮麦 16、豫麦 51、绵农 6 号等。

2. 实验器具

谷物选筛：具有筛孔孔径 4.5 mm 和 1.5 mm 的筛层。

小麦硬度指数测定仪：符合 LS/T 3704 的要求。

HGT-1000 型谷物容重器、干燥器（内附有效干燥剂）、天平（感量 0.01 g 和 0.1 mg）、贴有黑纸的平板（20 cm×40 cm）、扁形铝制或玻璃制的称量瓶、广口瓶、水浴锅、电热恒温干燥箱等。

## 四、实验步骤

1. 色泽检验

分取约 100 g 小麦样品，在黑色平板上均匀地摊成 15 cm×20 cm 的薄层，在散射光线下仔细观察样品的整体颜色和光泽。

2. 气味检验

分取 20 g 小麦样品，放在手掌中用哈气或摩擦的方法，提高样品的温度后，立即嗅其气味。若气味不易鉴定，将小麦样品放入广口瓶，置于 60～70 ℃的水浴锅中，盖上瓶塞，颗粒状样品保温 8～10 min，粉末状样品保温 3～5 min，开盖嗅辨气味。

3. 皮色检验

不加挑选地取出 100 粒小麦完整粒，目测法鉴别小麦粒色，按红麦和白麦分类，鉴别小麦粒色。

4. 杂质检验

使用双层筛，上层筛筛孔直径 4.5 mm，下层筛筛孔直径 1.5 mm，大孔筛在上，小孔筛在下，套上筛底。分取小麦大样样品约 500 g，称重（$m$），精确到 1 g。倒入筛中，盖好筛盖。将选筛放在玻璃板或光滑的桌面上，用双手以 110～120 次/min 的速度，按顺时针方向和逆时针方向各筛动 1 min。筛动的范围掌握在选筛直径扩大 8～10 cm。将筛上物和筛下物分别倒入分析盘内。卡在筛孔中间的颗粒属于筛上物。筛分两次后，拣出上层筛上大型杂质（粮食籽粒外壳剥下归为杂质）和下层筛的筛下物合并称重（$m_1$），精确至 0.01 g。

从检验过大样杂质的试样中，分取约 50 g 小样，称重（$m_2$），精确到 0.01 g。倒入分析盘中，拣出杂质，称重（$m_3$），精确到 0.01 g。从拣出的小样杂质中拣出矿物质，称重（$m_4$），精确至 0.01 g。

大样杂质含量（$w_1$）以质量分数表示，按公式(1-3-1)计算：

$$w_1 = \frac{m_1}{m} \times 100\% \tag{1-3-1}$$

式中：$w_1$—大样杂质含量（%）；$m_1$—大样杂质质量（g）；$m$—大样质量（g）。在重复性条件下，获得的两次独立测试结果的绝对差值不大于 0.3%，求其平均数，即为测试结果。计算结果保留到小数点后一位。

小样杂质含量（$w_2$）以质量分数表示，按公式(1-3-2)计算：

$$w_2 = (100\% - w_1) \times \frac{m_3}{m_2} \tag{1-3-2}$$

式中：$w_2$—小样杂质含量（%）；$w_1$—大样杂质含量（%）；$m_3$—小样杂质质量（g）；$m_2$—小样质

量(g)。在重复性条件下，获得的两次独立测试结果的绝对差值不大于 0.3%，求其平均数，即为测试结果。计算结果保留到小数点后一位。

杂质总量($w_3$)以质量分数表示，按公式(1-3-3)计算：

$$w_3 = w_1 + w_2 \tag{1-3-3}$$

式中：$w_3$—杂质总量(%)；$w_1$—大样杂质含量(%)；$w_2$—小样杂质含量(%)。计算结果保留到小数点后一位。

矿物质含量($w_4$)以质量分数表示，按公式(1-3-4)计算：

$$w_4 = (100\% - w_1) \times \frac{m_4}{m_2} \tag{1-3-4}$$

式中：$w_4$—矿物质含量(%)；$w_1$—大样杂质含量(%)；$m_4$—矿物质质量(g)；$m_2$—小样质量(g)。在重复性条件下，获得的两次独立测试结果的绝对差值不大于 0.1%，求其平均数，即为测试结果。计算结果保留到小数点后两位。

5. 不完善粒检验

在检验小样杂质的同时，拣出不完善粒，包括：虫蛀粒、病斑粒、破损粒、生芽粒和生霉粒，称重($m_5$)，精确至 0.01 g。

不完善粒率($w_5$)以质量分数表示，按公式(1-3-5)计算：

$$w_5 = (100\% - w_1) \times \frac{m_5}{m_2} \tag{1-3-5}$$

式中：$w_5$—不完善粒率(%)；$w_1$—大样杂质含量(%)；$m_5$—不完善粒质量(g)；$m_2$—小样质量(g)。在重复性条件下，获得的两次独立测试结果的绝对差值不大于 0.5%，求其平均数，即为测试结果。计算结果保留到小数点后一位。

6. 容重测定

分取小麦样品约 1 000 g，按杂质检验时筛选大样的方法分 4 次进行筛选，每次筛选约 250 g，拣出上层筛上的大型杂质并弃除下层筛筛下物，合并上、下层筛上的粮食籽粒，混匀作为测定容重的试样。

(1)称量器具安装　打开箱盖，取出所有部件，盖好箱盖。在箱盖的插座(或单独的插座)上安装支撑立柱，将横梁支架安装在立柱上，并用螺丝固定，再将不等臂式横梁安装在支架上。

(2)调零　将放有排气砣的容量筒挂在吊钩上，并将横梁上的大、小游码移至零刻度处，检查空载时的平衡点，如横梁上的指针不指在零位，则调整平衡砣位置使横梁上的指针指在零位。

(3)测定　取下容量筒，倒出排气砣，将容量筒安装在铁板座上，插上插片，并将排气砣放在插片上，套上中间筒。关闭谷物筒下部的漏斗开关，将制备好的试样倒入谷物筒，装满后用板刮平。再将谷物筒套在中间筒上，打开漏斗开关，待试样全部落入中间筒后关闭漏斗开关。握住谷物筒与中间筒接合处，平稳、迅速地抽出插片，使试样与排气砣一同落入容量筒，再将插片准确、快速地插入容量筒豁口槽，依次取下谷物筒，拿起中间筒和容量筒，倒净插片上多余的试样，取下中间筒，抽出容量筒上的插片。

(4)称量　将容量筒(含筒内试样)挂在容重器的吊钩上称量，称量的质量即为试样容重(g/L)。

(5)平行试验　从平均样品分出的两份试样按上述方法分别进行测定。

两次测定结果的允许差不超过 3 g/L,求其平均数,即为测定结果,测定结果取整数。

7. 水分含量测定

取洁净铝制或玻璃制的扁形称量瓶,置于干燥箱(101～105 ℃)中,瓶盖斜支于瓶边,加热 1.0 h,取出盖好,置于干燥器内冷却 0.5 h,称量,精确至 0.000 1 g。重复干燥至前后两次质量差不超过 2 mg,即为恒重($m'_1$)。

将混合均匀的小麦试样迅速磨细至颗粒小于 2 mm,称取 2～10 g 试样,放入上述称量瓶中,试样厚度不超过 5 mm,加盖,称量($m'_2$),精确至 0.000 1 g。置于干燥箱(101～105 ℃)中,瓶盖斜支于瓶边。干燥 2～4 h 后,盖好取出,放入干燥器内冷却 0.5 h 后称量。然后再放入干燥箱(101～105 ℃)中干燥 1 h 左右,取出,放入干燥器内冷却 0.5 h 后再称量。重复以上操作至前后两次质量差不超过 2 mg,即为恒重($m'_3$)。

试样中水分含量($X$)以质量分数表示,按公式(1-3-6)计算:

$$X = \frac{m'_2 - m'_3}{m'_2 - m'_1} \times 100\% \tag{1-3-6}$$

式中:$X$—试样中水分含量(%);$m'_1$—称量瓶的质量(g);$m'_2$—称量瓶和试样的质量(g);$m'_3$—称量瓶和试样干燥后的质量(g)。水分含量≥1%时,计算结果保留三位有效数字;水分含量<1%时,计算结果保留两位有效数字。

8. 硬度测定

选取均匀一致有代表性的麦粒样品,除去样品中的杂质和破碎粒,按上述方法测定实际含水量。准确称取制备好的样品(25.00±0.01)g。

打开硬度测定仪端盖,将粉碎系统转子的一个型腔(两刀之间的凹部)向上对准进料口,关闭并锁好端盖。打开进料斗盖,将称取好的样品全部倒入进料斗,关闭进料斗盖。开启测定仪,样品粉碎 50 s 后,自动停机。

待仪器停稳后打开端盖,小心地将接料斗、筛网系统一起取出,按照仪器说明书的规定,将筛网上的留存物清扫干净。清扫中要防止筛网系统与接料斗分离,以免筛网上的留存物掉入接料斗和(或)接料斗中的物质撒出。连同接料斗、筛网系统一起称量筛下物,扣除接料斗、筛网系统质量后得到筛下物质量($m''$),精确至 0.01 g。

配备称量计算系统的仪器,称量后自动计算并打印出结果。未配备称量计算系统的,小麦硬度指数(HI)按公式(1-3-7)计算:

$$\mathrm{HI} = 100 - m'' \times \frac{100}{25} - k_1 \times (12 - X) - k_2 \times (25 - t) \tag{1-3-7}$$

式中:HI—样品校正至水分含量为 12%、环境温度为 25 ℃时的硬度指数。$m''$—粉碎后通过筛网的样品质量(g)。$X$—样品的水分含量(%)。$t$—环境温度(℃)。$k_1$—水分校正系数,$m''<10$ 时,$k_1=0.8$;$10 \leqslant m'' < 12.5$ 时,$k_1=1.0$;$m'' \geqslant 12.5$ 时,$k_1=1.6$。$k_2$—温度校正系数,$m''<7$ 时,$k_2=0.03$;$7 \leqslant m'' < 10$ 时,$k_2=0.07$;$m'' \geqslant 10$ 时,$k_2=0.12$。两次测定结果的差值不大于 1.5 时,以双试验测定结果的算术平均值作为样品的硬度指数;如果两次测定结果的差值大于 1.5 ,应重新测定。计算结果保留一位小数。

9. 评分分级

参考表 1-3-1，根据小麦样品的容重、不完善粒率、杂质含量、水分含量、色泽和气味对其进行分级。

**表 1-3-1　小麦质量要求**

| 等级 | 容重/(g/L) | 不完善粒率/% | 杂质含量/% | | 水分含量/% | 色泽、气味 |
|---|---|---|---|---|---|---|
| | | | 总量 | 其中：矿物质 | | |
| 1 | ≥790 | ≤6.0 | ≤1.0 | ≤0.5 | ≤12.5 | 正常 |
| 2 | ≥770 | | | | | |
| 3 | ≥750 | ≤8.0 | | | | |
| 4 | ≥730 | | | | | |
| 5 | ≥710 | ≤1.0 | ≤1.0 | ≤0.5 | ≤12.5 | 正常 |
| 等外 | <710 | — | | | | |

注："—"为不要求。

## 五、注意事项与说明

(1)样品预处理　将样品置于与硬度指数测定仪相同的工作环境中，使其温度与环境温度基本一致，环境温度控制在 5～45 ℃，样品水分应控制在 9%～15%。不符合要求的，应根据其水分含量，将样品置于湿度较低或较高的环境中适当时间，使其水分含量达到规定的范围内。

(2)仪器检查　每次测定前应检查硬度指数测定仪的筛网。如筛网网眼有破损，及时更换。新筛网使用数次后，两端略往下回，属正常现象。仪器长期不用或连续使用 120 次以上时，使用小麦硬度指数标准样品，按仪器说明书的规定对仪器进行检查。

(3)接料斗与筛网系统称量　每次测定前应称量接料斗和筛网系统(包括筛网、筛网座)的质量，并输入仪器称量计算系统。仪器无称量计算系统的，应在计算结果时将其扣除。

(4)仪器预热　用约 25 g 小麦，按说明书步骤进行操作，试机 5～7 次，使仪器预热。

(5)测定后　将仪器粉碎系统、接料斗、筛网系统等清扫干净，以备下次测定用。

## 六、结果与分析

实验结果按表 1-3-2 进行记录。以小组为单位，分析实验员之间的差异；计算本组的平均分值，以表格或图表示。必要时全组讨论，得出各个样品的综合评价。

**表 1-3-2　小麦感官测定结果记录表**

| 项目 | 测定样品(样品编号) | | | |
|---|---|---|---|---|
| | 样品 1 | 样品 2 | 样品 3 | 样品 4 |
| 色泽 | | | | |
| 气味 | | | | |

续表1-3-2

<table>
<tr><th colspan="2" rowspan="2">项目</th><th colspan="4">测定样品(样品编号)</th></tr>
<tr><th>样品 1</th><th>样品 2</th><th>样品 3</th><th>样品 4</th></tr>
<tr><td colspan="2">皮色</td><td></td><td></td><td></td><td></td></tr>
<tr><td rowspan="4">杂质含量</td><td>大样杂质含量/%</td><td></td><td></td><td></td><td></td></tr>
<tr><td>小样杂质含量/%</td><td></td><td></td><td></td><td></td></tr>
<tr><td>杂质总量/%</td><td></td><td></td><td></td><td></td></tr>
<tr><td>矿物质含量/%</td><td></td><td></td><td></td><td></td></tr>
<tr><td colspan="2">不完善粒率/%</td><td></td><td></td><td></td><td></td></tr>
<tr><td colspan="2">容重/(g/L)</td><td></td><td></td><td></td><td></td></tr>
<tr><td colspan="2">水分含量/%</td><td></td><td></td><td></td><td></td></tr>
<tr><td colspan="2">硬度指数</td><td></td><td></td><td></td><td></td></tr>
<tr><td colspan="2">综合评分</td><td></td><td></td><td></td><td></td></tr>
</table>

## 七、思考题

1. 在储藏小麦的过程中应注意哪些事项?
2. 影响小麦容重的因素有哪些?

# 实验 4　大豆感官品质测定与评价

## 一、实验目的

1. 学习大豆热损伤粒的测定方法。
2. 学习并掌握大豆感官品质测定标准与方法。

## 二、实验原理

根据大豆的色泽、气味、杂质含量、完整粒率、损伤粒率,正确地评价大豆的感官品质,合理划分其感官质量等级。

## 三、实验器材

1. 实验材料

不同品种的大豆。

2. 实验器具

贴有黑纸的平板(20 cm×40 cm)、谷物选筛(具有筛孔孔径 3.0 mm 的筛层)、电子秤(感量 0.01 g)、白色搪瓷盘、水浴锅、广口瓶、分析盘、黑色平板、镊子、小刀、放大镜等。

## 四、实验步骤

1. 观察色泽

分取 20～50 g 样品，在黑色平板上均匀地摊开，在散射光线下仔细观察样品的整体颜色和光泽。正常的大豆应色泽鲜明、匀整，有该品种固有的外观、颜色、光泽和气味。凡色泽呆暗、没有生命力，或含有有毒、有害物质，或发热、霉变、酸败，或有烧焦、土腥、鱼腥、化肥、皮革、杀虫剂等气味以及特殊物质异味感染者，均应视为不正常。

2. 嗅辨气味

分取 20 g 样品，放入广口瓶，置于 60～70 ℃的水浴锅中，盖上瓶塞，保温 8～10 min，开盖嗅辨气味。

3. 完整粒率、损伤粒、热损伤粒检验

分取大样 500 g($m_1$)，倒入已套底筛的 3.0 mm 圆孔筛内，盖好筛盖。将选筛放在玻璃板或光滑的桌面上，用双手以 110～120 次/min 的速度，按顺时针方向和逆时针方向各筛动 1 min。筛动的范围掌握在选筛直径扩大 8～10 cm。将筛上物和筛下物分别倒入分析盘内。卡在筛孔中间的颗粒属于筛上物。拣出筛上大型杂质和筛下物合并称重($m_2$)。

从检验过大样杂质的试样中，称取小样 100 g($m_3$)，倒入分析盘中，分别拣出杂质、损伤粒、未熟粒、破碎粒并称重($m_4$、$m_5$、$m_6$)，根据图 1-4-1 将热损伤粒单独拣出(必要时剥开皮层，观察子叶是否发生了颜色变化)，称重($m_7$)。

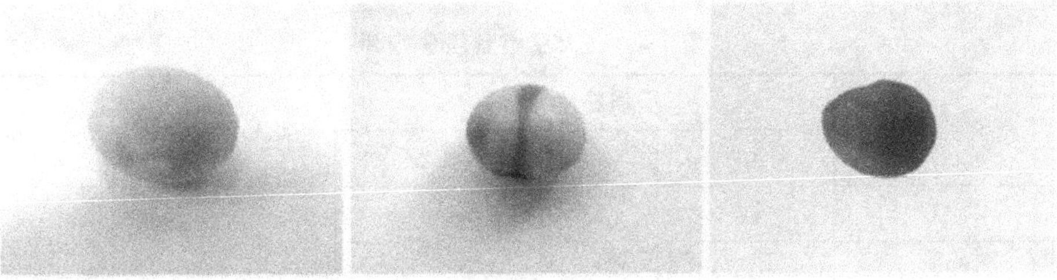

正常大豆　　　　热损大豆　　　　热伤大豆

**图 1-4-1　热损伤大豆标准色卡(NY/T 1599—2008)**

注：大豆热损伤情况分为三种，即正常、热损、热伤。热损伤大豆包括热损大豆和热伤大豆两种。

大样杂质含量($w_1$)以质量分数表示，按公式(1-4-1)计算：

$$w_1 = \frac{m_2}{m_1} \times 100\% \tag{1-4-1}$$

小样杂质含量($w_2$)以质量分数表示，按公式(1-4-2)计算：

$$w_2 = (100\% - w_1) \times \frac{m_4}{m_3} \tag{1-4-2}$$

杂质总量($w$)以质量分数表示，按公式(1-4-3)计算：

$$w = w_1 + w_2 \tag{1-4-3}$$

完整粒率以百分数表示，按公式(1-4-4)计算：

$$完整粒率=\left(1-\frac{m_2}{m_1}\right)\times\left(\frac{m_3-m_4-m_5-m_6}{m_3}\right)\times100\% \tag{1-4-4}$$

损伤粒率以百分数表示，按公式(1-4-5)计算：

$$损伤粒率=\left(1-\frac{m_2}{m_1}\right)\times\left(\frac{m_5}{m_3}\right)\times100\% \tag{1-4-5}$$

热损伤粒率以百分数表示，按公式(1-4-6)计算：

$$热损伤粒率=\left(1-\frac{m_2}{m_1}\right)\times\left(\frac{m_7}{m_3}\right)\times100\% \tag{1-4-6}$$

上述式中：$m_1$—大样质量(g)；$m_2$—大样杂质质量(g)；$m_3$—小样质量(g)；$m_4$—小样杂质质量(g)；$m_5$—损伤粒(含热损伤粒)质量(g)；$m_6$—未熟粒、破碎粒质量(g)。在重复性条件下，获得的两次独立测试结果，大样杂质、小样杂质的绝对差值不大于0.3%，完整粒率、损伤粒率和热损伤粒率的绝对差值不大于1%，求各平均数，即为测试结果。计算结果保留到小数点后一位。

4. 评分

根据大豆样品的完整粒率、损伤粒率(热损伤粒率)、杂质含量、气味和色泽，按表1-4-1对其进行分级。

**表1-4-1　大豆感官质量指标**

| 等级 | 完整粒率/% | 损伤粒率/% | | 杂质含量/% | 气味、色泽 |
|---|---|---|---|---|---|
| | | 合计 | 其中：热损伤粒 | | |
| 1 | ≥95.0 | ≤1.0 | ≤0.2 | ≤1.0 | 正常 |
| 2 | ≥90.0 | ≤2.0 | ≤0.2 | | |
| 3 | ≥85.0 | ≤3.0 | ≤0.5 | | |
| 4 | ≥80.0 | ≤5.0 | ≤1.0 | | |
| 5 | ≥75.0 | ≤8.0 | ≤3.0 | | |

## 五、注意事项与说明

本实验涉及的相关术语及定义如表1-4-2所示。

**表1-4-2　相关术语及其定义**

| 术语 | 说明 |
|---|---|
| 不完善粒 | 受损但尚有使用价值的大豆颗粒，包括破碎粒、损伤粒、未熟粒 |
| 破碎粒 | 子叶破碎达本颗粒体积1/4及以上的颗粒 |
| 损伤粒 | 受到严重摩擦损伤、冻伤、细菌损伤、霉菌损伤、生芽、热损伤或其他原因损伤的大豆颗粒 |

续表1-4-2

| 术语 | 说明 |
|---|---|
| 热损伤粒 | 受热而引起子叶变色和损伤的颗粒 |
| 未熟粒 | 籽粒不饱满，瘪缩达粒面 1/2 及以上或子叶青色部分达 1/2 及以上（青仁大豆除外）的、与正常粒显著不同的颗粒 |

## 六、结果与分析

实验结果按表 1-4-3 进行记录。以小组为单位，分析实验员之间的差异；计算本组的平均分值，以表格或图表示。必要时全组讨论，得出各个样品的综合评价。

**表 1-4-3　大豆感官品质与等级测定结果记录表**

| 项目 | | 测定样品(样品编号) | | | |
|---|---|---|---|---|---|
| | | 样品 1 | 样品 2 | 样品 3 | 样品 4 |
| 完整粒率/% | | | | | |
| 损伤粒率 | 热损伤粒率/% | | | | |
| | 合计/% | | | | |
| 杂质含量/% | | | | | |
| 色泽 | | | | | |
| 气味 | | | | | |
| 综合评分 | | | | | |

## 七、思考题

1. 是否可以利用感官判定大豆籽粒的含水量？
2. 大豆为什么会受到热损伤？热损伤粒率的测定有什么意义？

# 实验 5　花生感官品质测定与评价

## 一、实验目的

1. 学习并掌握花生果纯仁率和花生仁纯质率的测定方法。
2. 学习并掌握花生感官品质测定方法及评价标准。

## 二、实验原理

综合花生果和花生仁的外观品质，根据花生仁(果)的品种、色泽、气味、形态、杂质含量、不完善仁(果)率、纯质率(纯仁率)等，正确地评价花生仁和花生果的感官品质，合理地划分其等级。

## 三、实验器材

1. 实验材料

不同品种的花生果及花生仁。

2. 实验器具

贴有黑纸的平板(20 cm×40 cm)、白色搪瓷盘、广口瓶、水浴锅、分析天平、筛子等。

## 四、实验步骤

1. 食用花生仁外观品质测定

(1)品种及形态　取 200 g 花生仁样品置于白色搪瓷盘上,在充足的自然光下,用目测法观察组织形态是否匀整、洁净,挑拣出不同品种的花生仁,称重得到异种品种花生仁质量,计算异种品种花生仁的含量。

(2)色泽　取 100～150 g 花生仁样品,在黑色平板上均匀地摊开,在散射光线下仔细观察样品的颜色和光泽;用手去除花生红衣,观察花生子叶的颜色和色泽。

(3)气味　取 20 g 花生仁样品,放在手掌中用哈气或摩擦的方法,提高样品的温度后,立即嗅其气味。

(4)杂质　分取约 200 g 花生仁试样,称重($m$),精确到 0.1 g。使用 3.5 mm 圆孔筛,参考大豆杂质含量测定的方法,测定花生仁杂质的含量。

(5)纯质率和不完善仁　在检测花生仁杂质的同时,挑选出无食用价值的变质籽仁和不完善仁(包括未成熟仁、破碎仁、损伤仁),分别称量剩余籽仁的质量($m_1$)及不完善仁的质量($m_2$),精确到 0.01 g。在变质籽仁中,分拣出虫蛀蚀、病斑、生霉、腐烂的籽仁,并分别称重,精确到 0.01 g。

纯质率以百分数计,按公式(1-5-1)计算:

$$\text{纯质率}=\frac{m_1+\left(\frac{m_2}{2}\right)}{m}\times 100\% \qquad (1\text{-}5\text{-}1)$$

式中:$m$—花生籽仁质量(g);$m_1$—去除无食用价值的籽仁和不完善仁后的剩余籽仁质量(g);$m_2$—不完善仁质量(g)。在重复条件下,两次检验结果的绝对差值不应超过 1.0%,取其平均值,即为检验结果。计算结果保留小数点后一位。

(6)整半粒限度　分取花生仁样品约 200 g,称重($m_3$),精确至 0.1 g,挑取整半粒花生仁,并称其质量($m_4$)。

整半粒限度以质量分数表示,按公式(1-5-2)计算:

$$\text{整半粒限度}=\frac{m_4}{m_3}\times 100\% \qquad (1\text{-}5\text{-}2)$$

式中:$m_4$—整半粒花生仁质量(g);$m_3$—试样质量(g)。两次检验结果允许误差不超过 1.0%,取其平均数,即为检验结果。计算结果保留小数点后一位。

(7)等级划分　异种花生仁、杂质、不完善仁、变质仁的含量及虫蛀蚀、病斑、生霉、腐烂的籽仁的含量按照公式(1-5-3),计算其单项不合格百分率:

$$w=\frac{m'_1}{m}\times 100\% \tag{1-5-3}$$

式中：$w$—单项不合格百分率（%）；$m'_1$—单项不合格样品质量（g）；$m$—检验样品的质量（g）；各单项不合格百分率之和即为总不合格品百分率，计算结果保留到小数点后一位。

参考表 1-5-1，根据花生仁品种、色泽、气味、形态、杂质、不完善仁、纯质率和限度，评定其是否符合食用花生仁感官指标。参考表 1-5-2，根据花生仁纯质率、杂质、整半粒限度、色泽和气味，划分其等级。

**表 1-5-1　食用花生仁感官指标**

| 序号 | 项目 | 指标 |
|---|---|---|
| 1 | 品种 | 同一品种，异品种花生仁≤5% |
| 2 | 色泽 | 色泽正常，子叶不变色 |
| 3 | 气味 | 具有花生正常的气味，无异味 |
| 4 | 形态 | 花生仁形状匀整，洁净，饱满 |
| 5 | 杂质含量 | ≤0.5% |
| 6 | 不完善仁含量 | ≤4.0% |
| 7 | 纯质率 | ≥95.0% |
| 8 | 限度 | 变质仁≤1.0%，其中虫蛀蚀、病斑、生霉、腐烂的籽仁≤0.5% |

注：异味、虫蛀蚀、病斑、生霉、腐烂为主要缺陷。

**表 1-5-2　花生仁感官质量等级划分指标**

<table>
<tr><th>等级</th><th>纯质率/%</th><th>杂质含量/%</th><th>整半粒限度/%</th><th>色泽、气味</th></tr>
<tr><td>1</td><td>≥96.0</td><td rowspan="6">≤1.0</td><td rowspan="5">≤10</td><td rowspan="6">正常</td></tr>
<tr><td>2</td><td>≥94.0</td></tr>
<tr><td>3</td><td>≥92.0</td></tr>
<tr><td>4</td><td>≥90.0</td></tr>
<tr><td>5</td><td>≥88.0</td></tr>
<tr><td>等外</td><td><88.0</td><td>—</td></tr>
</table>

注："—"为不要求。

2. 食用花生果外观品质测定

（1）品种及形态　取 200 g 花生果样品置于白色搪瓷盘上，在充足的自然光下，用目测法观察组织形态是否匀整、洁净，挑拣出不同品种的花生果，称重得到异种品种花生质量，计算异种品种花生果的含量。

（2）色泽　取 100～150 g 花生果样品，在黑色平板上均匀地摊开，在散射光线下仔细观察样品的整体颜色和光泽。花生果色一般呈土黄色或者白色，颜色亮。用手剥出花生仁，去除花生红衣，观察花生子叶颜色和色泽。

（3）气味　取 20 g 花生果样品，放在手掌中用哈气或摩擦的方法，提高样品的温度后，立即嗅其气味。

(4)杂质　分取约 200 g 花生果试样，称重($m'$)，精确到 0.1 g。使用 3.5 mm 圆孔筛，参考大豆杂质含量测定的方法，测定花生果杂质的含量。

(5)不完善果　在检验花生果杂质的同时，拣出不完善果，包括未熟果、破碎果、虫蚀果、损伤果，称重($m_5$)，精确到 0.01 g。

不完善果的含量以质量分数表示，按公式(1-5-4)计算：

$$\text{不完善果含量} = \frac{m_5}{m'} \times 100\% \tag{1-5-4}$$

式中：$m_5$—不完善果质量(g)；$m'$—试样质量(g)。在重复性条件下，获得的两次独立测试结果的绝对差值不大于 1.0%，求平均值，即为测试结果。计算结果保留到小数点后一位。

(6)纯仁率　称取花生果净试样 200 g($m'$)，精确到 0.1 g。用手剥壳，挑选分离得到的籽仁，从得到的籽仁中挑拣除去无使用价值的籽仁，称重得到籽仁总质量($m_6$)，精确到 0.01 g。收集具有异味、虫蛀蚀、果仁病斑、生霉、腐烂的花生籽仁，并分别称重，精确到 0.01 g。从籽仁中，分拣出不完善仁，包括未成熟仁、破碎仁、损伤仁，称重得到不完善仁质量($m_7$)，精确到 0.01 g。

纯仁率以百分数计，按公式(1-5-5)计算：

$$\text{纯仁率} = \frac{m_6 - \frac{m_7}{2}}{m'} \times 100\% \tag{1-5-5}$$

式中：$m_6$—籽仁总质量(g)；$m_7$—不完善粒质量(g)；$m'$—净试样质量(g)。在重复条件下，两次检验结果的绝对差值不应超过 1.0%，取其平均值，即为检验结果。计算结果保留小数点后一位。

(7)等级划分　异种花生果、杂质的含量及异味、虫蛀蚀、果仁病斑、生霉、腐烂的花生果的含量按照公式(1-5-3)计算。参考表 1-5-3，根据花生果品种、色泽、气味、形态、杂质、不完善果、纯仁率和限度，评定其是否符合食用花生果感官指标。参考表 1-5-4，根据花生果纯纯仁率、杂质、色泽和气味，划分其等级。

**表 1-5-3　食用花生果感官指标**

| 序号 | 项目 | 指标 |
|---|---|---|
| 1 | 品种 | 同一品种，异品种花生果≤5% |
| 2 | 色泽 | 花生果壳具有正常的色泽，其中的果仁色泽正常，子叶不变色 |
| 3 | 气味 | 具有花生果正常的气味，无异味 |
| 4 | 形态 | 花生果形匀整，洁净 |
| 5 | 杂质含量 | ≤1.0% |
| 6 | 不完善果含量 | ≤5.0% |
| 7 | 纯仁率 | ≥67.0% |
| 8 | 限度 | 异味、虫蛀蚀、果仁病斑、生霉、腐烂≤0.5% |

注：异味、虫蛀蚀、果仁病斑、生霉、腐烂为主要缺陷。

**表 1-5-4　花生果感官质量等级划分指标**

| 等级 | 纯仁率/% | 杂质含量/% | 色泽、气味 |
|---|---|---|---|
| 1 | ⩾71.0 | ⩽1.5 | 正常 |
| 2 | ⩾69.0 | | |
| 3 | ⩾67.0 | | |
| 4 | ⩾65.0 | | |
| 5 | ⩾63.0 | | |
| 等外 | <63.0 | | |

## 五、注意事项与说明

本实验涉及的相关术语及定义如表 1-5-5 所示。

**表 1-5-5　相关术语及其定义**

| 术语 | 说明 |
|---|---|
| 不完善仁 | 受到损伤但尚有使用价值的花生仁，包括未成熟仁、破碎仁、损伤仁等 |
| 未成熟仁 | 籽仁皱缩，体积小于本批正常完善仁 1/2 或重量小于本批完善仁平均仁重 1/2 的籽仁 |
| 破碎仁 | 破损大于整仁体积 1/5 的籽仁，破损开的单片子叶及种皮脱落达 1/3 者为破碎仁 |
| 损伤仁 | 受机械损伤不大于整仁体积 1/5 的籽仁 |
| 不完善果 | 包括未熟果、破碎果、虫蚀果、损伤果等 |
| 破碎果 | 纵裂或横裂果，裂纹明显穿透，长度分别达果长的 1/3 和果围的 1/2 的荚果；果壳明显穿孔或裂口的花生果，脱出花生仁 |
| 虫蚀果 | 果壳被虫蛀明显穿透；虫蚀未穿透，但面积达全果的 1/3 及其以上者；果壳受损不明显，但籽仁已受虫蚀的花生果 |
| 损伤果 | 果壳变色变质，籽粒正常；果壳正常，籽粒受损伤；果壳有褐色斑块，累积面积达整果的 1/3；籽粒发芽的花生果 |
| 纯仁率 | 净花生果脱壳后籽仁的质量(其中不完善粒折半计算)占试样的质量分数 |
| 纯质率 | 净花生仁质量(其中不完善粒折半计算)占试样的质量分数 |
| 整半粒花生仁 | 花生仁被分为两片完整的胚瓣 |
| 整半粒限度 | 整半粒花生仁占试样的质量分数 |

## 六、结果与分析

花生仁和花生果的实验结果分别按表 1-5-6 和表 1-5-7 进行记录。以小组为单位，分析实验员之间的差异；计算本组的平均分值，以表格或图表示。必要时全组讨论，得出各个样品的综合评价。

表 1-5-6　花生仁感官品质与等级测定结果记录表

| 项目 | 测定样品(样品编号) | | | |
|---|---|---|---|---|
| | 样品 1 | 样品 2 | 样品 3 | 样品 4 |
| 品种 | | | | |
| 色泽 | | | | |
| 气味 | | | | |
| 形态 | | | | |
| 杂质含量/% | | | | |
| 不完善仁含量/% | | | | |
| 纯质率/% | | | | |
| 限度 | | | | |
| 等级 | | | | |

表 1-5-7　花生果感官品质与等级测定结果记录表

| 项目 | 测定样品(样品编号) | | | |
|---|---|---|---|---|
| | 样品 1 | 样品 2 | 样品 3 | 样品 4 |
| 品种 | | | | |
| 色泽 | | | | |
| 气味 | | | | |
| 形态 | | | | |
| 杂质含量/% | | | | |
| 不完善果含量/% | | | | |
| 纯仁率/% | | | | |
| 限度 | | | | |
| 等级 | | | | |

## 七、思考题

1. 烘焙花生的感官品质可以从哪些方面进行评定?
2. 哪些因素会影响花生的口感?

# 实验 6　马铃薯感官品质测定与评价

## 一、实验目的

学习并掌握马铃薯感官品质测定的方法及评价标准。

## 二、实验原理

综合马铃薯的外观品质和规格，根据马铃薯的外观、色泽、气味、完整块茎率、缺陷块茎率、杂质含量、混杂率和单薯质量，正确地评价马铃薯的外观品质，合理地划分马铃薯质量等级。

## 三、实验器材

1. 实验材料

马铃薯若干。

2. 实验器具

台式电子天平（感量 1 g）、样品容器（容量＞10 kg）、毛刷等。

## 四、实验步骤

1. 外观、色泽、气味检验

将马铃薯样品置于白瓷盘中，在自然光下目测观察样品外观和色泽，如大小、新鲜度、成熟度、马铃薯皮颜色、洁净度、形状、硬度；闻其气味，如是否具有腐烂异味。

2. 混杂率检验

对样品进行混匀，随机分取具有代表性的试样约 1 kg，准确称其质量（$m$），精确至 1 g。通过感官检验观察马铃薯形状规格、薯皮和薯肉颜色、芽眼分布与深浅程度等指标，鉴定块茎是否来源于同一马铃薯品种，准确称重非同一品种马铃薯质量（$m'$）。

混杂率（$V$）以质量分数表示，按公式（1-6-1）计算：

$$V=\frac{m'}{m}\times 100\% \tag{1-6-1}$$

式中：$V$—混杂率（%）；$m'$—非同一品种马铃薯质量（g）；$m$—检验样本马铃薯质量（g）。在重复性条件下，获得的两次独立测试结果的绝对差值不大于 0.2%，求平均数，即为测试结果。计算结果保留到小数点后两位。

3. 杂质、完整块茎率、缺陷块茎率检验

对样品进行混匀，随机分取具有代表性的马铃薯样品约 10 kg，准确称其质量（$m_0$），精确至 1 g，进行杂质检验。弃去样品中掉落的泥土，并将包裹马铃薯的泥土擦掉，挑选出有加工利用价值的马铃薯块茎，称其质量（$m_1$）。清理前后质量差即为杂质质量。

从除去杂质的试样中，称取试样 5 kg（$m_2$），倒入样品容器，进行感官检测。拣出缺陷块茎，并称量（$m_3$），其中病害薯、发芽薯单独拣出，称量（$m_4$、$m_5$）。

杂质含量（$I$）以质量分数表示，按公式（1-6-2）计算：

$$杂质含量(I)=\frac{m_0-m_1}{m_0}\times 100\% \tag{1-6-2}$$

完整块茎率（$P$）以质量分数表示，按公式（1-6-3）计算：

$$完整块茎率(P)=\frac{m_1\times(m_2-m_3)}{m_0\times m_2}\times 100\% \tag{1-6-3}$$

缺陷块茎率($D$)以质量分数表示,按公式(1-6-4)计算:

$$缺陷块茎率(D)=\frac{m_1 \times m_3}{m_0 \times m_2}\times 100\% \tag{1-6-4}$$

病害薯率($E$)以质量分数表示,按公式(1-6-5)计算:

$$病害薯率(E)=\frac{m_1 \times m_4}{m_0 \times m_2}\times 100\% \tag{1-6-5}$$

发芽薯率($B$)以质量分数表示,按公式(1-6-6)计算:

$$发芽薯率(B)=\frac{m_1 \times m_5}{m_0 \times m_2}\times 100\% \tag{1-6-6}$$

以上各式中:$m_0$—所取检验样本总质量(g)。$m_1$—杂质检验所取检验样本有加工利用价值马铃薯块茎质量(g);$m_2$—完整块茎率检验所取检验样本总质量(g);$m_3$—缺陷块茎质量(g);$m_4$—病害薯块茎质量(g);$m_5$—发芽薯块茎质量(g)。在重复性条件下,杂质含量两次独立测试结果的绝对差值不大于2.0%,完整块茎率、缺陷块茎率、病害薯率、发芽薯率两次独立测试结果的绝对差值不大于1.5%,分别求取平均数,即为检验结果。计算结果保留到小数点后一位。

4. 划分等级

从样品中随机抽取10个马铃薯,分别对抽取的样品薯单个称量,并记录。参考表1-6-1,根据马铃薯样品的外观、色泽、气味、完整块茎率、缺陷块茎率、杂质含量、混杂率,评定样品的等级。

表 1-6-1 马铃薯质量指标

| 指标 | | 等级 | | |
|---|---|---|---|---|
| | | 一级 | 二级 | 三级 |
| 外观、色泽、气味 | | 大小较均匀,外观较新鲜,成熟度较好,薯形和皮色比较一致,具有马铃薯应有的色泽、形状、硬度,无腐烂异味 | | |
| 完整块茎率/% | | ≥85.0 | ≥80.0 | ≥75.0 |
| 缺陷块茎率/% | 其中:绿薯 | ≤1.0 | ≤3.0 | ≤5.0 |
| | 其中:发芽薯 | ≤0 | ≤1.0 | ≤3.0 |
| 杂质含量/% | | ≤5.0 | | |
| 混杂率/% | | ≤0 | ≤2.0 | ≤4.0 |
| 规格 | | 单薯质量150 g以上≥95.0% | 单薯质量120 g以上≥90.0% | 单薯质量80 g以上≥85.0% |

注:本表中规格要求不适用于具有结薯小的品种特性的马铃薯品种。

## 五、注意事项与说明

本实验涉及的相关术语及定义如表1-6-2所示。

表 1-6-2　相关术语及其定义

| 术语 | 说明 |
|---|---|
| 完整块茎 | 完好、正常以及轻微擦伤或伤后愈合的块茎 |
| 缺陷块茎 | 具有外部缺陷或内部缺陷，尚有使用价值的块茎 |
| 绿薯 | 因受光线影响而发生块茎表皮、薯肉部分或全部变绿的块茎 |
| 破损薯 | 块茎在收获、运输和贮藏过程中因外力造成的破裂深入薯块内部 1/3 以上或体积缺失 1/10 以上的块茎，或具有明显虫鼠牛羊等动物啃噬痕迹的块茎 |
| 冻伤薯 | 因低温冻害引起的块茎表皮或部分薯肉冻伤的块茎 |
| 水浸薯 | 由水涝、雨淋等因素引起的有异常外来水分，或者皮孔突出或皮孔周围组织裸露的块茎 |
| 发芽薯 | 因生长或贮藏环境不良引起的发芽芽长达 1 mm 以上的块茎 |
| 病害薯 | 块茎在生长、收获、运输和贮存过程中，因感染马铃薯病害引起的病斑、龟裂、疮痂、腐烂等块茎 |
| 病斑 | 由晚疫病、干腐病、黑痣病等病害引起的薯块表面可见病斑，占薯块总面积的 1/5 以上 |
| 龟裂 | 因纺锤块茎病等病害引起的薯块开裂，占总面积的 1/10 以上 |
| 疮痂 | 由疮痂病引起的薯块表面疮痂症状，占总面积的 1/5 以上 |
| 内部缺陷 | 切开薯块才能检测到的缺陷，包括空心、黑心、块茎内部褐变、病烂等 |
| 空心 | 生长期间因水肥失衡或过剩引起的生理性空心 |
| 黑心 | 因生长或贮藏环境不良由生理性病害严重发展形成的薯肉坏死、黑心 |
| 褐变 | 由于封闭的贮藏条件、不适宜的温度或病变等因素，引起块茎内部组织发生的薯肉变色、内部黑斑或褐变等病变 |
| 病烂薯 | 由于病毒退化或感染马铃薯真细菌病害引起的腐烂薯 |

## 六、结果与分析

实验结果按表 1-6-3 进行记录。以小组为单位，分析实验员之间的差异；计算本组的平均分值，以表格或图表示。必要时全组讨论，得出各个样品的综合评价。

表 1-6-3　马铃薯质量等级测定结果记录表

| 项目 | 测定样品(样品编号) | | | |
|---|---|---|---|---|
| | 样品 1 | 样品 2 | 样品 3 | 样品 4 |
| 外观 | | | | |
| 色泽 | | | | |
| 气味 | | | | |
| 完整块茎率/% | | | | |
| 绿薯率/% | | | | |
| 发芽薯率/% | | | | |

续表1-6-3

| 项目 | 测定样品(样品编号) | | | |
|---|---|---|---|---|
| | 样品 1 | 样品 2 | 样品 3 | 样品 4 |
| 杂质含量/% | | | | |
| 混杂率/% | | | | |
| 规格 | | | | |
| 等级 | | | | |

## 七、思考题

1. 为什么不能食用变绿后的马铃薯?
2. 应该从哪些方面评价鲜切马铃薯块茎感官品质?

# 第2节　果蔬、茶叶感官品质标准与评价

## 实验7　蔬菜感官品质测定与评价

### 一、实验目的

1. 学习蔬菜感官品质测定内容和鉴定方法。
2. 以叶菜类和茄果类蔬菜为例,熟悉等级划分标准、规格指标规定标准。

### 二、实验原理

蔬菜成熟时表现出特有的色泽、风味、质地,它们皆与其营养价值相关,并关系到食用品质、加工品质、耐藏性和抗压能力。结合蔬菜的外观品质标准,根据蔬菜的重量、形状、大小、色泽、硬度等物理性状,正确地评价蔬菜的感官质量,合理地划分蔬菜等级。

### 三、实验器材

1. 实验材料

黄瓜、茄子、大白菜、菠菜。

2. 实验器具

直尺、电子天平、游标卡尺等。

### 四、实验步骤

1. 感官品质测定

使用目测、鼻嗅的方法检测样品是否达到相应的基本要求。

(1)黄瓜　同一品种或相似品种;瓜条已充分膨大,但种皮柔嫩;瓜条完整;无苦味;清洁、

无杂物、无异常外来水分；外观新鲜、有光泽，无萎蔫；无任何异常气味或味道；无冷害、冻害；无病斑、腐烂或变质产品；无虫害及其造成的损伤。

(2)茄子　同一品种或果实特征相似品种；已充分膨大的鲜嫩果实，无籽或种子已少量形成，但不坚硬；外观新鲜；无任何异常气味或味道；无病斑、无腐烂；无虫害及其所造成的损伤。

(3)大白菜　清洁、无杂物；外观新鲜，色泽正常，不抽薹，无黄叶、破叶、烧心、冻害和腐烂；茎基部削平，叶片附着牢固；无异常的外来水分；无异味；无虫及病虫害造成的损伤。

(4)菠菜　清洁，不含任何可见的杂物；外观鲜嫩，表面有光泽，不脱水，无皱缩；完好，不包括腐烂或变质的产品；整修完好；无抽薹和黄叶；无异常的外来水分；无异味；无腐烂；无病虫害及其造成的损伤；无冻害。

2. 等级划分

(1)黄瓜　用直尺测定黄瓜果实的长度和黄瓜瓜把的长度。用游标卡尺测定黄瓜距把端和瓜顶端 3 cm 处的瓜身横径及中部的横径。参照图 1-7-1 的方法测定黄瓜每 10 cm 瓜条的弓形高度。根据表 1-7-1 划分所测定批次黄瓜的等级，根据表 1-7-2 划分其规格。

**图 1-7-1　黄瓜弓形高度测量方法(NY/T 1587—2008)**

**表 1-7-1　黄瓜等级划分**

| 等级 | 要求 |
|---|---|
| 特级 | 具有该品种特有的颜色，光泽好；<br>瓜条直，每 10 cm 长的瓜条弓形高度≤0.5 cm；<br>距瓜把端和瓜顶端 3 cm 处的瓜身横径与中部相近，横径差≤0.5 cm；<br>瓜把长占瓜总长的比例≤1/8；<br>瓜皮无因运输或包装而造成的机械损伤 |
| 一级 | 具有该品种特有的颜色，有光泽；<br>瓜条较直，每 10 cm 长的瓜条弓形高度>0.5 cm 且<1 cm；<br>距瓜把端和瓜顶端 3 cm 处的瓜身与中部的横径差≤1 cm；<br>瓜把长占瓜总长的比例≤1/7；<br>允许瓜皮有因运输或包装而造成的轻微损伤 |
| 二级 | 基本具有该品种特有的颜色，有光泽；<br>瓜条较直，每 10 cm 长的瓜条弓形高度>1 cm 且<2 cm；<br>距瓜把端和瓜顶端 3 cm 处的瓜身横径与中部的横径差≤2 cm；<br>瓜把长占瓜总长的比例≤1/6；<br>允许瓜皮有少量因运输或包装而造成的损伤，但不影响果实耐贮性 |

表 1-7-2　黄瓜规格划分　cm

| 项目 | 大(L) | 中(M) | 小(S) |
| --- | --- | --- | --- |
| 长度 | >28 | 16～28 | 11～16 |
| 同一包装中最大果长和最小果长的差异 | ≤7 | ≤5 | ≤3 |

(2)茄子　根据茄子的类型，长茄或卵圆茄用直尺测定果长，圆茄用游标卡尺测定最大横径。用刀剖开后，目测检查其成熟度。根据表 1-7-3 划分所测定批次茄子的等级，根据表 1-7-4 划分其规格。

表 1-7-3　茄子等级划分

| 等级 | 要求 |
| --- | --- |
| 特级 | 外观一致，整齐度高，果柄、花萼和果实呈该品种固有的颜色，色泽鲜亮，不萎蔫；<br>种子未完全形成；<br>无冷害、冻害、灼伤及机械损伤 |
| 一级 | 外观基本一致，果柄、花萼和果实呈该品种固有的颜色，色泽较鲜亮，不萎蔫；<br>种子已形成，但不坚硬；<br>无明显的冷害、冻害、灼伤及机械损伤 |
| 二级 | 外观相似，果柄、花萼和果实呈该品种固有的色泽，允许稍有异色，不萎蔫；<br>种子已形成，但不坚硬；<br>果实表面允许稍有冷害、冻害、灼伤及机械损伤 |

表 1-7-4　茄子规格划分　cm

| 项目 | 大(L) | 中(M) | 小(S) |
| --- | --- | --- | --- |
| 长茄(果长) | >30 | 20～30 | <20 |
| 圆茄(横径) | >15 | 11～15 | <11 |
| 卵圆茄(果长) | >18 | 13～18 | <13 |

(3)大白菜　用电子天平测定每株大白菜的重量。除去外围松散的叶片，用双手捏压叶球，感受触感是否硬实，用电子天平测定叶球的重量。根据表 1-7-5 划分所测定批次大白菜的等级，根据表 1-7-6 划分其规格。

表 1-7-5　大白菜等级划分标准

| 等级 | 要求 |
| --- | --- |
| 特级 | 外观一致，结球紧实，修整良好；<br>无老帮、焦边、胀裂、侧芽萌发及机械损伤等 |
| 一级 | 外观基本一致，结球较紧实，修整较好；<br>无老帮、焦边、胀裂、侧芽萌发及机械损伤等 |
| 二级 | 外观相似，结球不够紧实，修整一般；<br>可有轻微机械损伤等 |

表 1-7-6　大白菜规格划分标准　　kg/株

| 项目 | 大(L) | 中(M) | 小(S) |
| --- | --- | --- | --- |
| 春秋季大白菜 | >3.5 | 3.5～2.5 | <2.5 |
| 夏季大白菜 | >1.0 | 1.0～0.75 | <0.75 |

(4)菠菜　用直尺测定菠菜的株高。根据表 1-7-7 划分所测定批次菠菜的等级,根据表 1-7-8 划分其规格。

表 1-7-7　菠菜等级划分标准

| 等级 | 要求 |
| --- | --- |
| 特级 | 同一品种;<br>整齐,清洁,完好,鲜嫩;<br>无抽薹、分蘖,无损伤 |
| 一级 | 同一品种;<br>较整齐,清洁,完好,较鲜嫩;<br>无抽薹、分蘖,基本无损伤 |
| 二级 | 同一品种或相似品种;<br>较整齐,较清洁,较鲜嫩;<br>允许少量抽薹、分蘖,允许少量由冷冻、病虫害、机械原因或其他原因引起的轻微损伤 |

表 1-7-8　菠菜规格的划分标准　　cm

| 规格 | 大(L) | 中(M) | 小(S) |
| --- | --- | --- | --- |
| 株高 | ≥30 | 20～30 | <20 |
| 同一包装中的最大和最小株高的差异 | ≤8 | ≤5 | ≤3 |

## 五、注意事项与说明

本实验涉及的相关术语及定义如表 1-7-9 所示。

表 1-7-9　相关术语及其定义

| 术语 | 说明 |
| --- | --- |
| 成熟度 | 对蔬菜在自然生长和发育过程中所达到的状态定性或定量的评价,适宜的食用程度 |
| 新鲜 | 表面有光泽,不脱水、无皱缩 |
| 异常外来水分 | 由于自然因素(如下雨)或人工处理(如冲洗)而残存于水果或蔬菜表面的水分。注:从冷藏库中取出后,产品表面出现的冷凝水不视为异常外来水分 |
| 瓜把 | 近瓜柄处瓜身明显变细或无种子腔的部分 |
| 瓜形 | 瓜条的匀直程度 |
| 最大弯曲度 | 瓜身弯曲最大部位内侧至瓜两端连线的垂直距离 |

续表1-7-9

| 术语 | 说明 |
|---|---|
| 结球紧实 | 叶球抱合紧密，手触感硬实，叶球占商品菜植株重的90%以上 |
| 结球较紧实 | 叶球抱合较紧密，手触感较硬实，叶球占商品菜植株重的80%以上 |
| 结球不够紧实 | 叶球抱合较松，手触感较硬实，叶球占商品菜植株重的70%以上 |
| 蓬松 | 叶球内部有较多的空隙。心叶抱合疏松，重量比同等大小的叶球轻 |
| 烧心 | 叶球内层叶片因生理、病害、环境等因素所造成的干枯或湿腐现象 |
| 焦边 | 叶缘因生理、病害、药害、环境等因素所造成 |
| 胀裂 | 叶球因侧芽萌发或抽薹而裂开 |
| 无抽薹 | 叶球内无明显影响商品品质的花薹出现 |
| 侧芽萌发 | 叶球内短缩茎上叶腋的休眠芽伸长 |

## 六、结果与分析

实验结果按表1-7-10进行记录。以小组为单位，分析实验员之间的差异；计算本组的平均分值，以表格或图表示。必要时全组讨论，得出各个样品的综合评价。

**表1-7-10　蔬菜感官品质与等级测定结果记录表**

| 蔬菜编号 | 外观 | 等级 | 规格 | 总评 |
|---|---|---|---|---|
| | | | | |
| | | | | |
| | | | | |
| | | | | |
| | | | | |
| | | | | |

## 七、思考题

1. 叶菜类、根茎类和瓜果类蔬菜的保鲜贮藏条件是否相同？
2. 蔬菜的卫生质量包括哪些方面？

# 实验8　苹果感官品质测定与评价

## 一、实验目的

1. 学习苹果外观等级测定与评价标准。
2. 以苹果为例，熟悉鲜果外观评价、等级划分的相关标准。
3. 学会使用果实硬度计、手持糖量计和游标卡尺。

## 二、实验原理

结合苹果相关的外观与质量标准，根据苹果的色泽差异、单果重的不同、果形特征、果锈面积、果面缺陷、病害发生程度，正确地评价不同苹果的感官品质，合理地划分苹果的外观与质量等级。

## 三、实验器材

1. 实验材料

不同品种的苹果，如水晶富士、青苹果、金帅苹果、爵士苹果等。

2. 实验器具

游标卡尺、电子天平、果实硬度计、手持糖量计(手持折光计)、小刀等。

## 四、实验步骤

1. 检测是否达到苹果品质基本要求

将苹果样品置于自然光下，采用目测、鼻嗅等方法检测其是否达到鲜苹果质量基本要求：①具有本品种固有的特征和风味；②具有适于市场销售或贮存要求的成熟度；③果实保持完整良好；④新鲜洁净，无异味或非正常风味；⑤不带非正常的外来水分。

2. 果实单果重测定

用电子天平称量，计算平均单果重，根据表 1-8-1 确定果实大小。

**表 1-8-1 苹果果实大小评价标准**

| 序号 | 平均单果重($X$)/g | 评价 |
|---|---|---|
| 1 | $X \leqslant 50$ | 极小 |
| 2 | $50 < X \leqslant 110$ | 小 |
| 3 | $110 < X \leqslant 180$ | 中 |
| 4 | $180 < X \leqslant 250$ | 大 |
| 5 | $X > 250$ | 极大 |

3. 苹果直径测定

用游标卡尺测定苹果最大直径，根据表 1-8-2 划分苹果规格。

**表 1-8-2 苹果规格**

mm

| 规格 | 小(S) | 中(M) | 大(L) |
|---|---|---|---|
| 大型果品种 | $<65$ | 65～70 | $>70$ |
| 其他品种 | $<55$ | 55～60 | $>60$ |

4. 苹果色泽划分

用目测法测定样果的色泽，等级根据表 1-8-3 划分。

表 1-8-3　苹果各主要品种和等级的色泽要求

| 品种 | 等级 | | |
| --- | --- | --- | --- |
| | 优等品 | 一等品 | 二等品 |
| 富士系 | 红或条红 90%以上 | 红或条红 80%以上 | 红或条红 55%以上 |
| 嘎拉系 | 红 80%以上 | 红 70%以上 | 红 50%以上 |
| 藤牧 1 号 | 红 70%以上 | 红 60%以上 | 红 50%以上 |
| 元帅系 | 红 95%以上 | 红 85%以上 | 红 60%以上 |
| 华夏 | 红 80%以上 | 红 70%以上 | 红 55%以上 |
| 粉红女士 | 红 90%以上 | 红 80%以上 | 红 60%以上 |
| 乔纳金 | 红 80%以上 | 红 70%以上 | 红 50%以上 |
| 秦冠 | 红 90%以上 | 红 80%以上 | 红 55%以上 |
| 国光 | 红或条红 80%以上 | 红或条红 60%以上 | 红或条红 50%以上 |
| 华冠 | 红或条红 85%以上 | 红或条红 70%以上 | 红或条红 50%以上 |
| 红将军 | 红 85%以上 | 红 75%以上 | 红 50%以上 |
| 珊夏 | 红 75%以上 | 红 60%以上 | 红 50%以上 |
| 金冠系 | 金黄色 | 黄、绿黄色 | 黄、绿黄、黄绿色 |
| 王林 | 黄绿或绿黄 | 黄绿或绿黄 | 黄绿或绿黄 |

5. 果实形状评价

将果实从中间纵切，目测断面形状，参考图 1-8-1，按最大相似原则确定果实形状。

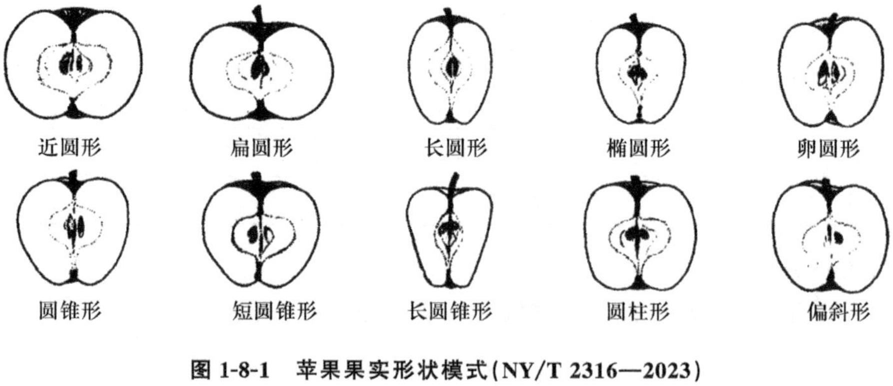


图 1-8-1　苹果果实形状模式(NY/T 2316—2023)

6. 果实硬度测定

将样果在果实中央阴阳两面的预测部位削去薄薄的一层果皮，尽量少损及果肉，削部略大于压力计测头的面积；将压力计测头垂直地对准果面的测试部位，徐徐施加压力，使测头压入果肉至规定标线为止；从指示器所示处直接读数，即为果实硬度，统一规定以“$N/cm^2$”为单位表示测试结果。每个品种不得少于 3 个样果，求其平均值，计算结果保留至小数点后一位。

7. 可溶性固形物测定

校正好手持糖量计标尺的焦距和位置，打开辅助棱镜，从果样中挤滤出汁液 1～2 滴。仔细滴在棱镜平面中央，迅速关合辅助棱镜，静置 1 min。朝向光源或明亮处，调节消色环，使视野内出现清晰的分界线，与分界线相应的读数，即试液在 20 ℃下所含可溶性固形物的百分率。当环境不是 20 ℃时，可根据仪器所附补偿温度计表示的加减数进行校正。每批试验不得少于 3 个果样，每一试样应重复 2～3 次，求其平均值。使用仪器连续测定不同试样时，应在使用后用清水将镜面冲洗洁净，并用干燥的擦镜纸擦干以后，再继续进行测试。

8. 果实果面损伤测定

果实的机械和自然损伤由目测测定，当果实外部表现有病虫害症状或对果实内部有怀疑时，应将其剖开检验。

9. 规格及等级划分

根据表 1-8-4 中苹果的等级标准指标，对实验样品进行感官评定。

**表 1-8-4 鲜苹果质量等级要求**

| 项目 | 等级 | | |
|---|---|---|---|
| | 优等品 | 一等品 | 二等品 |
| 果形 | 具有本品种应有的特征 | 允许果形有轻微缺点 | 果形有缺点，但仍保持本品种基本特征，不得有畸形果 |
| 色泽 | 红色品种的果面着色比例的具体规定参照表 1-8-3；其他品种应具有本品种成熟时应有的色泽 | | |
| 果梗 | 果梗完整（不包括商品化处理造成的果梗缺省） | 果梗完整（不包括商品化处理造成的果梗缺省） | 允许果梗轻微损伤 |
| 果面缺陷 | 无缺陷 | 无缺陷 | 允许下列对果肉无重大伤害的果皮损伤不超过 4 项 |
| ①刺伤（包括破皮划伤） | 无 | 无 | 无 |
| ②碰压伤 | 无 | 无 | 允许轻微碰压伤，总面积不超过 1.0 $cm^2$，其中最大处面积不得超过 0.3 $cm^2$，伤处不得变褐，对果肉无明显伤害 |
| ③磨伤（枝磨、叶磨） | 无 | 无 | 允许不严重影响果实外观的磨伤，面积不超过 1.0 $cm^2$ |
| ④日灼 | 无 | 无 | 允许浅褐色或褐色，面积不超过 1.0 $cm^2$ |

续表1-8-4

| 项目 | | 等级 | | |
|---|---|---|---|---|
| | | 优等品 | 一等品 | 二等品 |
| ⑤药害 | | 无 | 无 | 允许果皮浅层伤害，总面积不超过 1.0 $cm^2$ |
| ⑥雹伤 | | 无 | 无 | 允许果皮愈合良好的轻微雹伤，总面积不超过 1.0 $cm^2$ |
| ⑦裂果 | | 无 | 无 | 无 |
| ⑧裂纹 | | 无 | 允许梗洼或萼洼内有微小裂纹 | 允许有不超出梗洼或萼洼的微小裂纹 |
| ⑨病虫果 | | 无 | 无 | 无 |
| ⑩虫伤 | | 无 | 允许不超过 2 处 0.1 $cm^2$ 的虫伤 | 允许干枯虫伤，总面积不超过 1.0 $cm^2$ |
| ⑪其他小疵点 | | 无 | 允许不超过 5 个 | 允许不超过 10 个 |
| 果锈 | | 各本品种果锈应符合下列限制规定 | | |
| ①褐色片锈 | | 无 | 不超出梗洼的轻微锈斑 | 轻微超出梗洼或萼洼之外的锈斑 |
| ②网状浅层锈斑 | | 允许轻微而分离的平滑网状不明显锈痕，总面积不超过果面的 1/20 | 允许平滑网状薄层，总面积不超过果面的 1/10 | 允许轻度粗糙的网状果锈，总面积不超过果面的 1/5 |
| 果径(最大横切面直径)/mm | 大型果 | ≥70 | | ≥65 |
| | 中小型果 | ≥60 | | ≥55 |

注：苹果达到成熟时，应符合基本的内在质量要求，当前商品量较大的 15 个品种的果实硬度和可溶性固形物的质量指标参考表 1-8-5。

**表 1-8-5　苹果主要品种的理化指标参考值**

| 品种 | 指标 | |
|---|---|---|
| | 果实硬度/(N/$cm^2$) | 可溶性固形物/% |
| 富士系 | ≥7.0 | ≥13.0 |
| 嘎拉系 | ≥6.5 | ≥12.0 |
| 藤牧 1 号 | ≥5.5 | ≥11.0 |
| 元帅系 | ≥6.8 | ≥11.5 |
| 华夏 | ≥6.0 | ≥11.5 |
| 粉红女士 | ≥7.5 | ≥13.0 |

续表1-8-5

| 品种 | 指标 | |
| --- | --- | --- |
| | 果实硬度/(N/cm²) | 可溶性固形物/% |
| 澳洲青苹 | ≥7.0 | ≥12.0 |
| 乔纳金 | ≥6.5 | ≥13.0 |
| 秦冠 | ≥7.0 | ≥13.0 |
| 国光 | ≥7.0 | ≥13.0 |
| 华冠 | ≥6.5 | ≥13.0 |
| 红将军 | ≥6.5 | ≥13.0 |
| 珊夏 | ≥6.0 | ≥12.0 |
| 金冠系 | ≥6.5 | ≥13.0 |
| 王林 | ≥6.5 | ≥13.0 |

注:未列入的其他品种,可根据品种特性参照表内近似品种的规定掌握。

## 五、注意事项与说明

(1)本实验涉及的相关术语及定义如表 1-8-6 所示。

**表 1-8-6　相关术语及其定义**

| 术语 | 说明 |
| --- | --- |
| 可采成熟度 | 果实完成了生长和化学物质的积累过程,果实体积不再增大且已经达到最佳贮运阶段但未达到最佳食用阶段,该阶段呈现本品种特有的色、香、味等主要特征,果肉开始由硬变脆 |
| 食用成熟度 | 果实已具备该品种固有的色泽、风味和芳香,营养价值较高并达到适合食用的阶段,此时采收的果实可当地销售和短途运输 |
| 生理成熟度 | 果实在生理上已达到充分成熟的状态,果肉开始变软变绵不适宜作贮藏运输的阶段 |
| 果锈 | 由于外部环境或药害导致果皮细胞的不正常分裂产生木栓形成层,使角质层龟裂剥落形成的无光泽的暗褐色木栓化薄层或点状物的一种生理性病害。果锈主要分为片状锈斑和网状浅层锈斑 |
| 刺伤 | 果皮被刺破或划破,伤及果肉而造成的损伤 |
| 碰压伤 | 受碰击或外界压力而对果皮造成的人为损伤。轻微碰压伤系指果实受碰压以后,果皮未破,伤面稍微凹陷,变色不明显,无汁液外溢现象 |
| 磨伤 | 由于果皮表面受枝、叶摩擦而形成的褐色或黑色伤痕。磨伤可分为块状磨伤和网状磨伤,块状磨伤按合并面积计算,网状磨伤按分布面积计算。轻微磨伤系指细小色浅不变黑的瑕疵或轻微薄层,十分细小浅色的痕迹可作果锈处理 |
| 日灼 | 果实表面因受强烈日光照射形成变色的斑块。晒伤部分轻微者呈桃红色或稍微发白,严重者变成黄褐色 |

续表1-8-6

| 术语 | 说明 |
| --- | --- |
| 药害 | 因喷洒农药在果面上残留的药斑或伤害，轻微药斑是指点粒细小、稀疏的斑点和不明显的轻微网状薄层 |
| 雹伤 | 果实在生长期间受冰雹击伤，果皮被击破及果肉伤者为重度雹伤。果皮未破，伤处略显凹陷，皮下果肉受伤较浅，而且愈合良好者为轻微雹伤 |
| 裂果 | 表皮上开裂并深达果肉组织的果实 |
| 裂纹 | 表皮上开裂形成未深达果肉组织的细小裂痕 |

(2)糖量计的读数根据测量时的温度，按照表1-8-7进行校正。

**表 1-8-7 可溶性固形物含量的温度校正系数**

| 温度/℃ | 读数校正 | 可溶性固形物读数/% | | | | | | | |
| --- | --- | --- | --- | --- | --- | --- | --- | --- | --- |
| | | 0 | 5 | 10 | 15 | 20 | 25 | 30 | 35 |
| 10 | 从读数中减去 | 0.50 | 0.54 | 0.58 | 0.61 | 0.64 | 0.66 | 0.68 | 0.70 |
| 11 | | 0.46 | 0.48 | 0.53 | 0.55 | 0.58 | 0.60 | 0.62 | 0.64 |
| 12 | | 0.42 | 0.45 | 0.48 | 0.50 | 0.52 | 0.54 | 0.56 | 0.57 |
| 13 | | 0.37 | 0.40 | 0.42 | 0.44 | 0.46 | 0.48 | 0.49 | 0.50 |
| 14 | | 0.33 | 0.35 | 0.37 | 0.39 | 0.40 | 0.41 | 0.42 | 0.43 |
| 15 | | 0.27 | 0.29 | 0.31 | 0.33 | 0.34 | 0.34 | 0.35 | 0.36 |
| 16 | | 0.22 | 0.24 | 0.25 | 0.26 | 0.27 | 0.28 | 0.28 | 0.29 |
| 17 | | 0.17 | 0.18 | 0.19 | 0.20 | 0.21 | 0.21 | 0.21 | 0.22 |
| 18 | | 0.12 | 0.13 | 0.13 | 0.14 | 0.14 | 0.14 | 0.14 | 0.15 |
| 19 | | 0.06 | 0.06 | 0.06 | 0.07 | 0.07 | 0.07 | 0.07 | 0.08 |
| 20 | | 0 | 0 | 0 | 0 | 0 | 0 | 0 | 0 |
| 21 | 在读数中加上 | 0.06 | 0.07 | 0.07 | 0.07 | 0.07 | 0.08 | 0.08 | 0.08 |
| 22 | | 0.13 | 0.13 | 0.14 | 0.14 | 0.15 | 0.15 | 0.15 | 0.15 |
| 23 | | 0.19 | 0.20 | 0.21 | 0.22 | 0.22 | 0.23 | 0.23 | 0.23 |
| 24 | | 0.26 | 0.27 | 0.28 | 0.29 | 0.30 | 0.30 | 0.31 | 0.31 |
| 25 | | 0.33 | 0.35 | 0.36 | 0.37 | 0.38 | 0.38 | 0.39 | 0.40 |
| 26 | | 0.40 | 0.42 | 0.43 | 0.44 | 0.46 | 0.46 | 0.47 | 0.48 |
| 27 | | 0.48 | 0.50 | 0.52 | 0.53 | 0.55 | 0.55 | 0.55 | 0.56 |
| 28 | | 0.56 | 0.57 | 0.60 | 0.61 | 0.63 | 0.63 | 0.63 | 0.64 |
| 29 | | 0.64 | 0.66 | 0.68 | 0.69 | 0.72 | 0.72 | 0.72 | 0.73 |
| 30 | | 0.72 | 0.74 | 0.77 | 0.78 | 0.80 | 0.80 | 0.80 | 0.81 |

## 六、结果与分析

实验结果按表 1-8-8 进行记录。以小组为单位，分析实验员之间的差异；计算本组的平均分值，以表格或图表示。必要时全组讨论，得出各个样品的综合评价。

**表 1-8-8　苹果等级品质测定结果记录表**

品评员姓名：　　　　　　　　　　　　　　　　　　　　日期：　年　月　日

| 项目 | 品评样品(样品编号) | | | |
|---|---|---|---|---|
| | 样品 1 | 样品 2 | 样品 3 | 样品 4 |
| 品质的基本要求 | | | | |
| 果重/g | | | | |
| 果径/mm | | | | |
| 色泽 | | | | |
| 果梗 | | | | |
| 果形 | | | | |
| 果锈 | | | | |
| 果面缺陷 | | | | |
| 刺伤、划伤 | | | | |
| 碰压、磨伤 | | | | |
| 裂果 | | | | |
| 药害 | | | | |
| 病害 | | | | |
| 虫伤 | | | | |
| 果实硬度/($N/cm^2$) | | | | |
| 可溶性固形物/% | | | | |
| 综合评分 | | | | |
| 评语 | | | | |

## 七、思考题

1. 分析本实验中影响苹果硬度测定的因素？
2. 苹果的商品质量包括哪些方面？

# 实验 9　甘蔗感官品质测定与评价

## 一、实验目的

1. 学会蔗糖锤度测定方法。
2. 以鲜食甘蔗为例，熟悉甘蔗等级划分标准、规格指标规定标准。

## 二、实验原理

结合甘蔗的外观与质量标准，根据鲜食甘蔗的外观、口感、缺陷、理化指标和单茎质量等差异，正确地评价甘蔗的感官品质，合理地划分不同甘蔗的等级。

## 三、实验器材

1. 实验材料

鲜食甘蔗。

2. 实验器具

电子秤、直尺、游标卡尺、折光锤度计等。

## 四、实验步骤

1. 感官品质测定

使用目测、鼻嗅、品尝的方法检测样品是否达到以下基本要求：清洁、无夹杂物；完好；外观新鲜，硬实、无脱水、无皱缩；无异味；无腐烂和变质；无冻害、无水浸、无蒲心；无病变和虫害症状。

根据表 1-9-1 划分甘蔗等级，从外观、口感和缺陷方面评价甘蔗感官品质。

**表 1-9-1　甘蔗等级**

| 级别 | 外观 | 口感 | 缺陷 |
| --- | --- | --- | --- |
| 特级 | 同一品种，具该品种固有色泽；直立；均匀；<br>表皮完整、光滑；<br>无气生根 | 皮薄易拨；<br>口感松脆，清甜可口<br>有果香味；<br>蔗渣少 | 无虫蛀节；<br>无水裂；<br>无机械损伤 |
| 一级 | 同一品种，具该品种固有色泽；较直立；较均匀；<br>表皮较完整、光滑；<br>无明显气生根 | 皮稍硬；<br>口感清脆，较清甜可口；<br>食后有蔗渣，嚼后成团 | 无明显的虫蛀节；<br>无明显水裂；<br>无明显的机械损伤 |
| 二级 | 同一品种，与该品种固有色泽无明显差异；基本端正；基本均匀；<br>表皮基本完整、光滑；<br>有少量气生根 | 皮稍硬；<br>口感较硬，有甘蔗固有甜味；<br>食后蔗渣较碎 | 允许有轻微的虫蚀；<br>允许有轻微的水裂；<br>允许有轻微的机械损伤 |

2. 规格划分

单茎质量为单根甘蔗的质量，用电子秤称量甘蔗质量，精确到 0.01 kg。根据表 1-9-2，以甘蔗单茎质量为划分规格的标准，分为小(S)、中(M)、大(L)三个规格。

**表 1-9-2　甘蔗规格**

| 规格 | 小(S) | 中(M) | 大(L) |
| --- | --- | --- | --- |
| 单茎质量/kg | <2.0 | 2.0～3.5 | >3.5 |

3. 理化指标测定

用直尺测量甘蔗中间部最长节节间的长度，即为节间长度，精确到 0.1 cm。用游标卡尺测量甘蔗中部茎节的横径，即为茎径，精确到 0.01 cm。

将整条甘蔗用压榨工艺将蔗汁榨出，用折光锤度计检测蔗汁糖锤度。用蒸馏水校正折光锤度计，打开棱镜，擦干镜面，滴加适量混合均匀的蔗汁于棱镜上，迅速闭合棱镜；待样液温度稳定后，转动棱镜手轮，使视野中明暗分界线恰好在十字交叉线中心；读取样液遮光锤度及温度，即样液在 20 ℃下的遮光锤度。若温度不在 20 ℃，可查蒸馏水折射率表，调节仪器的示值与该温度对应的折射率相符。每批试验不得少于 3 个蔗汁样液，每一试样应重复 2～3 次，求其平均值。

参考表 1-9-3，根据甘蔗样品节间长度、茎径和糖锤度评价甘蔗等级。

**表 1-9-3　甘蔗等级理化指标**

| 等级 | 节间长度/cm | 茎径/cm | 糖锤度/% |
|---|---|---|---|
| 特级 | ＞11 | 4～4.5 | ＞14 |
| 一级 | 10～11 | 3.5～4(不含 4) | 13～14 |
| 二级 | 9～10(不含 10) | 3～3.5(不含 3.5) | 12～13(不含 13) |

## 五、注意事项与说明

(1)本实验涉及的相关术语及定义如表 1-9-4 所示。

**表 1-9-4　相关术语及定义**

| 术语 | 说明 |
|---|---|
| 糖锤度 | 蔗汁中可溶性固形物的含量 |
| 夹杂物 | 蔗茎中夹带的蔗叶、已脱落的叶鞘、沙土、腐败茎及其他非蔗物 |
| 茎径 | 甘蔗中部茎节的直径 |
| 气生根 | 由地上部茎节萌生的根 |
| 蒲心 | 甘蔗生长至工艺成熟期，茎的中部会出现棉花状的特征，特别在茎上部的节内，有的品种会达中部甚至整个植株的节内。该性状属于品种的种性特征，在茎上部节内的轻度蒲心(占茎径的 1/10 左右)对甘蔗工艺性状影响不大，中度蒲心(占茎径的 1/5)则对甘蔗工艺性状有直接影响，会降低甘蔗的出糖率 |

(2)使用仪器连续测定不同试样时，应在使用后用清水将镜面冲洗洁净，并用干燥的擦镜纸擦干以后，再继续进行测试。

## 六、结果与分析

实验结果按表 1-9-5 进行记录。以小组为单位，分析实验员之间的差异；计算本组的平均分值，以表格或图表示。必要时全组讨论，得出各个样品的综合评价。

表 1-9-5　甘蔗感官评定结果记录表

| 项目 | 品评样品(样品编号) | | | |
|---|---|---|---|---|
| | 样品 1 | 样品 2 | 样品 3 | 样品 4 |
| 外观 | | | | |
| 口感 | | | | |
| 缺陷 | | | | |
| 节间长度/cm | | | | |
| 茎径/cm | | | | |
| 糖锤度/% | | | | |
| 单茎质量/kg | | | | |
| 综合评价等级 | | | | |
| 评语 | | | | |

## 七、思考题

1. 糖锤度还有哪些测定方法?
2. 甘蔗制糖和甜菜制糖生产出的糖有没有区别?

# 实验 10　西瓜感官品质测定与评价

## 一、实验目的

1. 学习西瓜外观描述规范与评价标准。
2. 学会西瓜品质测定方法及理论。

## 二、实验原理

结合西瓜外观描述规范，根据西瓜的表皮色泽差异、瓜纹的不同、果肉颜色等特征，正确描述不同西瓜的外观。

## 三、实验器材

1. 实验材料

不同品种的西瓜，如麒麟瓜、京秀、红小玉、雪峰花皮、黄宝石等。

2. 实验器具

台秤、直尺、果实硬度计、手持糖量计、小刀等。

## 四、实验步骤

1. 西瓜外观检验

由目测法检验西瓜样品果形、果面底色和条纹。

果面缺陷由目测结合测量检验。在同一个果上兼有两项或两项以上不同的果面缺陷时，可只记录其中对品质影响较大的一项。

单果重用台秤称量，单位为 kg，精确到 0.1 kg。

2. 果径及果皮厚度测量

(1)果实长度　用直尺测量果实的纵切面长度，单位为 cm，精确到 0.1 cm。

(2)果实宽度　用直尺测量果实的纵切面宽度，单位为 cm，精确到 0.1 cm。

(3)果皮厚度　用直尺测量果皮的厚度，单位为 cm，精确到 0.1 cm。

3. 果实硬度测定

将样果在果实中央阴阳两面的预测部位削去薄薄的一层果皮，尽量少损及果肉，削部略大于压力计测头的面积；将压力计测头垂直地对准果面的测试部位，徐徐施加压力，使测头压入果肉至规定标线为止；从指示器所示处直接读数，即为果实硬度，统一规定以"$N/cm^2$"为单位表示测试结果。每个品种不得少于 3 个样果，求其平均值，计算结果保留至小数点后一位。

4. 可溶性固形物测定

温室生产的西瓜由于其果实阴阳面不易分辨，故测定果实可溶性固形物时，可以只取图 1-10-1 中所示位点 $A \to G$ 即可。校正好仪器标尺的焦距和位置，打开辅助棱镜，根据图 1-10-1 所示，分别从果样中挤滤出汁液 1～2 滴，仔细滴在棱镜平面中央，迅速关合辅助棱镜，静置 1 min。朝向光源或明亮处，调节消色环，使视野内出现清晰的分界线，与分界线相应的读数，即试液在 20 ℃下所含可溶性固形物的百分率。当环境温度不是 20 ℃时，可根据仪器所附补偿温度计表示的加减数进行校正。每批试验不得少于 3 个果样，每一试样应重复 2～3 次，求其平均值。

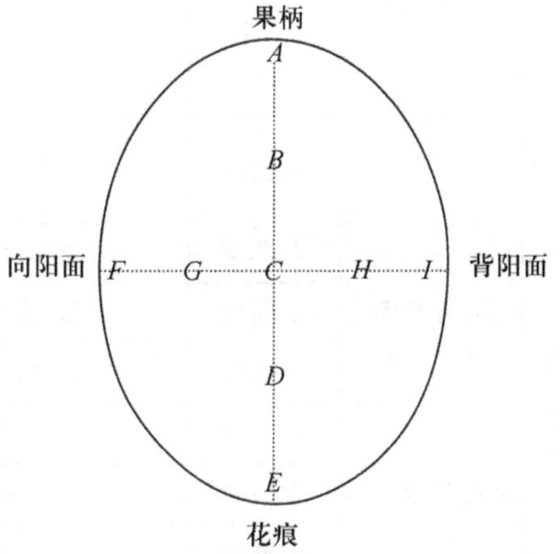


图 1-10-1　西瓜可溶性固形物测定取样点

5. 西瓜等级评定

根据表 1-10-1 中西瓜的等级标准指标，对西瓜样品进行等级划分。

表 1-10-1　西瓜质量等级

| 项目 | | 特等 | 一等 | 二等 |
| --- | --- | --- | --- | --- |
| 外观指标 | 果形 | 端正 | 端正 | 允许有轻微偏缺，但仍具有本品种应有的特征，不得有畸形瓜 |
| | 果面底色和条纹 | 具有本品种应有的底色和条纹，且底色均匀一致、条纹清晰 | 具有本品种应有的底色和条纹，且底色均匀一致、条纹清晰 | 具有本品种应有的底色和条纹，允许底色有轻微差别，底色和条纹的色泽稍差 |
| | 剖面 | 均匀一致，无硬块 | 均匀一致，无硬块 | 均匀性较差，有小的硬块 |
| | 单果重 | 大小均匀一致，差异＜10％ | 大小较均匀，差异＜20％ | 大小差异＜30％ |

续表1-10-1

| 项目 | | | 特等 | 一等 | 二等 |
|---|---|---|---|---|---|
| 外观指标 | 果面缺陷 | 碰压伤 | 无 | 允许总数5%的果有轻微碰压伤，且单果损伤总面积不超过5 $cm^2$ | 允许总数10%的果有碰压伤，单果损伤总面积不超过8 $cm^2$，外表皮有轻微变色，但不伤及果肉 |
| | | 磨、刺划伤 | 无 | 占总数5%的果有轻微伤，单果损伤总面积不超过3 $cm^2$ | 占总数10%的果有轻微伤，且单果损伤总面积不超过5 $cm^2$，无受伤流汁现象 |
| 外观指标 | 果面缺陷 | 雹伤 | 无 | 无 | 允许有轻微雹伤，单果总面积不超过3 $cm^2$，且伤口已干枯 |
| | | 日灼 | 无 | 允许5%的果有轻微的日灼，且单果总面积不超过5 $cm^2$ | 允许总数10%的果有日灼，单果损伤总面积不超过10 $cm^2$ |
| | | 病虫斑 | 无 | 无 | 允许干枯虫伤，总面积不超过5 $cm^2$，不得有病斑 |
| 理化指标 | 果实中心可溶性固形物/% | 大果型 | ≥11.0 | ≥10.5 | ≥10.0 |
| | | 中果型 | ≥11.5 | ≥11.0 | ≥10.5 |
| | | 小果型 | ≥12.5 | ≥12.0 | ≥11.0 |
| | 果皮厚度/cm | 大果型 | ≤1.1 | ≤1.2 | ≤1.3 |
| | | 中果型 | ≤0.8 | ≤0.9 | ≤1.0 |
| | | 小果型 | ≤0.5 | ≤0.6 | ≤0.7 |

## 五、注意事项与说明

(1)本实验涉及的相关术语及定义如表1-10-2所示。

**表1-10-2　相关术语及其定义**

| 术语 | 说明 |
|---|---|
| 果面底色和条纹 | 本品种果实成熟时果面应具有的基础色调和条纹。西瓜果面底色有浅绿色、黄绿色、绿色、深绿色、暗绿色、墨绿色、浅黄色、金黄色。果面条纹的形状有细网纹、网纹、网条、窄条带、中条带、宽条带。果面条纹的颜色有绿、深绿、墨绿、深黄 |
| 可溶性固形物 | 果实汁液中所含能溶于水的糖类、有机酸、纤维素、可溶性蛋白、色素和矿物质等，主要成分为糖类。果实中心可溶性固形物是指果实纵切面从果蒂至果脐连线中心部位的可溶性固形物。可溶性固形物是衡量西瓜甜度的一个主要指标 |
| 容许度 | 由于西瓜在采收分级中可能存在疏忽，以及在采后的贮运过程中可能产生的品质变化，规定一个低于本等级质量的允许限度，称为容许度 |

(2)使用仪器连续测定不同试样时,应在使用后用清水将镜面冲洗洁净,并用干燥的擦镜纸擦干以后,再继续进行测试。

(3)部分品种西瓜果肉和果皮之间没有明显界限,需自行制定果皮厚度测定标准。

(4)小型礼品西瓜的口感普遍优于大型西瓜,两者之间无须比较优劣性。

## 六、结果与分析

实验结果按表 1-10-3 进行记录。以小组为单位,分析实验员之间的差异;计算本组的平均分值,以表格或图表示。必要时全组讨论,得出各个样品的综合评价。

**表 1-10-3　测定结果记录表**

品评员姓名：　　　　　　　　　　　　　　　　　　　　　　　　　日期：　年　月　日

| 项目 | | 品评样品(样品编号) | | | |
|---|---|---|---|---|---|
| | | 样品 1 | 样品 2 | 样品 3 | 样品 4 |
| 外观指标 | 果形 | | | | |
| | 果面底色和条纹 | | | | |
| | 剖面 | | | | |
| | 单果重/kg | | | | |
| | 碰压伤 | | | | |
| | 磨、刺划伤 | | | | |
| | 雹伤 | | | | |
| | 日灼 | | | | |
| | 病虫斑 | | | | |
| 理化指标 | 果实中心可溶性固形物/% | | | | |
| | 果皮厚度/cm | | | | |
| 总评 | | | | | |

## 七、思考题

1. 在西瓜可溶性固形物的测定中为什么要分向阳面和背阴面?
2. 在感官评定无子西瓜时应增加哪些评定项目?

# 实验 11　茶叶感官品质测定与评价

## 一、实验目的

1. 学习茶叶外观等级测定与评价标准。
2. 以绿茶为例,熟悉外观评价和内质评价的方法。

3. 掌握茶叶内质评价主要项目。

## 二、实验原理

茶叶的优与劣、新与陈、真与假，均可通过感官来鉴别。结合茶叶冲泡前后的感官品质标准，根据茶叶的外形、汤色、香气、滋味和叶底，正确地评价茶叶的感官品质。

## 三、实验器材

1. 实验材料

不同类型的茶叶，如绿茶、红茶、白茶、乌龙茶等。

2. 实验器具

评茶杯：瓷质，高 65 mm，外径 66 mm，内径 62 mm，容量 150 mL，具盖，盖上有一小孔，在杯柄相对的杯口上缘有一呈锯齿形小缺口。如果是品评乌龙茶，可使用 110 mL 的钟形杯。

评茶碗：瓷质，色泽一致。高 55 mm，上口外径 95 mm，内径 92 mm，容量 150 mL。

评茶盘：用胶合板或木板制的方形盘，涂以白色，无异常气味。长、宽各 230 mm，边高 30 mm，盘的一角有缺口。

叶底盘：白色搪瓷盘或黑色(长)方形小木盘。

网匙：铜丝网制，底圆形。

电子天平(感量 0.1 g 和 0.01 g)、电水壶、茶匙、紧压茶分解工具、吐茶桶、计时器等。

3. 实验试剂

评茶用水：符合国家饮用水规定，清洁无味，pH 5.5～7.0，硬度＜10。

## 四、实验步骤

1. 通用感官审评方法

绿茶、红茶、黄茶、白茶及黑茶等采用。

(1)外形审评　用分样器或四分法从待检样品中分取代表性试样 100～150 g，置于评茶盘中，将评茶盘运转数次，使试样按粗细、大小顺序分层后，审评外形。对紧压茶，先审评整块茶的外观，再用分解工具解块后，分取试样 100～150 g，置于评茶盘中，审评其内部茶叶状况。

(2)内质审评　称取评茶盘中混匀的试样 3 g，置于评茶杯中，注满沸水，加盖，冲泡 5 min 后将茶汤沥入评茶碗中，审评汤色、香气(评茶杯中)和滋味，最后将评茶杯中的茶渣移入翻置于评茶杯上的杯盖或叶底盘中，检视其叶底。

2. 花茶双杯审评方法

外形审评同 1. 中(1)。内质审评时分别称取 3 g 茶样 2 份，剔除花干，置于两只评茶杯中，注满沸水，加盖。一杯冲泡 3 min 后，将茶汤沥入评茶碗中，审评香气的鲜灵度和汤色。另一杯审评操作同 1. 中(2)，其中香气审评侧重浓度和纯度。

3. 乌龙茶盖碗审评方法

外形审评同 1. 中(1)。内质审评时称取 5 g 茶样置于 110 mL 钟形杯中，以沸水冲泡并加盖。审评冲泡 3 次，冲泡时间依次为 2、3、5 min。每次均应在茶汤未沥出评茶碗中时，嗅闻杯盖内侧附着的香气，其余的审评操作同 1. 中(2)，以第二次冲泡审评的结果为主要评价依据。

4. 袋泡茶审评方法

(1)外形审评　仅对茶袋的滤纸质量和茶袋的包装状况进行审评。

(2)内质审评　取一整袋茶置于评茶杯中，注满沸水并加盖，冲泡 3 min 后上下提动两次(1 min/次)，至 5 min 时将茶汤沥入评茶碗中，依次审评汤色、香气和滋味。叶底审评滤袋的完整性，必要时检视茶渣的色泽和均匀度。

5. 评分

每一审评因子按百分制分别记分，再将所得分数与该因子的评分系数相乘，最后将各个乘积值相加，即为审评总得分。根据公式(1-11-1)计算：

$$X = A \times a + B \times b + C \times c + D \times d + E \times e \tag{1-11-1}$$

式中：$X$—茶叶审评总得分；$A$—外形评分；$a$—外形评分系数(%)；$B$—汤色评分；$b$—汤色评分系数(%)；$C$—香气评分；$c$—香气评分系数(%)；$D$—滋味评分；$d$—滋味评分系数(%)；$E$—叶底评分；$e$—叶底评分系数(%)。

各茶类评分系数见表 1-11-1。

**表 1-11-1　各茶类评分系数**　　%

| 茶类 | 外形 | 汤色 | 香气 | 滋味 | 叶底 |
|---|---|---|---|---|---|
| 名优绿茶 | 30 | 10 | 25 | 25 | 10 |
| 普通绿茶 | 20 | 10 | 30 | 30 | 10 |
| 工夫红茶 | 30 | 10 | 25 | 25 | 10 |
| 红碎茶 | 10 | 15 | 30 | 35 | 10 |
| 乌龙茶 | 15 | 10 | 35 | 30 | 10 |
| 黄茶 | 30 | 10 | 20 | 30 | 10 |
| 白茶 | 20 | 10 | 30 | 30 | 10 |
| 黑茶 | 30 | 10 | 20 | 25 | 15 |
| 花茶 | 25 | 5 | 35 | 30 | 5 |
| 袋泡茶 | — | 30 | 30 | 35 | 5 |

## 五、注意事项与说明

(1)评审汤色时注意光线、评茶用具等影响，可调换评审杯位置减弱环境光线对汤色的影响。

(2)评审滋味适宜的茶汤温度为 50 ℃。

## 六、结果与分析

实验结果按表 1-11-2 进行记录。以小组为单位，分析实验员之间的差异；计算本组的平均分值，以表格或图表示。必要时全组讨论，得出各个样品的综合评价。

表 1-11-2 测定结果记录表

| 特征 | 品评样品(样品编号) | | | |
|---|---|---|---|---|
| | 样品 1 | 样品 2 | 样品 3 | 样品 4 |
| 外形 | | | | |
| 汤色 | | | | |
| 香气 | | | | |
| 滋味 | | | | |
| 叶底 | | | | |
| 评价总分 | | | | |
| 评语 | | | | |

## 七、思考题

1. 发酵程度不同,茶叶中茶多酚含量是否有差异?
2. 评茶用水硬度较高会有哪些影响?

# 第 3 节 动物产品感官品质标准与评价

## 实验 12 鲜、冻禽产品感官品质测定与评价

### 一、实验目的

1. 掌握鲜、冻禽产品感官品质测定的方法与评价标准。
2. 了解冷冻肉解冻失水率的测定方法。

### 二、实验原理

肉品的变质是微生物的生长繁殖使肉品脂肪和蛋白质发生变化的过程,根据肉类的组织形态、色泽、气味、异物及加热后肉汤的性状,正确地评价肉类的感官品质。

### 三、实验器材与试剂

1. 实验材料

鲜鸡肉、冷冻鸡肉。

2. 实验器具

电子天平、保鲜膜、温度计、搪瓷盘、铁丝网、游标卡尺等。

3. 实验试剂

蒸馏水。

## 四、实验步骤

1. 冻鸡肉的感官评定

在冻结状态下观察冷冻肉表面的变色脱水程度、有无霉斑、光泽等。

2. 冻鸡肉的解冻失水率测定

将铁丝网置于搪瓷盘内，使铁丝网与搪瓷盘底部的距离大于 2 cm。取冻禽肉 1 000～2 000 g，用电子天平称量($m$)后置于铁丝网上。在试样上覆盖塑料保鲜膜，使试样在 15～25 ℃自然解冻。待试样中心温度达到 2～3 ℃时去掉塑料膜，用电子天平称量。再将试样置于铁丝网上放置 30 min，称量($m_1$)。重复放置 30 min 的操作，直至连续两次称量差不超过 2.0 g。

解冻失水率($X$)按公式(1-12-1)计算：

$$X=\frac{m-m_1}{m}\times 100\% \quad (1\text{-}12\text{-}1)$$

式中：$X$—试样解冻失水率(%)；$m$—试样解冻前的质量(g)；$m_1$—试样解冻后的质量(g)。计算结果保留至整数。

3. 组织状态、色泽、气味鉴别

将鲜鸡肉及自然解冻的冻鸡肉样品置于自然光下，用触觉鉴别法鉴别组织状态；观察其色泽，嗅其气味。

4. 淤血估测

观察鲜鸡肉或解冻后的鸡肉样品中是否存在淤血，并估测其面积。

5. 硬杆毛测量

观察样品中是否存在羽毛或羽毛根，若有，用精度为 0.05 mm 的游标卡尺测量羽毛的长度及羽毛根的直径。

6. 异物观察

观察样品中是否存在异物。

7. 肉汤鉴别

将试样切碎，称取 20 g，置于 200 mL 烧杯中，加 100 mL 水，盖上表面皿，加热至 50～60 ℃。取下表面皿，嗅其气味。煮沸后鉴别肉汤性状和脂肪凝聚状况，冷却至室温后品尝肉汤滋味。

8. 评定

根据表 1-12-1 内容，对样品进行评价。

**表 1-12-1　鲜、冻禽产品感官形状评价标准**

| 项目 | 鲜禽产品 | 冻禽产品(解冻后) |
|---|---|---|
| 组织状态 | 肌肉富有弹性，指压后凹陷部位立即恢复原状 | 肌肉指压后凹陷部位恢复较慢，不易完全恢复原状 |
| 色泽 | 表皮和肌肉切面有光泽，具有禽类品种应有的色泽 | |
| 气味 | 具有禽类品种应有的气味，无异味 | |
| 加热后肉汤 | 透明澄清，脂肪团聚于液面，具有禽类品种应有的滋味 | |

续表1-12-1

| 项目 | 鲜禽产品 | 冻禽产品(解冻后) |
|---|---|---|
| 淤血[以淤血面积(S)计]/$cm^2$<br>$S>1$<br>$0.5<S\leqslant1$<br>$S\leqslant0.5$ | 不得检出<br>片数不得超过抽样量的2%<br>忽略不计 | |
| 硬杆毛(长度超过12 mm的羽毛,或直径超过2 mm的羽毛根)/(根/10 kg) | $\leqslant1$ | |
| 异物 | 不得检出 | |

## 五、注意事项与说明

(1)采集样品时,不得破坏样品的感官品质,需要包装的样品应采用食品级聚乙烯薄膜及时包装。运输工具应清洁、卫生,使用前应进行清洗、消毒。样品不得与有异味、有毒、有害的物品混装运输。在样品运输途中应防止产品变质。样品送达感官分析实验室后,不能立即进行检验的应以恰当的方式及时贮藏。热鲜肉、冷却肉应在样品到达的当天立即进行评定。

(2)参加评定的人员,当天不得使用有气味的化妆品,不得吸烟。患病人员不得参加。评定时,应穿着清洁、无异味的工作服。

(3)感官评定实验室用水应为双蒸水、去离子水或经过过滤处理除去异味的水。

## 六、实验结果与分析

鲜、冻禽产品感官品质测定结果分别按表1-12-2和表1-12-3进行记录。以小组为单位,分析实验员之间的差异;计算本组的平均分值,以表格或图表示。必要时全组讨论,得出各个样品的综合评价。

**表1-12-2　鲜禽产品感官品质测定结果记录表**

品评员姓名:　　　　　　　　　　　　　　　　　　　　　　　　　　日期:　年　月　日

| 样品编号 | 组织状态 | 色泽 | 气味 | 加热后肉汤 | 淤血 | 硬杆毛 | 异物 |
|---|---|---|---|---|---|---|---|
| | | | | | | | |
| | | | | | | | |
| | | | | | | | |
| | | | | | | | |
| | | | | | | | |
| | | | | | | | |
| | | | | | | | |
| | | | | | | | |

表 1-12-3　冻禽产品感官品质测定结果记录表

品评员姓名：　　　　　　　　　　　　　　　　　　　　　　　日期：　年　月　日

| 样品编号 | 冷冻状态 | 解冻失水率 | 组织状态 | 色泽 | 气味 | 加热后肉汤 | 淤血 | 硬杆毛 | 异物 |
|---|---|---|---|---|---|---|---|---|---|
| | | | | | | | | | |
| | | | | | | | | | |
| | | | | | | | | | |
| | | | | | | | | | |
| | | | | | | | | | |
| | | | | | | | | | |
| | | | | | | | | | |
| | | | | | | | | | |
| | | | | | | | | | |
| | | | | | | | | | |

## 七、思考题

1. 畜禽产品冷冻保鲜的原理是什么？
2. 畜禽产品冷冻保鲜的保质期有多长？

# 实验 13　鸡蛋感官品质测定与评价

## 一、实验目的

1. 了解鸡蛋感官品质测定的意义。
2. 掌握鸡蛋感官品质测定的方法及评价标准。
3. 了解鲜蛋比重的测定方法。

## 二、实验原理

衡量鲜蛋品质的主要标准是新鲜程度和完整性，客观全面地分析蛋壳、气室、蛋白、系带、蛋黄和胚胎的状态，正确地评价鸡蛋的新鲜度和品质。

## 三、实验器材与试剂

1. 实验材料

新鲜鸡蛋、食盐。

2. 实验器具

电子天平、培养皿、放大镜、镊子、白色磁盘（底部直径＞15 cm）、液体比重计、蛋白高度测定仪、蛋壳强度测定仪(EFR-01)、蛋壳厚度测定仪、游标卡尺、罗氏比色扇等。

3. 实验试剂

蒸馏水。

## 四、实验步骤

1. 蛋重测定

用电子天平测量蛋的重量(质量),精确到 0.01 g。根据表 1-13-1 划分鲜鸡蛋质量级别。

表 1-13-1 鲜鸡蛋的质量分级要求

| 级别 | | 单枚鸡蛋质量范围/g |
|---|---|---|
| 超大(XL) | | ≥68 |
| 大(L) | L(+) | ≥63 且<68 |
| | L(−) | ≥58 且<63 |
| 中(M) | M(+) | ≥53 且<58 |
| | M(−) | ≥48 且<53 |
| 小(S) | S(+) | ≥43 且<48 |
| | S(−) | <43 |

2. 蛋壳外观的评定

在光线充足的条件下,将蛋放在手掌心,小手指向手心内侧,一边旋转一边观察蛋壳颜色,一般分为白色、浅褐色(粉色)、褐色、青色(绿色)、青瓷色和白色带棕褐色斑点。目测观察蛋壳表面是否存在污染物,并估计污染物的面积。用手稍微用力握蛋,观察蛋壳表面有无裂纹等破损。用游标卡尺分别测定鸡蛋的纵径($l_1$)和横径($l_2$)。

蛋形指数(ESI)按公式(1-13-1)计算:

$$ESI=\frac{l_1}{l_2} \tag{1-13-1}$$

式中:ESI—蛋形指数;$l_1$—蛋纵径(mm);$l_2$—蛋横径(mm)。

3. 蛋壳强度的测定

使用蛋壳强度测定仪 EFR-01,将鸡蛋竖放固定于上下测量面间,启动仪器,测量面以一定的速度做相对运动,并将鸡蛋压破。鸡蛋压破过程所需的力通过传感器测量,记录数据,单位为 $kg/cm^2$。

4. 蛋壳厚度测定

将鸡蛋打开,除去内容物,用清水冲洗壳的内面,用滤纸吸干,剔除蛋壳膜,用蛋壳厚度测定仪分别测定蛋壳的钝端、中间和锐端的厚度,求其平均值,单位为 mm。

5. 蛋比重测定

用盐水漂浮法测定蛋比重。按照表 1-13-2 配制不同比重的盐溶液,在 1 000 mL 水中加 68 g 氯化钠(NaCl),定为 0 级,之后每增加一级,累加 4 g NaCl,然后用液体比重计校正所配溶液。从 0 级开始，将蛋逐级放入配制好的盐水中，漂上来的最小盐水比重级为该蛋的级别。

表 1-13-2　不同比重食盐溶液配制表

| 级别 | 溶液比重 | 每 1 000 mL 蒸馏水中加入食盐量/g |
|---|---|---|
| 0 | 1.068 | 68 |
| 1 | 1.072 | 72 |
| 2 | 1.076 | 76 |
| 3 | 1.080 | 80 |
| 4 | 1.084 | 84 |
| 5 | 1.088 | 88 |
| 6 | 1.092 | 92 |
| 7 | 1.096 | 96 |
| 8 | 1.100 | 100 |

6. 哈氏单位的测定

将蛋打在蛋白高度测定仪的玻璃板上，用蛋白高度测定仪测量蛋黄边缘与浓蛋白边缘中点的浓蛋白高度（避开系带），测量呈正三角形的 3 个点，取其平均值。哈氏单位（HU）按公式（1-13-2）计算：

$$\mathrm{HU}=100\times\log(H-1.7\times W^{0.37}+7.57) \tag{1-13-2}$$

式中：HU—哈氏单位；$H$—浓蛋白高度（mm）；$W$—蛋重（g）。

7. 蛋黄比率的测定

将蛋称重后，打蛋分开蛋白和蛋黄，称量蛋黄重，蛋黄比例（YP）按公式（1-13-3）计算：

$$\mathrm{YP}=\frac{W_2}{W_1}\times 100\% \tag{1-13-3}$$

式中：YP—蛋黄比率（%）；$W_1$—蛋重（g）；$W_2$—蛋黄重（g）；

8. 蛋黄颜色、蛋白、胚盘和异物的检测

用破碎法检测，将底部直径大于 15 cm 的白色瓷盘放置在水平桌面上，手握鸡蛋在桌子边沿轻轻磕破蛋壳，两手拿蛋贴近白色瓷盘，两大拇指沿蛋的磕破处向两侧掰开，使鸡蛋内容物平稳地落在瓷盘中心。观察蛋黄颜色，用罗氏比色扇对比，选定其颜色最接近的色号为其蛋黄颜色等级。观察蛋内的蛋白、胚盘、异物情况，形态参考图 1-13-1。

9. 质量等级评定

参考表 1-13-3，根据鸡蛋样品的蛋壳质量、蛋壳清洁度、蛋黄、哈氏单位、蛋白、胎盘及异物状态，评定其等级。

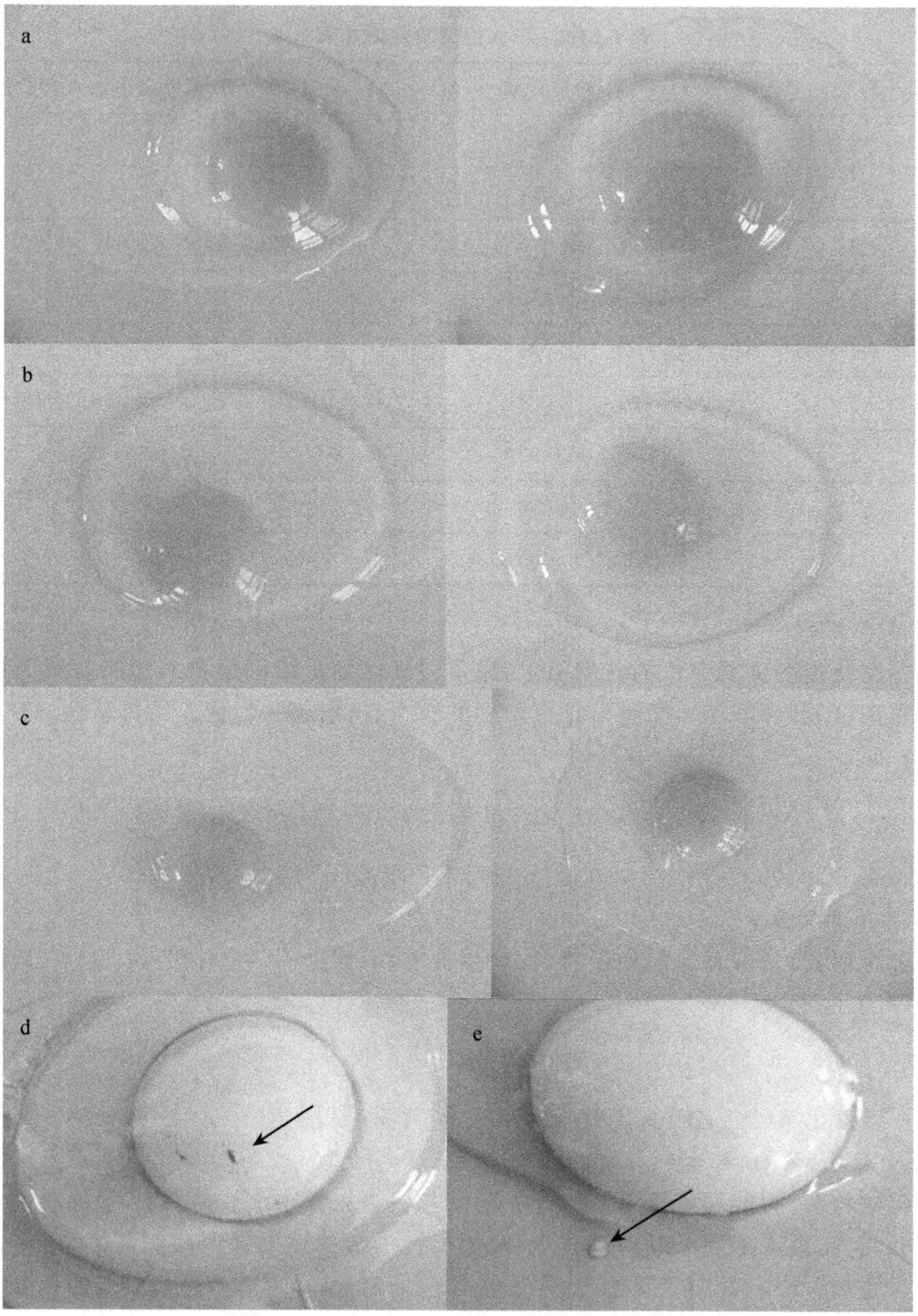


**图 1-13-1　不同等级鸡蛋蛋白、胎盘、异物的形态(GB/T 39438—2020)**

a. 特级鸡蛋(浓蛋白黏稠、透明,浓蛋白和稀蛋白清晰可辨)　b. 一级鸡蛋(浓蛋白较黏稠、透明,浓蛋白和稀蛋白清晰可辨)　c. 二级鸡蛋(浓蛋白较黏稠、透明)　d. 血斑蛋(蛋清中有血斑)　e. 肉斑蛋(蛋清中有肉斑)

表 1-13-3　鸡蛋质量分级要求

| 指标 | | 分级 | | |
|---|---|---|---|---|
| | | 特级 | 一级 | 二级 |
| 外观 | 蛋壳质量 | 具有本品类蛋壳固有的色泽，蛋壳完整无破损，不得出现明显斑点、沙皮、畸形蛋 | | |
| | 蛋壳清洁度 | 蛋壳外表无肉眼可见的污渍 | | 蛋壳外表有肉眼可见的污渍，单个不洁物面积应≤4 $mm^2$，且不洁面总面积≤8 $mm^2$ |
| 内容物 | 蛋黄 | 完整，未出现散黄 | | |
| | 哈氏单位 | >72 | >60 | >55 |
| | 蛋白 | 黏稠、透明<br>浓蛋白、稀蛋白清晰可辨 | 较黏稠、透明<br>浓蛋白、稀蛋白清晰可辨 | 较黏稠、透明 |
| | 胎盘 | 未见明显发育 | | |
| | 异物 | 允许有直径小于 2 mm 的血斑、肉斑，无其他异物 | | |

## 五、注意事项与说明

本实验涉及的相关术语及定义如表 1-13-4 所示。

表 1-13-4　相关术语及其定义

| 术语 | 说明 |
|---|---|
| 蛋比重 | 单位体积的蛋重量。蛋的比重与蛋的新鲜度有密切关系。比重在 1.080 以上的蛋为新鲜蛋；比重在 1.060 以上为次鲜蛋；比重在 1.050 以上的蛋为陈次蛋；比重在 1.050 以下的蛋为变质腐败蛋 |
| 蛋形指数 | 蛋的纵径与横径的比值。正常蛋为椭圆形，蛋形指数为 1.3～1.35，或 72%～76%，偏离此值的均为不合格产品。蛋形并不影响食用价值，但与种用价值、种蛋孵化率有关，对包装和运输十分重要，蛋形指数适合，破蛋和裂纹蛋偏低，蛋形指数如高于 80%或低于 70%，蛋壳破损率显著增加 |
| 蛋壳强度 | 蛋壳耐受压强的大小。蛋壳强度可用蛋壳强度测定仪进行测定，单位为 Pa。国际上要求蛋在竖放时能承受 $2.65\times10^5$～$3.5\times10^5$ Pa 压力，破蛋率不超过 1%为好。禽蛋在 $2.94\times10^5$ Pa 下不破裂。禽蛋纵径的耐压性大于横径，因此，在运输和贮藏时，以竖放为佳 |
| 哈氏单位 | 根据蛋重和浓厚蛋白高度，按一定公式计算出来的值，用来衡量蛋白质量和蛋的新鲜程度。哈氏单位越高，表示蛋白黏稠度越好，蛋品质越高 |
| 气室 | 蛋壳与蛋壳内膜之间的空隙 |
| 异物 | 包含在蛋内的非蛋本身的物质 |

## 六、结果与分析

实验结果按表 1-13-5 进行记录。以小组为单位，分析实验员之间的差异；计算本组的平均分值，以表格或图表示。必要时全组讨论，得出各个样品的综合评价。

表 1-13-5　鸡蛋感官品质测定结果记录表

| 样品编号 | 蛋重/g | 蛋形指数 | | | 蛋壳强度/($kg/cm^2$) | 蛋壳厚度/mm | 蛋比重 | 哈氏单位 | 总评 |
|---|---|---|---|---|---|---|---|---|---|
| | | 纵径/mm | 横径/mm | 比值 | | | | | |
| | | | | | | | | | |
| | | | | | | | | | |
| | | | | | | | | | |
| | | | | | | | | | |
| | | | | | | | | | |

## 七、思考题

1. 气室的大小和位置受哪些因素的影响？
2. 制作松花蛋的原理是什么？

# 实验 14　乳及乳制品感官品质测定与评价

## 一、实验目的

1. 掌握乳及乳制品感官品质测定的方法及评价标准。
2. 了解乳粉冲调性的测定方法。

## 二、实验原理

乳与乳制品质量的优劣最直接地表现在它的感官性质上，通过乳与乳制品的色泽、组织状态、气味及滋味等指标来鉴别其优劣与真伪，不仅简便易行，且直观、实用。

## 三、实验器材与试剂

1. 实验材料

生乳、发酵乳、乳粉。

2. 实验器具

恒温水浴锅、培养皿、烧杯、试管、硫酸纸、大号塑料勺、黑色塑料盘、计时器等。

3. 实验试剂

蒸馏水。

## 四、实验步骤

1. 鲜乳的感官测定

将乳样置于 50 mL 烧杯中，放入 15～20 ℃水中保温 10～20 min，然后充分摇匀，进行各项检查。

(1)色泽鉴定　将少量乳样倒入洁净烧杯，观察其颜色。

(2)组织状态鉴定　取一只洁净玻璃平皿，倒入少量被检乳。然后将其倾斜，在牛乳向下流动时，检查乳中有无细小蛋白质变性而凝固的颗粒。将乳倒入小烧杯内静置 1 h 左右后，再小心地将其倒入另一小烧杯，仔细观察第一个小烧杯内底部有无沉淀和絮状物。再取 1 滴乳于大拇指上，检查是否黏滑。

(3)气味鉴定　将乳加热后，闻其气味。

(4)滋味鉴定　取少量用口尝，辨其滋味。

(5)等级评定　根据表 1-14-1 评定鲜乳样品感官质量等级。

**表 1-14-1　鲜乳的感官质量分类标准**

| 等级 | 色泽 | 组织状态 | 气味 | 滋味 |
| --- | --- | --- | --- | --- |
| 良质 | 乳白色或稍带微黄色 | 呈均匀的流体，无沉淀、凝块和机械杂质，无黏稠和浓厚现象 | 具有乳特有的乳香味，无其他任何异味 | 具有鲜乳独有的纯香味，滋味可口而稍甜，无其他任何异常滋味 |
| 次质 | 色泽比良质鲜乳差，白色中稍带青色 | 呈均匀的流体，无凝块，但可见少量微小的颗粒，脂肪聚黏表层呈液化状态 | 乳中固有的香味稍差或有异味 | 有微酸味(表明乳已开始酸败)或有其他轻微的异味 |
| 劣质 | 呈浅粉色或显著的黄绿色，或是色泽灰暗 | 呈稠而不匀的溶液状，有乳凝结成的致密凝块或絮状物 | 有明显的异味，如酸臭味、牛粪味、金属味、鱼腥味、汽油味等 | 有酸味、咸味、苦味等 |

2. 发酵乳的感官测定

酸牛乳样品须置于 4～6 ℃冷藏环境中，感官检验开始前取出，使检验时温度在 6～10 ℃。

(1)色泽鉴定　取适量样品于 50 mL 透明容器中，在灯光下观察其色泽。

(2)滋味和气味　先闻气味，然后用温开水漱口，再品尝样品的滋味。

(3)组织状态　取适量试样于 50 mL 透明容器中，在灯光下观察其组织状态。

(4)等级评定　根据表 1-14-2 评定发酵乳样品感官质量等级。

**表 1-14-2　发酵乳的感官质量分类标准**

| 等级 | 色泽 | 组织状态 | 气味 | 滋味 |
| --- | --- | --- | --- | --- |
| 良质 | 色泽均匀一致，呈乳白色或稍带微黄色 | 凝乳均匀细腻，无气泡，允许有少量黄色脂膜和少量乳清 | 有清香、纯正的酸奶味 | 有纯正的酸奶味，酸甜适口 |
| 次质 | 色泽不匀，呈微黄色或浅灰色 | 凝乳不均匀也不结实，有乳清析出 | 酸奶香气平淡或有轻微异味 | 酸味过度或有其他不良滋味 |
| 劣质 | 色泽灰暗或出现其他异常颜色 | 凝乳不良，有气泡，乳清析出严重或乳清分离；瓶口及酸奶表面均有霉斑 | 有腐败味、霉变味、酒精发酵味及其他不良气味 | 有苦味、涩味或其他不良滋味 |

3. 乳粉的感官测定

首先将样品编号，然后按编号将袋剪开，勿将塑料袋碎片混入粉中。

(1)组织状态和色泽鉴定　在日光灯或自然光线下，取待检乳粉 5 g 放在硫酸纸上，观察其色泽和组织状态。

(2)乳粉冲调性测定　乳粉的冲调性可通过下沉时间、热稳定性(蛋白变性点)、挂壁及团块来判定。

①下沉时间。量取 100 mL 的 50～55 ℃蒸馏水放入 200 mL 烧杯，称取 13.6 g 待检乳粉，将乳粉迅速倒入烧杯，同时启动秒表开始计时，待水面上的乳粉全部下沉后结束计时，记录乳粉下沉时间。

②热稳定性(蛋白变性点)、挂壁及团块情况。检验完乳粉的“下沉时间”后，立即用大号塑料勺沿容器壁按 2 周/s 的速度进行匀速搅拌(顺时针)，搅拌时间为 1 min。然后，观察复原乳的挂壁情况；将 2 mL 复原乳倾倒在黑色塑料盘中观察“小白点”情况；最后观察容器底部是否有不溶团块。

(3)滋味和气味鉴定　用清水漱口，用鼻嗅其气味，喝一口(约 5 mL)复原乳，仔细品尝后再咽下。

(4)等级评定　根据表 1-14-3 评定乳粉的感官质量等级。

**表 1-14-3　乳粉及冲调还原乳的感官质量分类标准**

| 品类 | 等级 | 色泽 | 组织状态 | 气味 | 滋味 |
|---|---|---|---|---|---|
| 乳粉 | 良质 | 色泽均匀一致，呈淡黄色，脱脂乳粉为白色，有光泽 | 粉粒大小均匀，手感疏松，无结块、无杂质 | 具有消毒牛乳纯正的乳香味，无其他异味 | 有纯正的乳香滋味，加糖乳粉有适口的甜味，无任何其他异味 |
| | 次质 | 色泽浅白或灰暗，无光泽 | 有松散的结块或少量硬颗粒、焦粉粒、小黑点等 | 乳香味平淡或有轻微异味 | 滋味平淡或有轻度异味，加糖乳粉甜度过大 |
| | 劣质 | 色泽灰暗或呈褐色 | 有较硬的、不易散开的结块，有肉眼可见的杂质或异物 | 有陈腐味、发霉味、脂肪哈喇味等 | 有苦涩或其他较重的异味 |
| 冲调还原乳 | 良质 | 乳白色 | 呈均匀的胶态液 | 具有消毒牛乳纯正的乳香味，无其他异味 | 有纯正的乳香滋味，加糖乳粉有适口的甜味，无任何其他异味 |
| | 次质 | 乳白色 | 带有小颗粒或有少量脂肪析出 | 乳香味平淡或有轻微异味 | 滋味平淡或有轻度异味，加糖乳粉甜度过大 |
| | 劣质 | 白色凝块，乳清呈淡黄绿色 | 胶态液不均匀，有大的颗粒或凝块，甚至水乳分离，表层有游离脂肪上浮 | 有陈腐味、发霉味、脂肪哈喇味等 | 有苦涩或其他较重的异味 |

## 五、注意事项与说明

(1)乳的色泽　正常的新鲜牛乳呈不透明的乳白色或淡黄色。乳的白色是由乳中的酪蛋白酸钙、磷酸钙胶粒及脂肪球等微粒对光的不规则反射所产生的。牛乳中的脂溶性胡萝卜素和叶黄素使乳略带淡黄色,而水溶性的核黄素使乳清呈荧光性黄绿色。

(2)乳的气味　乳中含有挥发性脂肪酸及其他挥发性物质,这些物质是牛乳气味的主要构成成分。这种香味随温度的升高而加强,乳经加热后香味强烈,冷却后减弱。乳中羰基化合物,如乙醛、丙酮、甲醛等均与牛乳风味有关。牛乳除具有固有的香味外,还很容易吸收外界的各种气味。挤出的牛乳如在牛舍中放置时间太久,会带有牛粪味或饲料味,贮存器不良时则产生金属味,消毒温度过高时则产生焦糖味。因此,每一个处理过程都必须保持周围环境的清洁,以避免各因素的影响。

(3)乳的滋味　纯净的新鲜乳滋味稍甜,这是由于乳中含有乳糖。乳中因含有氯离子而稍带咸味。常乳中的咸味因受乳糖、脂肪、蛋白质等调和而不易觉察,但异常乳如乳腺炎乳中氯的含量较高,故有浓厚的咸味。乳中的苦味来自 $Mg^{2+}$、$Ca^{2+}$,而酸味是由柠檬酸及磷酸所产生的。

## 六、结果与分析

实验结果按表 1-14-4 进行记录。以小组为单位,分析实验员之间的差异;计算本组的平均分值,以表格或图表示。必要时全组讨论,得出各个样品的综合评价。

表 1-14-4　乳及乳制品感官品质测定结果记录表

| 样品编号 | 色泽 | 组织状态 | 气味 | 滋味 | 总评 |
|---|---|---|---|---|---|
| | | | | | |
| | | | | | |
| | | | | | |
| | | | | | |
| | | | | | |
| | | | | | |

## 七、思考题

1. 牛奶加工成发酵乳后营养价值有哪些不同?
2. 鲜牛奶变质后发酸与发酵乳的酸有什么区别?

## 参考文献

[1] 中华人民共和国国家标准 GB 1350—2009 稻谷
[2] 中华人民共和国国家标准 GB 1351—2008 小麦
[3] 中华人民共和国国家标准 GB/T 1354—2018 大米
[4] 中华人民共和国国家标准 GB 1352—2009 大豆

[5] 中华人民共和国国家标准 GB/T 1532—2008 花生
[6] 中华人民共和国农业行业标准 NY/T 1599—2008 大豆热损伤率的测定
[7] 中华人民共和国国家标准 GB 2707—2016 食品安全国家标准　鲜(冻)畜、禽产品
[8] 中华人民共和国国家标准 GB/T 5492—2008 粮油检验　粮食、油料的色泽、气味、口味鉴定
[9] 中华人民共和国国家标准 GB/T 5494—2019 粮油检验　粮食、油料的杂质、不完善粒检验
[10] 中华人民共和国国家标准 GB/T 5498—2013 粮油检验　容重测定
[11] 中华人民共和国国家标准 GB/T 5499—2008 粮油检验　带壳油料纯仁率检验法
[12] 中华人民共和国国家标准 GB/T 10651—2008 鲜苹果
[13] 中华人民共和国国家标准 GB/T 14487—2017 茶叶感官审评术语
[14] 中华人民共和国国家标准 GB 16869—2005 鲜、冻禽产品
[15] 中华人民共和国国家标准 GB 19301—2010 食品安全国家标准　生乳
[16] 中华人民共和国国家标准 GB 19302—2010 食品安全国家标准　发酵乳
[17] 中华人民共和国国家标准 GB 19644—2010 食品安全国家标准　乳粉
[18] 中华人民共和国国家标准 GB/T 21304—2007 小麦硬度测定　硬度指数法
[19] 中华人民共和国国家标准 GB/T 21719—2008 稻谷整精米率检验法
[20] 中华人民共和国国家标准 GB/T 22210—2008 肉与肉制品感官评定规范
[21] 中华人民共和国国家标准 GB/T 23776—2018 茶叶感官评审方法
[22] 中华人民共和国国家标准 GB/T 39438—2020 包装鸡蛋
[23] 中华人民共和国供销合作行业标准 GH/T 1153—2021 西瓜
[24] 中华人民共和国粮食行业标准 LS/T 3106—2020 马铃薯
[25] 中华人民共和国农业行业标准 NY/T 420—2017 绿色食品　花生及制品
[26] 中华人民共和国农业行业标准 NY/T 523—2020 专用籽粒玉米和鲜食玉米
[27] 中华人民共和国农业行业标准 NY/T 578—2002 黄瓜
[28] 中华人民共和国农业行业标准 NY/T 581—2002 茄子
[29] 中华人民共和国农业行业标准 NY/T 584—2002 西瓜(含无子西瓜)
[30] 中华人民共和国农业行业标准 NY/T 657—2021 绿色食品　乳与乳制品
[31] 中华人民共和国农业行业标准 NY/T 787—2004 茶叶感官审评通用方法
[32] 中华人民共和国农业行业标准 NY/T 823—2020 家禽生产性能名词术语和度量计算方法
[33] 中华人民共和国农业行业标准 NY/T 943—2006 大白菜等级规格
[34] 中华人民共和国农业行业标准 NY/T 964—2006 菠菜
[35] 中华人民共和国农业行业标准 NY/T 1067—2006 食用花生
[36] 中华人民共和国农业行业标准 NY/T 1587—2008 黄瓜等级规格
[37] 中华人民共和国农业行业标准 NY/T 1758—2009 鲜蛋等级规格
[38] 中华人民共和国农业行业标准 NY/T 1793—2009 苹果等级规格
[39] 中华人民共和国农业行业标准 NY/T 1894—2010 茄子等级规格
[40] 中华人民共和国农业行业标准 NY/T 1933—2010 大豆等级规格
[41] 中华人民共和国农业行业标准 NY/T 1985—2011 菠菜等级规格
[42] 中华人民共和国农业行业标准 NY/T 2316—2023 苹果品质评价技术规范
[43] 中华人民共和国农业行业标准 NY/T 3271—2018 甘蔗等级规格
[44] 中华人民共和国农业行业标准 NY/T 3837—2021 稻米食味感官评价方法
[45] 中华人民共和国商业行业标准 SB/T 10332—2000 大白菜
[46] 中华人民共和国国内贸易行业标准 SB/T 10638—2011 鲜鸡蛋、鲜鸭蛋分级

[47] 中华人民共和国国内贸易行业标准 SB/T 10686—2012 大豆食品工业术语
[48] 朱俊平．乳及乳制品质量检验[M]．北京：中国计量出版社，2006
[49] 翁鸿珍．乳与乳制品检验技术[M]．北京：中国轻工业出版社，2006
[50] 马双武，刘君璞．西瓜种质资源描述规范和数据标准[M]．北京：中国农业出版社，2005
[51] 姜宏，于永波，章翔峰，等．马铃薯外部品质分级方法综述[J]．科学技术与工程，2022，22(14)：5519-5527
[52] 仇菊，朱宏，朱大洲，等．不同加工用途马铃薯品质特性分析[J]．中国马铃薯，2019，33(6)：372-378
[53] 吴兰荣，陈静，王秀贞，等．花生感官品质的主要鉴定指标[J]．中国油料作物学报，2005(1)：52-54
[54] 赵赓九，胡晖，刘红芝，等．鲜食花生品质评价和贮藏加工研究进展[J]．食品科学，2023，44(5)：314-320

# 第2章 农产品品质标准化检测与评价

农产品品质评价是根据农产品外观、质构、风味、营养等要素对农产品进行评价和等级划分的过程。农产品品质问题是人们在“吃得饱”(数量安全)和“吃得放心”(质量安全)的基础上对农产品提出的更高级别需求,是农产品质量安全发展的高级阶段。农产品中的营养成分是广大消费者重点关注的品质指标。党的二十大报告中强调,人民健康是民族昌盛和国家强盛的重要标志,要把保障人民健康放在优先发展的战略位置。通过实施农业标准化,提高我国农产品品质,可以增强我国农业综合生产能力,为广大人民提供更多优质农产品,促进人民身体健康。因此,本章针对农产品中维生素C、糖分、淀粉、蛋白质、脂肪等共性品质指标和茶叶茶多酚、水果果胶、甘蔗粗纤维等特性指标,设计了相关实验,以期学生和相关技术人员掌握农产品品质标准化检测与评价的基本方法。

## 第1节 农产品中维生素C含量的测定

### 实验1 2,6-二氯靛酚滴定法测定农产品中维生素C含量

#### 一、实验目的

1. 熟悉维生素C的氧化还原性质。
2. 掌握2,6-二氯靛酚滴定法测定农产品中的维生素C含量的原理和方法。

#### 二、实验原理

维生素C又称抗坏血酸,是一种己糖醛酸,具有抗坏血病、抗感冒、保护细胞和预防癌症的功能。人体因缺乏古洛糖内酯氧化酶而不能合成自身所需的维生素C,故必须从食物中获取。人体所需维生素C总量的98%来源于水果和蔬菜,因而维生素C含量高低成为评价果蔬营养价值的重要指标之一。用蓝色的碱性染料2,6-二氯靛酚标准溶液对含$L(+)$-抗坏血酸的试样酸性浸出液进行氧化还原滴定,2,6-二氯靛酚被还原为无色,当到达滴定终点时,多余的2,6-二氯靛酚在酸性介质中显浅红色,由2,6-二氯靛酚的消耗量计算样品中$L(+)$-抗坏血酸的含量。

## 三、实验器材与试剂

1. 实验材料

选取梨、生菜等新鲜的果蔬(无色类)2～3 种。

2. 实验器具

电子分析天平(感量 0.001 g)、样品粉碎机、容量瓶(100、250、1 000 mL)、移液器、研钵、锥形瓶(50 mL)、滤纸、漏斗、烧杯。

3. 实验试剂

本实验所需试剂均为分析纯，水为 GB/T 6682 规定的三级水，试剂配制方法如表 2-1-1 所示。

表 2-1-1　本实验所需试剂

| 序号 | 试剂 | 配制方法和试剂规格 |
| --- | --- | --- |
| 1 | 偏磷酸溶液(20 g/L) | 称取 20 g 偏磷酸，用水溶解并定容至 1 L |
| 2 | 草酸溶液(20 g/L) | 称取 20 g 草酸，用水溶解并定容至 1 L |
| 3 | 2,6-二氯靛酚(2,6-二氯靛酚钠盐)溶液 | 称取 52 mg 碳酸氢钠溶解在 200 mL 热蒸馏水中，然后称取 50 mg 2,6-二氯靛酚溶解在上述碳酸氢钠溶液中。冷却并用水定容至 250 mL，过滤至棕色瓶内，于 4～8 ℃环境中保存。每次使用前，用标准抗坏血酸溶液标定其滴定度 |
| 4 | *L*(+)-抗坏血酸标准溶液(1.000 mg/mL) | 称取 100 mg(精确至 0.1 mg)*L*(+)-抗坏血酸标准品(纯度≥99%)，溶于偏磷酸溶液或草酸溶液并定容至 100 mL。该标准溶液在 2～8 ℃避光条件下可保存一周 |

## 四、实验步骤

1. 2,6-二氯靛酚溶液的标定

准确吸取 1 mL 抗坏血酸标准溶液于 50 mL 锥形瓶中，加入 10 mL 偏磷酸溶液或草酸溶液，摇匀，用 2,6-二氯靛酚溶液滴定至粉红色，保持 15 s 不褪色为止。同时另取 10 mL 偏磷酸溶液或草酸溶液做空白试验。

2,6-二氯靛酚溶液的滴定度($T$)按公式(2-1-1)计算：

$$T=\frac{c\times V}{V_1-V_0} \tag{2-1-1}$$

式中：$T$—2,6-二氯靛酚溶液的滴定度，即每毫升 2,6-二氯靛酚溶液相当于抗坏血酸的质量(mg/mL)；$c$—抗坏血酸标准溶液的质量浓度(mg/mL)；$V$—吸取抗坏血酸标准溶液的体积(mL)；$V_1$—滴定抗坏血酸标准溶液所消耗 2,6-二氯靛酚溶液的体积(mL)；$V_0$—滴定空白所消耗 2,6-二氯靛酚溶液的体积(mL)。

2. 样品的测定

(1)试液制备　称取具有代表性样品的可食部分 100 g，放入粉碎机，加入 100 g 偏磷酸溶液或草酸溶液，迅速捣成匀浆。准确称取 10～40 g 匀浆样品(精确至 0.01 g)于烧杯中，用偏磷酸溶液或草酸溶液将样品转移至 100 mL 容量瓶，并稀释至刻度，摇匀后过滤。

(2)滴定 准确吸取 10 mL 滤液于 50 mL 锥形瓶中，用标定过的 2,6-二氯靛酚溶液滴定，直至溶液呈粉红色，保持 15 s 不褪色。同时做空白试验。

3. 结果计算

试样中 $L(+)$-抗坏血酸含量($X$)按公式(2-1-2)计算：

$$X=\frac{(V-V_0)\times T\times A}{m}\times 100 \tag{2-1-2}$$

式中：$X$—试样中 $L(+)$-抗坏血酸含量(mg/100 g)；$V$—滴定试样所消耗 2,6-二氯靛酚溶液的体积(mL)；$V_0$—滴定空白所消耗 2,6-二氯靛酚溶液的体积(mL)；$T$—2,6-二氯靛酚溶液的滴定度，即每毫升 2,6-二氯靛酚溶液相当于抗坏血酸的质量(mg/mL)；$A$—稀释倍数；$m$—试样质量(g)。计算结果以重复性条件下获得的两次独立测定结果的算术平均值表示，结果保留三位有效数字。

## 五、注意事项与说明

(1)整个实验过程应在避光条件下进行。

(2)若过滤后的试样有颜色，可按每克样品中加 0.4 g 白陶土脱色后再过滤。

## 六、实验结果与分析

实验结果按表 2-1-2 进行记录。以实验小组为单位，用方差分析法分析样品在组间的差异，以及不同样品间的维生素 C 含量差异。

**表 2-1-2 2,6-二氯靛酚滴定法测定果蔬样品中维生素 C 含量结果记录表**

| 项目 | 样品 1 | | | | 样品 2 | | | |
|---|---|---|---|---|---|---|---|---|
| | 重复 1 | 重复 2 | 重复 3 | 均值 | 重复 1 | 重复 2 | 重复 3 | 均值 |
| 维生素 C 含量/(mg/100 g) | | | | | | | | |

## 七、思考题

1. 抗坏血酸可分为 $L(+)$-抗坏血酸和 $D(-)$-抗坏血酸，为什么仅需测定农产品中$L(+)$-抗坏血酸的含量?

2. 过滤后的试样若有颜色对实验会有哪些影响?

# 实验 2 荧光法测定农产品中维生素 C 含量

## 一、实验目的

1. 掌握荧光法测定维生素 C 含量的原理和方法。

2. 熟练地掌握分光光度法的使用原理及操作技术。

## 二、实验原理

试样中 $L$(＋)-抗坏血酸经活性炭氧化为 $L$(＋)-脱氢抗坏血酸后，与邻苯二胺(OPDA)反应生成有荧光的喹喔啉(quinoxaline)，其荧光强度与 $L$(＋)-抗坏血酸的浓度在一定条件下成正比，以此测定试样中 $L$(＋)-抗坏血酸总量。

## 三、实验器材与试剂

1. 实验材料

新鲜果蔬 2～3 种。

2. 实验器具

荧光分光光度计：具有激发波长 338 nm 及发射波长 420 nm，配有 1 cm 比色皿。

电子分析天平(感量 0.000 1 g)、高速离心机、容量瓶(100、500、1 000 mL)、移液器、具塞锥形瓶(200 mL)、具塞刻度试管(10 mL)等。

3. 实验试剂

本实验所需试剂均为分析纯，水为 GB/T 6682 规定的三级水，试剂配制方法如表 2-2-1 所示。

表 2-2-1　本实验所需试剂及配制方法

| 序号 | 试剂 | 配制方法和试剂规格 |
| --- | --- | --- |
| 1 | 偏磷酸-乙酸溶液 | 称取 15 g 偏磷酸，加入 40 mL 冰乙酸及 250 mL 水，加温，搅拌，使之逐渐溶解，冷却后加水至 500 mL，于 4 ℃冰箱可保存 7～10 d |
| 2 | 硫酸溶液(0.15 mol/L) | 取 8.3 mL 硫酸，小心地加入水中，再加水稀释至 1 000 mL |
| 3 | 偏磷酸-乙酸-硫酸溶液 | 称取 15 g 偏磷酸，加入 40 mL 冰乙酸，滴加 0.15 mol/L 硫酸溶液至溶解，并稀释至 500 mL |
| 4 | 乙酸钠溶液(500 g/L) | 称取 500 g 乙酸钠，加水至 1 000 mL |
| 5 | 硼酸-乙酸钠溶液 | 称取 3 g 硼酸，用 500 g/L 乙酸钠溶液溶解并稀释至 100 mL。临用时配制 |
| 6 | 邻苯二胺溶液(200 mg/L) | 称取 20 mg 邻苯二胺，用水溶解并稀释至 100 mL。临用时配制 |
| 7 | 酸性活性炭 | 称取约 200 g 活性炭粉(75～177 μm)，加入 1 L 盐酸(体积比，1+9)，加热回流 1～2 h，过滤，用水洗至滤液中无铁离子为止，置于烘箱(110～120 ℃)中干燥 10 h，备用。<br>检验铁离子方法：利用普鲁士蓝反应，将 20 g/L 亚铁氰化钾与 1% 盐酸等量混合，将上述洗出滤液滴入，如有铁离子则产生蓝色沉淀 |
| 8 | 百里酚蓝指示剂溶液(0.4 mg/mL) | 称取 0.1 g 百里酚蓝，加入 0.02 mol/L 氢氧化钠溶液约 10.75 mL，在玻璃研钵中研磨至溶解，用水稀释至 250 mL。(变色范围：pH 等于 1.2 时呈红色；pH 等于 2.8 时呈黄色；pH 大于 4 时呈蓝色) |
| 9 | $L$(＋)-抗坏血酸标准溶液(1.000 mg/mL) | 称取 $L$(＋)-抗坏血酸 0.05 g(精确至 0.01 mg)，用偏磷酸-乙酸溶液溶解并稀释至 50 mL，该贮备液在 2～8 ℃避光条件下可保存一周 |
| 10 | $L$(＋)-抗坏血酸标准工作液(100.0 μg/mL) | 准确吸取 $L$(＋)-抗坏血酸标准液 10 mL，用偏磷酸-乙酸溶液稀释至 100 mL。临用时配制 |

## 四、实验步骤

1. 试液的准备

称取约 100 g(精确至 0.1 g)试样，加 100 g 偏磷酸-乙酸溶液，倒入捣碎机内打成匀浆，用百里酚蓝指示剂测试匀浆的酸碱度。如呈红色，即称取适量匀浆用偏磷酸-乙酸溶液稀释；若呈黄色或蓝色，则称取适量匀浆用偏磷酸-乙酸-硫酸溶液稀释，使其 pH 为 1.2。匀浆的取用量根据试样中抗坏血酸的含量而定。当试样液中抗坏血酸含量在 40～100 μg/mL，一般称取 20 g(精确至 0.01 g)匀浆，用相应溶液稀释至 100 mL，过滤，滤液备用。

2. 样品的测定

分别准确吸取 50 mL 试样滤液及抗坏血酸标准工作液于 200 mL 具塞锥形瓶中，加入 2 g 活性炭，用力振摇 1 min，过滤，弃去最初数毫升滤液，分别收集其余全部滤液，即为试样氧化液和标准氧化液，待测定。

分别准确吸取 10 mL 试样氧化液于两个 100 mL 容量瓶中，作为“试样液”和“试样空白液”。

分别准确吸取 10 mL 标准氧化液于两个 100 mL 容量瓶中，作为“标准液”和“标准空白液”。

于“试样空白液”和“标准空白液”中各加 5 mL 硼酸-乙酸钠溶液，混合摇动 15 min，用水稀释至 100 mL，在 4 ℃冰箱中放置 2～3 h，取出待测。

于“试样液”和“标准液”中各加 5 mL 的 500 g/L 乙酸钠溶液，用水稀释至 100 mL，待测。

3. 标准曲线的制备

准确吸取上述“标准液”[L(+)-抗坏血酸含量 10 μg/mL] 0.5、1.0、1.5、2.0 mL，分别置于 10 mL 具塞刻度试管中，用水补充至 2.0 mL。

另准确吸取“标准空白液”2 mL 于 10 mL 带盖刻度试管中。在暗室迅速向各管中加入 5 mL 邻苯二胺溶液，振摇混合，在室温下反应 35 min，于激发波长 338 nm、发射波长 420 nm 处测定荧光强度。

以“标准液”系列荧光强度分别减去“标准空白液”荧光强度的差值为纵坐标，对应的 *L*(+)-抗坏血酸含量为横坐标，绘制标准曲线或计算直线回归方程。

4. 试样测定

分别准确吸取 2 mL“试样液”和“试样空白液”于 10 mL 具塞刻度试管中，在暗室迅速向各管中加入 5 mL 邻苯二胺溶液，振摇混合，在室温下反应 35 min，于激发波长 338 nm、发射波长 420 nm 处测定荧光强度。

以“试样液”荧光强度减去“试样空白液”荧光强度的差值于标准曲线上查得或根据回归方程计算测定试样溶液中 *L*(+)-抗坏血酸总量。

5. 结果计算

试样中 *L*(+)-抗坏血酸总量(*X*)按公式(2-2-1)计算：

$$X=\frac{c\times V}{m}\times F\times\frac{100}{1\ 000} \tag{2-2-1}$$

式中：*X*—试样中 *L*(+)-抗坏血酸总量(mg/100 g)；*c*—由标准曲线查得或根据回归方程计算的试样液中 *L*(+)-抗坏血酸的质量浓度(μg/mL)；*V*—荧光反应所用试样体积(mL)；*m*—实际检测试样质量(g)；*F*—试样溶液的稀释倍数；100—换算系数；1 000—换算系数。计算结果以重复性条件下获得的两次独立测定结果的算术平均值表示，结果保留三位有效数字。

## 五、注意事项与说明

(1)整个检测过程应在避光条件下进行。

(2)当样品取样量为 10 g 时，L(+)-抗坏血酸总量的检出限为 0.044 mg/100 g，定量限为 0.7 mg/100 g。

## 六、实验结果与分析

实验结果按表 2-2-2 进行记录。以实验小组为单位，绘制标准曲线，用方差分析法分析样品在组间的差异，以及不同样品间的维生素 C 含量差异。

**表 2-2-2　荧光法测定果蔬样品中维生素 C 含量结果记录表**

| 项目 | 样品 1 | | | | 样品 2 | | | |
|---|---|---|---|---|---|---|---|---|
| | 重复 1 | 重复 2 | 重复 3 | 均值 | 重复 1 | 重复 2 | 重复 3 | 均值 |
| 吸光度值 | | | | | | | | |
| 维生素 C 含量/(mg/100 g) | | | | | | | | |

## 七、思考题

1. 本实验试样准备过程中为什么需要将样品的 pH 调至 1.2？
2. 测定果蔬中的维生素 C 含量还有哪些方法？各有何优缺点？

# 实验 3　荧光法测定肉制品中维生素 C 含量

## 一、实验目的

1. 熟悉维生素 C 的氧化还原性质。
2. 掌握荧光分光光度法测定还原型维生素 C 含量的原理和方法。
3. 熟练地掌握分光光度法的使用原理及操作技术。

## 二、实验原理

试样中的维生素 C 用偏磷酸提取后，经 2,6-二氯靛酚氧化成脱氢维生素 C，与邻苯二胺反应，生成具有紫蓝色荧光的喹喔啉衍生物。在激发波长 350 nm、发射波长 430 nm 处测定其荧光强度，通过标准曲线法定量。脱氢维生素 C 与硼酸可形成复合物而不与邻苯二胺反应，以此排除试样中荧光杂质产生的干扰。

## 三、实验器材与试剂

1. 实验材料

新鲜肉制品。

2. 实验器具

高速旋转切割机或多孔板的孔径不超过 4 mm 的绞肉机、荧光分光光度计、电子分析天平、容量瓶(100、1 000 mL)、棕色容量瓶(50、100 mL)、试管、移液器等。

3. 实验试剂

本实验所需试剂均为分析纯,水为 GB/T 6682 规定的三级水,试剂配制方法如表 2-3-1 所示。

**表 2-3-1 本实验所需试剂及配制方法**

| 序号 | 试剂 | 配制方法和试剂规格 |
|---|---|---|
| 1 | 偏磷酸溶液(50 g/L) | 称取 50 g 偏磷酸,用水溶解并稀释至 1 L |
| 2 | 乙酸钠溶液(500 g/L) | 称取 50 g 乙酸钠,溶于水中,并用水稀释至 100 mL |
| 3 | 硼酸-乙酸钠溶液 | 称取 3 g 硼酸,用上述乙酸钠溶液溶解并稀释至 100 mL |
| 4 | 乙醇溶液(1+1) | 量取 50 mL 的乙醇,加入 50 mL 的水,混匀 |
| 5 | 硫脲溶液(30 g/L) | 称取 3 g 硫脲,用上述乙醇溶液溶解并稀释至 100 mL。临用前配制 |
| 6 | 盐酸邻苯二胺溶液(200 mg/L) | 称取 20 mg 盐酸邻苯二胺,用水溶解并稀释至 100 mL。临用前配制 |
| 7 | 2,6-二氯靛酚溶液(2 g/L) | 称取 0.2 g 2,6-二氯靛酚,用水溶解并稀释至 100 mL |
| 8 | 抗坏血酸标准贮备液(1 mg/mL) | 称取 50 mg 抗坏血酸(精确至 0.1 mg),用上述偏磷酸溶液溶解并定容至 50 mL 棕色容量瓶。临用前配制 |
| 9 | 抗坏血酸标准中间液(10 mg/L) | 吸取 1.00 mL 抗坏血酸标准贮备液于 100 mL 棕色容量瓶中,用偏磷酸溶液定容 |
| 10 | 抗坏血酸标准工作液 | 吸取 0.20、1.00、5.00、10.00、25.00 mL 抗坏血酸标准中间液,分别置于一组 100 mL 容量瓶中,用偏磷酸溶液定容。此标准工作液系列中抗坏血酸的质量浓度依次为 0.2、1、5、10、25 μg/mL |

## 四、实验步骤

1. 样品的制备

本实验可选用适当的机械设备处理肉类样品,以便试样均质化。

2. 提取

称取试样 2～5 g(准确至 0.001 g)置于烧杯中,加入 20 mL 偏磷酸溶液,充分搅拌后,全部移入 100 mL 棕色容量瓶,用偏磷酸溶液定容。混匀后过滤,滤液备用。

3. 氧化

分别吸取滤液 1.00 mL 加入两支试管中,分别标为“试样空白”和“试样”。

吸取 1.00 mL 抗坏血酸标准工作液于试管中,不同浓度的标准工作液各取两份,同浓度的标准工作液分别标为“标准”和“标准空白”。

向上述各管中加入 0.10 mL 2,6-二氯靛酚溶液,充分混匀,此时溶液呈微红色。再加入 0.10 mL 硫脲溶液,摇匀,使过量的 2,6-二氯靛酚还原(粉红色刚刚褪去)。向“试样空白”管和“标准空白”管中加入 1.00 mL 硼酸-乙酸钠溶液;向“试样”管和“标准”管中加入 1.00 mL

乙酸钠溶液。将各试管的混合液摇匀，在室温下放置 15 min。

4. 荧光反应

在暗室迅速向“试样空白”“试样”“标准空白”和“标准”各管加入 5 mL 盐酸邻苯二胺溶液，振荡混合，在室温下反应 35 min。

5. 测定

用荧光分光光度计于激发波长 350 nm、发射波长 430 nm 处测定各管内溶液的荧光强度。

6. 标准曲线的绘制

以扣除了空白的标准工作液的荧光强度为纵坐标、相应的抗坏血酸的质量浓度为横坐标，绘制标准曲线。

7. 结果计算

试样中维生素 C 含量($w$)，按公式(2-3-1)计算：

$$w=\frac{c\times V\times 100}{m\times 1\ 000} \tag{2-3-1}$$

式中：$w$—试样中维生素 C 的含量(mg/100 g)；$c$—从标准曲线上查得的试样溶液中维生素 C 质量浓度(μg/mL)；$V$—试样溶液第一次定容的体积(mL)；$m$—试样质量(g)。

## 五、注意事项与说明

(1)样品在粉碎过程中要迅速，以防氧化。注意避免试样的温度超过 25 ℃。若使用绞肉机，试样至少通过该仪器两次。将试样装入密封的容器，防止变质和成分变化。试样应尽快进行分析，均质化后最迟不超过 24 h。

(2)实验中要考虑试样中荧光杂质产生的干扰。

(3)本实验的检出限为 2 mg/kg。

## 六、实验结果与分析

实验结果按表 2-3-2 进行记录。以实验小组为单位，绘制标准曲线，用方差分析法分析样品在组间的差异，以及不同样品间的维生素 C 含量差异。

**表 2-3-2 荧光法测定肉制品中维生素 C 含量结果记录表**

| 项目 | 样品 1 | | | | 样品 2 | | | |
|---|---|---|---|---|---|---|---|---|
| | 重复 1 | 重复 2 | 重复 3 | 均值 | 重复 1 | 重复 2 | 重复 3 | 均值 |
| 吸光度值 | | | | | | | | |
| 维生素 C 含量/(mg/100 g) | | | | | | | | |

## 七、思考题

1. 本实验测定维生素 C 含量的方法有何优缺点？

2. 测定肉制品中维生素 C 含量还有哪些方法？各有何优缺点？

# 第2节 农产品中糖分含量的测定

## 实验4 直接滴定法测定农产品中还原糖含量

### 一、实验目的

1. 掌握不同样品中还原糖的提取方法。
2. 掌握直接滴定法测定食用农产品还原糖含量的原理和方法。

### 二、实验原理

试样经除去蛋白质后，在加热条件下，以亚甲蓝作指示剂，滴定标定过的碱性酒石酸铜溶液（用还原糖标准溶液标定），根据样品液消耗体积可计算还原糖含量。

### 三、实验器材与试剂

1. 实验材料

食用农产品。

2. 实验器具

电子天平（感量 0.001 g）、电炉（带石棉板）、酸式滴定管（25 mL）、容量瓶（100、250、1 000 mL）、锥形瓶（150 mL）、移液器等。

3. 实验试剂

本实验所需试剂均为分析纯，水为 GB/T 6682 规定的三级水，试剂配制方法如表 2-4-1 所示。

表 2-4-1 本实验所需试剂及配制方法

| 序号 | 试剂 | 配制方法 |
|---|---|---|
| 1 | 盐酸 | 量取盐酸 50 mL，加水 50 mL，混匀 |
| 2 | 碱性酒石酸铜甲液 | 称取硫酸铜（$CuSO_4 \cdot 5H_2O$）15 g 及亚甲蓝 0.05 g，溶于水中并稀释至 1 000 mL |
| 3 | 碱性酒石酸铜乙液 | 称取酒石酸钾钠 50 g、氢氧化钠 75 g，溶于水中，再加入亚铁氰化钾 4 g，完全溶解后，用水稀释至 1 000 mL，贮存于橡胶塞玻璃瓶内 |
| 4 | 乙酸锌溶液 | 称取乙酸锌 21.9 g，加冰乙酸 3 mL，加水溶解并稀释至 100 mL |
| 5 | 亚铁氰化钾溶液（106 g/L） | 称取亚铁氰化钾 10.6 g，加水溶解并定容至 100 mL |
| 6 | 氢氧化钠溶液（40 g/L） | 称取氢氧化钠 4 g，加水溶解，冷却并定容至 100 mL |
| 7 | 葡萄糖标准溶液（1.0 mg/mL） | 准确称取在烘箱（98～100 ℃）中干燥 2 h 后的葡萄糖（$C_6H_{12}O_6$，CAS：50-99-7，纯度≥99%）1 g（精确至 0.000 1 g），加水溶解后加入盐酸溶液 5 mL，并以水定容至 1 000 mL。1 mL 此溶液相当于 1.0 mg 葡萄糖 |

续表2-4-1

| 序号 | 试剂 | 配制方法 |
| --- | --- | --- |
| 8 | 果糖标准溶液(1.0 mg/mL) | 准确称取在烘箱(98～100 ℃)中干燥 2 h 后的果糖($C_6H_{12}O_6$,CAS:57-48-7,纯度≥99%)1 g(精确至 0.000 1 g),加水溶解后加入盐酸溶液 5 mL,并以水定容至 1 000 mL。1 mL 此溶液相当于 1.0 mg 果糖 |
| 9 | 乳糖标准溶液(1.0 mg/mL) | 准确称取在烘箱(98～100 ℃)中干燥 2 h 后的乳糖(含水,$C_{12}H_{22}O_{11} \cdot H_2O$,CAS:5989-81-1,纯度≥99%)1 g(精确至 0.000 1 g),加水溶解后加入 5 mL 盐酸溶液,并以水定容至 1 000 mL。1 mL 此溶液相当于 1.0 mg 乳糖(含水) |
| 10 | 转化糖标准溶液(1.0 mg/mL) | 准确称取 1.052 6 g 蔗糖($C_{12}H_{22}O_{11}$,CAS:57-50-1,纯度≥99%),用 100 mL 水溶解,置于具塞锥形瓶中,加入盐酸溶液 5 mL,在 68～70 ℃水浴中加热 15 min,放置至室温,转移至 1 000 mL 容量瓶中并加水定容至 1 000 mL。1 mL 此溶液相当于 1.0 mg 转化糖。 |

## 四、实验步骤

1. 试样处理

(1)含淀粉的食品　称取粉碎或混匀后的试样 10～20 g(精确至 0.001 g),置于 250 mL 容量瓶中,加水 200 mL,在 45 ℃水浴中加热 1 h,并时时振摇,冷却后加水至刻度,混匀,静置,沉淀。吸取 200 mL 上清液置于另一个 250 mL 容量瓶中,缓慢加入乙酸锌溶液 5 mL 和亚铁氰化钾溶液 5 mL,加水至刻度,混匀,静置 30 min,用干燥滤纸过滤,弃去初滤液,取后续滤液备用。

(2)酒精饮料　称取混匀后的试样 100 g(精确至 0.01 g),置于蒸发皿中,用氢氧化钠溶液中和至中性,在水浴上蒸发至原体积的 1/4 后,移入 250 mL 容量瓶中,缓慢加入乙酸锌溶液 5 mL 和亚铁氰化钾溶液 5 mL,加水至刻度,混匀,静置 30 min。用干燥滤纸过滤,弃去初滤液,取后续滤液备用。

(3)碳酸饮料　称取混匀后的试样 100 g(精确至 0.01 g),置于蒸发皿中,在水浴上微热搅拌除去二氧化碳后,移入 250 mL 容量瓶中,用水洗涤蒸发皿,洗液并入容量瓶,加水至刻度,混匀后备用。

(4)其他食品　称取粉碎后的固体试样 2.5～5 g(精确至 0.001 g)或混匀后的液体试样 5～25 g(精确至 0.001 g),置于 250 mL 容量瓶中,加 50 mL 水,缓慢加入乙酸锌溶液 5 mL 和亚铁氰化钾溶液 5 mL,加水至刻度,混匀,静置 30 min。用干燥滤纸过滤,弃去初滤液,取后续滤液备用。

2. 标定碱性酒石酸铜溶液

吸取碱性酒石酸铜甲液 5.0 mL 及碱性酒石酸铜乙液 5.0 mL,置于 150 mL 锥形瓶中,加水 10 mL,加入玻璃珠 2～4 粒,从滴定管滴加葡萄糖或其他还原糖标准溶液约 9 mL,控制在 2 min 内加热至沸,趁热以每 2 秒 1 滴的速度继续滴加葡萄糖或其他还原糖标准溶液,直至溶液蓝色刚好褪去。记录消耗葡萄糖或其他还原糖标准溶液的总体积,同时平行操作 3 份,取其平均值。计算每 10 mL(碱性酒石酸甲、乙液各 5 mL)碱性酒石酸铜溶液相当于葡萄糖或其他还原糖的质量(mg)。

也可以按上述方法标定 4～20 mL 碱性酒石酸铜溶液（甲、乙液各半）来适应试样中还原糖的浓度变化。

3. 试样溶液预测

吸取碱性酒石酸铜甲液 5.0 mL 及碱性酒石酸铜乙液 5.0 mL，置于 150 mL 锥形瓶中，加水 10 mL，加入玻璃珠 2～4 粒，控制在 2 min 内加热至沸，保持沸腾状态，以先快后慢的速度从滴定管中滴加试样溶液，待溶液颜色变浅时，以每 2 秒 1 滴的速度滴定，直至溶液蓝色刚好褪去，记录样液消耗体积。

当样液中还原糖浓度过高时，应适当稀释后再进行正式测定，使每次滴定消耗样液的体积控制在与标定碱性酒石酸铜溶液时所消耗的还原糖标准溶液的体积相近，10 mL 左右，结果按式(2-4-1)计算。

当浓度过低时则采取直接加入 10 mL 样品液，免去加水 10 mL，再用还原糖标准溶液滴定至终点，记录消耗的体积与标定时消耗的还原糖标准溶液体积之差相当于 10 mL 样液中所含还原糖的量，结果按式(2-4-2)计算。

4. 试样溶液测定

吸取碱性酒石酸铜甲液 5.0 mL 及碱性酒石酸铜乙液 5.0 mL，置于 150 mL 锥形瓶中，加水 10 mL，加入玻璃珠 2～4 粒，从滴定管滴加比预测体积少 1 mL 的试样溶液至锥形瓶中，使其在 2 min 内加热至沸，保持沸腾状态，继续以每 2 秒 1 滴的速度滴定，直至蓝色刚好褪去。记录样液消耗体积，同时平行操作 3 份，得出平均消耗体积（$V$）。

5. 结果计算

(1)试样中还原糖的含量（以某种还原糖计）按公式(2-4-1)进行计算：

$$X=\frac{m_1}{m\times F\times V/250\times 1\ 000}\times 100 \tag{2-4-1}$$

式中：$X$—试样中还原糖的含量（以某种还原糖计）(g/100g)；$m_1$—碱性酒石酸铜溶液（甲、乙液各半）相当于某种还原糖的质量(mg)；$m$—试样质量(g)；$F$—系数，对含淀粉的食品为 0.8，其余为 1；$V$—测定时平均消耗试样溶液体积(mL)；250—定容体积(mL)；1 000—换算系数。

(2) 当浓度过低时试样中还原糖的含量（以某种还原糖计）按公式(2-4-2)进行计算：

$$X=\frac{m_2}{m\times F\times 10/250\times 1\ 000}\times 100 \tag{2-4-2}$$

式中：$X$—试样中还原糖的含量（以某种还原糖计）(g/100 g)；$m_2$—标定时体积与加入样品后消耗的还原糖标准溶液体积之差相当于某种还原糖的质量(mg)；$m$—试样质量(g)；$F$—系数，对含淀粉的食品、碳酸饮料、其他食品为 1，酒精饮料为 0.8；10—样液体积(mL)；250—定容体积(mL)；1 000—换算系数。

还原糖含量≥10 g/100 g 时，计算结果保留三位有效数字；还原糖含量＜10 g/100 g 时，计算结果保留两位有效数字。

## 五、注意事项与说明

(1)此法测得的是总还原糖量。

(2)在样品处理时，不能用铜盐作为澄清剂，以免样液中引入 $Cu^{2+}$，得到错误的结果。

(3)碱性酒石酸铜甲液和乙液应分别贮存,用时才混合,否则酒石酸钾钠铜配合物长期在碱性条件下会慢慢分解析出氧化亚铜沉淀,使试剂有效浓度降低。

(4)滴定时不能随意摇动锥形瓶,更不能把锥形瓶从热源上取下来滴定,以防止空气进入反应溶液中。

(5)亚甲蓝本身也是一种氧化剂,其氧化型为蓝色,还原型为无色,当它的氧化能力比碱性酒石酸铜更弱,还原糖将溶液中碱性酒石酸铜耗尽时,稍微过量一点点的还原糖会将亚甲蓝还原,变为无色状态,指示滴定终点。其反应是可逆的,当空气中的氧与无色亚甲蓝结合时,又变为蓝色。滴定时要保持沸腾状态,使上升蒸汽阻止空气侵入溶液中。

(6)加入少量亚铁氰化钾,可使生成的红色氧化亚铜沉淀络合,形成可溶性络合物,消除红色沉淀对滴定终点的干扰,使终点变色更明显。

(7)本法对滴定操作条件要求较严。对碱性酒石酸铜溶液的标定,样品液必须预测,样品液测定的操作条件与预测条件均应保持一致。对每一次滴定所使用的锥形瓶规格、加热电炉功率、滴定速度、预加入大致体积、终点的确定方法等都尽量一致,以减少误差,并将滴定所需体积的绝大部分先加入碱性酒石酸铜试剂中共沸,使其充分反应,仅留 1 mL 左右进行滴定,并判断终点。

## 六、实验结果与分析

实验结果按表 2-4-2 进行记录。以实验小组为单位,绘制标准曲线,用方差分析法分析样品在组间的差异,以及不同样品间的还原糖含量差异。

**表 2-4-2　直接滴定法测定样品中还原糖含量结果记录表**

| 项目 | 样品 1 | | | | 样品 2 | | | |
|---|---|---|---|---|---|---|---|---|
| | 重复 1 | 重复 2 | 重复 3 | 均值 | 重复 1 | 重复 2 | 重复 3 | 均值 |
| 还原糖含量/(g/100 g) | | | | | | | | |

## 七、思考题

1. 直接滴定法测定农产品中还原糖含量有哪些优点和缺点?
2. 为什么本实验方法主要测得的糖含量为总还原糖量?

# 实验 5　高锰酸钾滴定法测定农产品中还原糖含量

## 一、实验目的

1. 掌握不同样品中还原糖的提取方法。
2. 掌握高锰酸钾滴定法测定食用农产品中还原糖含量的测定原理和方法。
3. 掌握氧化还原滴定法的原理。

## 二、实验原理

试样经除去蛋白质后,其中还原糖把铜盐还原为氧化亚铜,加硫酸铁后,氧化亚铜被氧化为铜盐。以高锰酸钾溶液滴定氧化作用生成的亚铁盐，根据高锰酸钾的消耗量，计算氧化亚铜含量，再查表得到还原糖量。

## 三、实验器材与试剂

1. 实验材料

新鲜水果和水果干制品。

2. 实验器具

电子天平（感量 0.1 mg）、水浴锅、可调温电炉、真空泵、酸式滴定管（25 mL）、古氏坩埚或 G4 垂融坩埚（25 mL）、容量瓶（100、250、500、1 000 mL）、烧杯（500 mL）、蒸发皿、移液器等。

3. 实验试剂

本实验所需试剂均为分析纯，水为 GB/T 6682 规定的三级水，试剂配制方法如表 2-5-1 所示。

**表 2-5-1　本实验所需试剂及配制方法**

| 序号 | 试剂 | 配制方法 |
|---|---|---|
| 1 | 盐酸溶液（3 mol/L） | 量取 30 mL 盐酸，加水稀释至 120 mL |
| 2 | 碱性酒石酸铜甲液 | 称取 34.639 g 硫酸铜（$CuSO_4 \cdot 5H_2O$），加适量水溶解，加 0.5 mL 硫酸，再加水稀释至 500 mL，用精制石棉过滤 |
| 3 | 碱性酒石酸铜乙液 | 称取 173 g 酒石酸钾钠与 50 g 氢氧化钠，加适量水溶解，并稀释至 500 mL，用精制石棉过滤，贮存于橡胶塞玻璃瓶内 |
| 4 | 氢氧化钠溶液（40 g/L） | 称取 4 g 氢氧化钠，加水溶解并稀释至 100 mL |
| 5 | 硫酸铁溶液（50 g/L） | 称取 50 g 硫酸铁，加入 200 mL 水溶解后，慢慢加硫酸 100 mL，冷却后加水稀释至 1 000 mL |
| 6 | 高锰酸钾标准溶液 [$c(1/5\ KMnO_4)$ = 0.1 mol/L] | 称取 3.3 g 高锰酸钾，溶于 1 050 mL 水中，缓缓煮沸 15 min，冷却，于暗处放置 2 周。用已处理过的玻璃滤埚（在同样浓度的高锰酸钾溶液中缓缓煮沸 5 min）过滤，贮存于棕色瓶中 |
| 7 | 草酸铵溶液 | 称取 0.25 g 已于烘箱（105～110 ℃）中干燥至恒量的工作基准试剂草酸钠，溶于 100 mL 硫酸溶液（体积比，8+92）中 |
| 8 | 精制石棉 | 取石棉先用盐酸（3 mol/L）浸泡 2～3 d，用水洗净，再加氢氧化钠溶液（40 g/L）浸泡 2～3 d，倾去溶液，再用热的碱性酒石酸铜乙液浸泡数小时，用水洗净。再以盐酸（3 mol/L）浸泡数小时，以水洗至不呈酸性为宜。然后加水振摇，使其成细微的浆状软纤维，用水浸泡并贮存于玻璃瓶中，即可作填充古氏坩埚用 |

## 四、实验步骤

1. 高锰酸钾标准滴定溶液标定

用配制的高锰酸钾溶液滴定，近终点时加热至约 65 ℃，继续滴定至溶液呈粉红色，并保持 30 s，同时做空白试验。

高锰酸钾标准滴定溶液的浓度[$c(1/5\ KMnO_4)$]按公式（2-5-1）计算：

$$c(1/5\ KMnO_4)=\frac{m\times 1\ 000}{(V_1-V_2)\times M} \tag{2-5-1}$$

式中：$m$—草酸钠质量(g)；$V_1$—高锰酸钾溶液体积(mL)；$V_2$—空白试验消耗高锰酸钾溶液体积(mL)；$M$—草酸钠的摩尔质量(g/mol)[$M(1/2\ Na_2C_2O_4)=66.999$]。

2. 试样处理

(1)含淀粉的食品　称取10～20 g(精确至0.001 g)粉碎或混匀后的试样，置于250 mL容量瓶中，加水200 mL，在45 ℃水浴中加热1 h，并时时振摇。冷却后加水至刻度，混匀，静置。吸取200.0 mL上清液置于另一个250 mL容量瓶中，加碱性酒石酸铜甲液10 mL及氢氧化钠溶液4 mL，加水至刻度，混匀。静置30 min，用干燥滤纸过滤，弃去初滤液，取后续滤液备用。

(2)酒精饮料　称取100 g(精确至0.01 g)混匀后的试样，置于蒸发皿中，用氢氧化钠溶液中和至中性，在水浴上蒸发至原体积的1/4后，移入250 mL容量瓶，加水50 mL，混匀。加碱性酒石酸铜甲液10 mL及氢氧化钠溶液4 mL，加水至刻度，混匀。静置30 min，用干燥滤纸过滤，弃去初滤液，取后续滤液备用。

(3)碳酸饮料　称取100 g(精确至0.001 g)混匀后的试样，置于蒸发皿中，在水浴上除去二氧化碳后，移入250 mL容量瓶，并用水洗涤蒸发皿，洗液并入容量瓶，再加水至刻度，混匀后备用。

3. 测定

吸取处理后的试样溶液50.0 mL，转入500 mL烧杯，加入碱性酒石酸铜甲液25 mL及碱性酒石酸铜乙液25 mL，于烧杯上盖一表面皿，加热，控制在4 min内沸腾，再精确煮沸2 min。趁热用铺好精制石棉的古氏坩埚(或G4垂融坩埚)抽滤，并用60 ℃热水洗涤烧杯及沉淀，至洗液不呈碱性为止。将古氏坩埚(或G4垂融坩埚)放回原500 mL烧杯中，加硫酸铁溶液25 mL、水25 mL，用玻璃棒搅拌使氧化亚铜完全溶解，以高锰酸钾标准溶液滴定至微红色为终点。

同时吸取水50 mL，加入与测定试样时相同量的碱性酒石酸铜甲液、乙液、硫酸铁溶液及水，按同一方法做空白试验。

4. 结果计算

试样中还原糖质量相当于氧化亚铜的质量，按公式(2-5-2)进行计算。

$$X_0=(V-V_0)\times c\times 71.54 \tag{2-5-2}$$

式中：$X_0$—试样中还原糖质量相当于氧化亚铜的质量(mg)；$V$—测定用试样液消耗高锰酸钾标准溶液的体积(mL)；$V_0$—试剂空白消耗高锰酸钾标准溶液的体积(mL)；$c$—高锰酸钾标准溶液的实际浓度(mol/L)；71.54—1 mL高锰酸钾标准溶液[$c\ (1/5\ KMnO_4)=0.1$ mol/L]相当于氧化亚铜的质量(mg)。

根据计算所得氧化亚铜质量，查表(GB 5009.7—2016附录表A.1)，再按公式(2-5-3)计算试样中还原糖含量，

$$X=\frac{m_3}{m_4\times V/250\times 1\ 000}\times 100 \tag{2-5-3}$$

式中：$X$—试样中还原糖的含量(g/100 g)；$m_3$—查表(GB 5009.7—2016附录表A.1)得还原糖质量(mg)；$m_4$—试样质量或体积(g或mL)；$V$—测定用试样溶液的体积(mL)；250—试样处理后的总体积(mL)。

还原糖含量≥10 g/100 g时，计算结果保留三位有效数字；还原糖含量<10 g/100 g时，计算结果保留两位有效数字。

## 五、注意事项与说明

(1)处理样品时应除去蛋白质、脂肪、乙醇、二氧化碳、纤维素、沉淀等。

(2)还原糖与碱性酒石酸铜试剂作用，必须在加热至沸腾下进行，因此加热至沸腾时间及保持沸腾时间是需要严格控制的条件，并保持一致。

(3)煮沸后溶液应保持蓝色，使碱性酒石酸铜过量，从而使还原糖完全反应。

(4)在古氏坩埚中铺好精制石棉，必须密实，以避免氧化亚铜沉淀损失。

(5)高锰酸钾滴定法测定食品中的还原糖测定结果准确性较好，但操作烦琐、费时，同时在抽滤过程中应注意防止氧化亚铜沉淀暴露于空气中而氧化，将沉淀始终保持在液面下，严格掌握反应条件。

## 六、实验结果与分析

实验结果按表2-5-2进行记录。以实验小组为单位，绘制标准曲线，用方差分析法分析样品在组间的差异，以及不同样品间的还原糖含量差异。

**表2-5-2　样品中还原糖含量计算结果**

| 项目 | 样品1 | | | | 样品2 | | | |
|---|---|---|---|---|---|---|---|---|
| | 重复1 | 重复2 | 重复3 | 均值 | 重复1 | 重复2 | 重复3 | 均值 |
| 氧化亚铜质量/mg | | | | | | | | |
| 查表对应的还原糖质量/mg | | | | | | | | |
| 试样中还原糖含量/(g/100 g) | | | | | | | | |

## 七、思考题

1. 为什么滴定时要用水加入与测定试样时相同量的碱性酒石酸铜甲液、乙液、硫酸铁溶液及水做空白试验?

2. 为什么高锰酸钾标准溶液不能直接配制，而需要用草酸钠标定?

# 实验6　铁氰化钾法测定小麦中还原糖和非还原糖含量

## 一、实验目的

1. 掌握粮食中还原糖的提取方法。

2. 掌握铁氰化钾法测定小麦中还原糖和非还原糖的原理和方法。

## 二、实验原理

还原糖在碱性溶液中将铁氰化钾还原为亚铁氰化钾，还原糖本身被氧化为相应的糖酸。

过量的铁氰化钾在乙酸的存在下，与碘化钾作用析出碘，析出的碘以硫代硫酸钠标准溶液滴定。通过计算氧化还原糖时所用去的铁氰化钾的量，查表得试样中还原糖的含量。

## 三、实验器材与试剂

1. 实验材料

小麦。

2. 实验器具

分析天平（感量 0.1 g）、振荡器、粉碎磨、60 目筛（孔径 0.27 mm）、水浴锅、容量瓶（100、1 000 mL）、磨口具塞锥形瓶（100 mL）、锥形瓶（100 mL）、微量滴定管（5 或 10 mL）、中速定性滤纸（12.5 mm）、移液管等。

3. 实验试剂

本实验所需试剂均为分析纯，水为 GB/T 6682 规定的三级水，试剂配制方法如表 2-6-1 所示。

表 2-6-1 本实验所需试剂及配制方法

| 序号 | 试剂 | 配制方法 |
|---|---|---|
| 1 | 95%乙醇 | 分析纯 |
| 2 | 乙酸缓冲液 | 将冰乙酸 3.0 mL、无水乙酸钠 6.8 g 和浓硫酸 4.5 mL 混合溶解，用水稀释至 1 000 mL，混匀 |
| 3 | 12%钨酸钠溶液 | 将钨酸钠 12.0 g 溶于 100 mL 水中 |
| 4 | 碱性铁氰化钾溶液（0.1 mol/L） | 称取铁氰化钾 32.9 g 与碳酸钠 44.0 g 溶于 1 000 mL 水中 |
| 5 | 乙酸盐溶液 | 将氯化钾 70 g 和硫酸锌 40 g 溶于 750 mL 水中，然后缓慢加入冰乙酸 200 mL，用水稀释至 1 000 mL，混匀 |
| 6 | 氢氧化钠饱和溶液 | 称取氢氧化钠 120 g，加 100 mL 水，振摇使之溶解成饱和溶液，冷却后置于聚乙烯塑料瓶中，密塞，放置数日，澄清后备用 |
| 7 | 10%碘化钾溶液 | 称取碘化钾 10 g 溶于 100 mL 水中，再加 1 滴氢氧化钠饱和溶液 |
| 8 | 1%淀粉溶液 | 称取可溶性淀粉 1.0 g，用少量水润湿调和后，缓慢倒入 100 mL 沸水中，继续煮沸至溶液透明 |
| 9 | 0.1 mol/L 硫代硫酸钠标准滴定溶液 | 称取五水合硫代硫酸钠 26 g（或无水硫代硫酸钠 16 g），加无水碳酸钠 0.2 g，溶于 1 000 mL 水中，缓缓煮沸 10 min，冷却。放置 2 周后用玻璃滤埚过滤 |

## 四、实验步骤

1. 0.1 mol/L 硫代硫酸钠标准滴定溶液的标定

称取已于(120±2) ℃干燥至恒量的工作基准试剂重铬酸钾 0.18 g，置于碘量瓶中，溶于

25 mL 水，加碘化钾 2 g 及硫酸溶液（20%）20 mL，摇匀，于暗处放置 10 min。加 150 mL 水（15～20 ℃），用配制的硫代硫酸钠溶液滴定，近终点时加 2 mL 淀粉指示液（10 g/L），继续滴定至溶液由蓝色变为亮绿色。同时做空白试验。

硫代硫酸钠标准滴定溶液的浓度[$c$ ($Na_2S_2O_3$)]按公式（2-6-1）计算：

$$c(Na_2S_2O_3)=\frac{m\times 1\ 000}{(V-V')\times M} \tag{2-6-1}$$

式中：$m$—重铬酸钾质量（g）；$V$—硫代硫酸钠溶液体积（mL）；$V'$—空白试验消耗硫代硫酸钠溶液体积（mL）；$M$—重铬酸钾的摩尔质量（g/mol）[$M$ ($1/6\ K_2Cr_2O_7$)＝49.031]。

2. 试样制备

取混合均匀的试样，用粉碎磨粉碎，使 90%试样过 60 目筛（孔径 0.27 mm），合并筛上、筛下物，充分混合，保存备用。

3. 样品液制备

准确称取试样 5.675 g 于 100 mL 磨口具塞锥形瓶中。倾斜锥形瓶使所有试样集中于一侧，用 5 mL 95%乙醇浸湿全部试样，再加入 50 mL 乙酸缓冲液，振荡摇匀后立即加入 2 mL 12%钨酸钠溶液，在振荡器上混合振荡 5 min。将混合液过滤，弃去最初几滴滤液，收集滤液于干净锥形瓶中，此滤液即为样品液。另一锥形瓶不加试样，同上操作，滤液即为空白液。

4. 还原糖的测定

（1）氧化　用移液管精确吸取样品液 5 mL 于试管中，再加入 5 mL 0.1 mol/L 碱性铁氰化钾溶液，混合后立即将试管放入沸水浴中，并确保试管内液面低于沸水液面 3～4 cm，加热 20 min 后取出，立即用冷水冷却。

（2）滴定　将试管内容物倾入 100 mL 锥形瓶中，用 25 mL 乙酸盐溶液荡洗试管内容物，一并倾入锥形瓶中。加入 5 mL 10%碘化钾溶液，混匀后，立即用 0.1 mol/L 硫代硫酸钠标准滴定溶液滴定至淡黄色。再加 1 mL 1%淀粉溶液，继续滴定至蓝色消失，记下消耗的硫代硫酸钠溶液体积（$V_1$）。

（3）空白试验　吸取空白液 5 mL，代替样品液按（1）和（2）操作，记下消耗的硫代硫酸钠溶液体积（$V_0$）。

5. 非还原糖的测定

分别吸取样品液及空白液各 5 mL 于试管中，先在沸水浴中加热 15 min（样品液中非还原糖转化为还原糖），取出迅速冷却后，加入 5 mL 0.1 mol/L 碱性铁氰化钾溶液。混匀后，再放入沸水浴中继续加热 20 min，取出迅速冷却后，立即按上述（2）方法滴定，分别记下滴定样品液及空白液消耗的硫代硫酸钠溶液体积（$V'_0$、$V'_1$）。

6. 结果计算

（1）还原糖含量的计算　铁氰化钾溶液体积（$V_3$）按公式（2-6-2）计算。根据表 2-6-2 通过氧化样品液中还原糖所需 0.1 mol/L 铁氰化钾溶液的体积，可查得试样中还原糖（以麦芽糖计）的质量分数。

$$V_3=\frac{(V_0-V_1)\times c}{0.1} \tag{2-6-2}$$

式中：$V_3$—氧化样品液中还原糖所需 0.1 mol/L 铁氰化钾溶液的体积（mL）；$V_0$—滴定空白液

消耗 0.1 mol/L 硫代硫酸钠标准滴定溶液的体积(mL)；$V_1$—滴定样品液消耗 0.1 mol/L 硫代硫酸钠标准滴定溶液的体积(mL)；$c$—硫代硫酸钠标准滴定溶液浓度(mol/L)。计算结果保留小数点后两位。

**表 2-6-2 0.1 mol/L 铁氰化钾与还原糖含量对照表**

| 0.1 mol/L $K_3Fe(CN)_6$ /mL | 还原糖/% | 0.1 mol/L $K_3Fe(CN)_6$ /mL | 还原糖/% | 0.1 mol/L $K_3Fe(CN)_6$ /mL | 还原糖/% | 0.1 mol/L $K_3Fe(CN)_6$ /mL | 还原糖/% |
|---|---|---|---|---|---|---|---|
| 0.10 | 0.05 | 2.30 | 1.16 | 4.50 | 2.37 | 6.70 | 3.79 |
| 0.20 | 0.10 | 2.40 | 1.21 | 4.60 | 2.44 | 6.80 | 3.85 |
| 0.30 | 0.15 | 2.50 | 1.26 | 4.70 | 2.51 | 6.90 | 3.92 |
| 0.40 | 0.20 | 2.60 | 1.30 | 4.80 | 2.57 | 7.00 | 3.98 |
| 0.50 | 0.25 | 2.70 | 1.35 | 4.90 | 2.64 | 7.10 | 4.06 |
| 0.60 | 0.31 | 2.80 | 1.40 | 5.00 | 2.70 | 7.20 | 4.12 |
| 0.70 | 0.36 | 2.90 | 1.45 | 5.10 | 2.76 | 7.30 | 4.18 |
| 0.80 | 0.41 | 3.00 | 1.51 | 5.20 | 2.82 | 7.40 | 4.25 |
| 0.90 | 0.46 | 3.10 | 1.56 | 5.30 | 2.88 | 7.50 | 4.31 |
| 1.00 | 0.51 | 3.20 | 1.61 | 5.40 | 2.95 | 7.60 | 4.38 |
| 1.10 | 0.56 | 3.30 | 1.66 | 5.50 | 3.02 | 7.70 | 4.45 |
| 1.20 | 0.60 | 3.40 | 1.71 | 5.60 | 3.08 | 7.80 | 4.51 |
| 1.30 | 0.65 | 3.50 | 1.76 | 5.70 | 3.15 | 7.90 | 4.58 |
| 1.40 | 0.71 | 3.60 | 1.82 | 5.80 | 3.22 | 8.00 | 4.65 |
| 1.50 | 0.76 | 3.70 | 1.88 | 5.90 | 3.28 | 8.10 | 4.72 |
| 1.60 | 0.80 | 3.80 | 1.95 | 6.00 | 3.34 | 8.20 | 4.78 |
| 1.70 | 0.85 | 3.90 | 2.01 | 6.10 | 3.41 | 8.30 | 4.85 |
| 1.80 | 0.90 | 4.00 | 2.07 | 6.20 | 3.47 | 8.40 | 4.92 |
| 1.90 | 0.96 | 4.10 | 2.13 | 6.30 | 3.53 | 8.50 | 4.99 |
| 2.00 | 1.01 | 4.20 | 2.18 | 6.40 | 3.60 | 8.60 | 5.05 |
| 2.10 | 1.06 | 4.30 | 2.25 | 6.50 | 3.67 | 8.70 | 5.12 |
| 2.20 | 1.11 | 4.40 | 2.31 | 6.60 | 3.73 | 8.80 | 5.19 |

(2)非还原糖含量的计算　非还原糖含量根据氧化样品液中总还原糖所需 0.1 mol/L 铁氰化钾溶液的体积($V_4$)减去氧化样品液中还原糖所需 0.1 mol/L 铁氰化钾溶液的体积($V_3$)，最后再根据 $V_4-V_3$ 的结果查表 2-6-3，即可查得试样中非还原糖(以蔗糖计)的质量分数。铁氰化钾溶液体积($V_4$)按公式(2-6-3)计算：

$$V_4=\frac{(V'_0-V'_1)\times c}{0.1} \tag{2-6-3}$$

式中：$V_4$—氧化样品液中总还原糖所需 0.1 mol/L 铁氰化钾溶液的体积（mL）；$V'_0$—滴定空白液消耗 0.1 mol/L 硫代硫酸钠标准滴定溶液的体积（mL）；$V'_1$—滴定样品液消耗 0.1 mol/L 硫代硫酸钠标准滴定溶液的体积（mL）；$c$—硫代硫酸钠标准滴定溶液浓度（mol/L）。计算结果保留小数点后两位。

**表 2-6-3　0.1 mol/L 铁氰化钾与非还原糖含量对照表**

| 0.1 mol/L $K_3Fe(CN)_6$ /mL | 非还原糖/% | 0.1 mol/L $K_3Fe(CN)_6$ /mL | 非还原糖/% | 0.1 mol/L $K_3Fe(CN)_6$ /mL | 非还原糖/% | 0.1 mol/L $K_3Fe(CN)_6$ /mL | 非还原糖/% |
|---|---|---|---|---|---|---|---|
| 0.10 | 0.05 | 2.30 | 1.09 | 4.50 | 2.14 | 6.70 | 3.18 |
| 0.20 | 0.10 | 2.40 | 1.14 | 4.60 | 2.18 | 6.80 | 3.23 |
| 0.30 | 0.15 | 2.50 | 1.19 | 4.70 | 2.23 | 6.90 | 3.28 |
| 0.40 | 0.19 | 2.60 | 1.23 | 4.80 | 2.28 | 7.00 | 3.33 |
| 0.50 | 0.24 | 2.70 | 1.28 | 4.90 | 2.33 | 7.10 | 3.37 |
| 0.60 | 0.29 | 2.80 | 1.33 | 5.00 | 2.38 | 7.20 | 3.42 |
| 0.70 | 0.34 | 2.90 | 1.38 | 5.10 | 2.42 | 7.30 | 3.47 |
| 0.80 | 0.38 | 3.00 | 1.43 | 5.20 | 2.47 | 7.40 | 3.52 |
| 0.90 | 0.43 | 3.10 | 1.48 | 5.30 | 2.51 | 7.50 | 3.57 |
| 1.00 | 0.48 | 3.20 | 1.52 | 5.40 | 2.56 | 7.60 | 3.62 |
| 1.10 | 0.52 | 3.30 | 1.57 | 5.50 | 2.61 | 7.70 | 3.67 |
| 1.20 | 0.57 | 3.40 | 1.61 | 5.60 | 2.66 | 7.80 | 3.72 |
| 1.30 | 0.62 | 3.50 | 1.66 | 5.70 | 2.70 | 7.90 | 3.77 |
| 1.40 | 0.67 | 3.60 | 1.71 | 5.80 | 2.75 | 8.00 | 3.82 |
| 1.50 | 0.71 | 3.70 | 1.76 | 5.90 | 2.80 | 8.10 | 3.87 |
| 1.60 | 0.76 | 3.80 | 1.81 | 6.00 | 2.85 | 8.20 | 3.92 |
| 1.70 | 0.81 | 3.90 | 1.85 | 6.10 | 2.90 | 8.30 | 3.97 |
| 1.80 | 0.86 | 4.00 | 1.90 | 6.20 | 2.94 | 8.40 | 4.02 |
| 1.90 | 0.91 | 4.10 | 1.95 | 6.30 | 2.99 | 8.50 | 4.07 |
| 2.00 | 0.95 | 4.20 | 2.00 | 6.40 | 3.04 | | |
| 2.10 | 1.00 | 4.30 | 2.04 | 6.50 | 3.09 | | |
| 2.20 | 1.04 | 4.40 | 2.09 | 6.60 | 3.13 | | |

## 五、注意事项与说明

本实验结果不是根据测定时所用反应式及试剂的用量直接计算出来的，而是通过查数据表得到的。

## 六、实验结果与分析

实验结果按表 2-6-4 进行记录。以实验小组为单位，绘制标准曲线，用方差分析法分析样品在组间的差异，以及不同样品间的还原糖和非还原糖含量差异。

表 2-6-4　样品中还原糖含量计算结果

| 项目 | 样品 1 | | | | 样品 2 | | | |
|---|---|---|---|---|---|---|---|---|
| | 重复 1 | 重复 2 | 重复 3 | 均值 | 重复 1 | 重复 2 | 重复 3 | 均值 |
| 对应还原糖含量/% | | | | | | | | |
| 对应非还原糖含量/% | | | | | | | | |

## 七、思考题

1. 还原糖和非还原糖分别有哪些？
2. 为什么非还原糖通过在沸水浴中加热 15 min 可以转化为还原糖？

# 实验 7　铜还原碘量法测定蔬菜及其制品中可溶性糖含量

## 一、实验目的

1. 掌握蔬菜及其制品中可溶性糖的提取方法。
2. 掌握铜还原碘量法测定可溶性糖含量的原理和方法。

## 二、实验原理

蔬菜及其制品中的可溶性糖被水解成还原糖后与碱性铜试剂的 $Cu^{2+}$ 生成氧化亚铜（$Cu_2O$）沉淀。在硫酸的酸性条件下，氧化亚铜能定量地消耗碘酸钾和碘化钾生成的碘，溶液中剩余的碘用硫代硫酸钠标准溶液滴定，同时以水代替样液做空白滴定，将空白与样液的滴定差值代入，由滴定标准系列糖液的线性方程计算出样品中可溶性糖的含量。

## 三、实验器材与试剂

1. 实验材料

新鲜果蔬及其制品。

2. 实验器具

分析天平（感量为 0.01 g 和 0.000 1 g）、组织捣碎机、电磁炉、可调温电炉或恒温水浴锅、鼓风干燥箱、滴定管（25 mL，酸式、碱式均可）、容量瓶（100、250、1 000 mL）、棕色玻璃瓶（1 000 mL）、锥形瓶（100 mL 或 200 mm×25 mm 试管）、滴瓶、移液器、小漏斗、表面皿等。

3. 实验试剂

本实验所需试剂均为分析纯，水为 GB/T 6682 规定的三级水，试剂配制方法如表 2-7-1 所示。

表 2-7-1 本实验所需试剂及配制方法

| 序号 | 试剂 | 配制方法和试剂规格 |
|---|---|---|
| 1 | 氢氧化钠溶液(1 mol/L) | 称取氢氧化钠($NaOH$)40.00 g 于 250 mL 烧杯中,溶解后定容至 1 000 mL |
| 2 | 氢氧化钠溶液(0.5 mol/L) | 将氢氧化钠溶液(1 mol/L)稀释 1 倍 |
| 3 | 硫酸铜溶液(100 g/L) | 称取硫酸铜($CuSO_4 \cdot 5H_2O$)10 g 溶于水,定容至 100 mL |
| 4 | 碱性铜试剂 | 称取无水碳酸钠($Na_2CO_3$)25.0 g 和酒石酸钾钠($KNaC_4H_4O_6 \cdot 4H_2O$) 25.0 g 于 1 000 mL 烧杯中,加 500 mL 水使其溶解。通过漏斗在液面以下加入硫酸铜溶液 75 mL,然后加入碳酸氢钠($NaHCO_3$)20.0 g,使其完全溶解后再加入碘化钾($KI$)5.0 g,最后移入 1 000 mL 容量瓶中。准确称取 0.891 7 g 碘酸钾(经 105 ℃干燥 2 h),用水溶解,并转入上述容量瓶中,用水定容,过滤后备用,过夜 |
| 5 | 盐酸溶液(1 mol/L) | 在 1 L 的烧杯中加入约 500 mL 水,量取 90 mL 盐酸缓缓加入烧杯中,边加边搅拌,最后加水至 1 L |
| 6 | 亚铁氰化钾溶液 (150 g/L) | 称取亚铁氰化钾[$K_4Fe(CN)_6 \cdot 3H_2O$] 15 g 溶于水,定容至 100 mL |
| 7 | 硫酸锌溶液(300 g/L) | 称取 30 g 硫酸锌($ZnSO_4 \cdot 7H_2O$)溶于水,定容至 100 mL |
| 8 | 硫酸+草酸混合液 | 称取草酸($H_2C_2O \cdot 2H_2O$)40.0 g 溶解于 800 mL 水中,量取 56 mL 硫酸($H_2SO_4$),边搅拌边加入其中,冷却后加水至 1 L |
| 9 | 硫代硫酸钠标准溶液 (0.1 mol/L) | 称取硫代硫酸钠($Na_2SO_3 \cdot 5H_2O$)26.00 g 和 0.2 g 无水碳酸钠($Na_2CO_3$)溶于 1 000 mL 水中,缓缓煮沸 10 min,冷却后,用煮沸并冷却的水定容至 1 000 mL,贮存于棕色瓶中,存放在低温暗处 |
| 10 | 硫代硫酸钠标准工作溶液(0.005 mol/L) | 由硫代硫酸钠标准溶液准确稀释而成。现用现配,有效期 24 h |
| 11 | 淀粉指示剂 | 称取可溶性淀粉 1.0 g 于烧杯中,滴入少量冷水调成糊状,加入 100 mL 沸水,再继续煮沸,冷却后贮存于滴瓶中,置于冰箱中保存 |
| 12 | 酚酞指示剂 | 称取酚酞 0.50 g 溶于 100 mL 95%乙醇中,装入滴瓶 |
| 13 | 葡萄糖标准溶液 (500 mg/L) | 准确称取经过(96±2) ℃干燥 2 h 的葡萄糖($C_6H_{12}O_6$)0.125 0 g 溶于水,定容至 250 mL |

## 四、实验步骤

1. 试样制备

(1)新鲜样品　取有代表性的样品,洗净,把水吸干,用四分法取样,切碎,混匀,用组织捣碎机制成匀浆。番茄、黄瓜等多汁蔬菜可直接制成匀浆。其他蔬菜可称取切碎混匀的样品 100.0 g,加入 100 mL 水制成匀浆。韭菜等水分较少的蔬菜可称取切碎混匀的样品 100.0 g 加 200 mL 水制成匀浆。称取相当于 10 g 样品的匀浆,精确至 0.01 g,用水洗入 100 mL 容量瓶($V_1$)中,加入亚铁氰化钾溶液和硫酸锌溶液各 1 mL(如菜豆类高蛋白蔬菜可各加入 2 mL)。摇匀后定容,放置片刻,待沉淀分离后过滤备用。

(2)干制品　将样品置于(65±2) ℃鼓风干燥后,用粉碎机粉碎,过 0.5 mm 筛。称取

1.00～2.00 g 粉碎的样品于烧杯中，加少量水湿润，用水洗入 100 mL 容量瓶中。于沸水浴中加热 10 min，冷却后，加入亚铁氰化钾溶液和硫酸锌溶液各 1 mL，摇匀后定容，过滤后备用。

(3)制品　对于各种酱腌菜和腌渍菜，称取切碎混匀的样品 100.0 g，加入 100 mL 水制成匀浆。对于蔬菜罐头，可直接制成匀浆。以下操作步骤同(1)。对于番茄酱，混匀后可直接称取 5.00 g 样品，用水洗入 100 mL 容量瓶中，同(1)操作。对于蔬菜汁，称取混匀的样品 20.00 g，用水洗入 100 mL 容量瓶中，同(1)操作。

2. 标准曲线的绘制

用移液管吸取 0、1.0、2.0、3.0、4.0、5.0 mL 葡萄糖标准溶液于 100 mL 锥形瓶（或 200 mm×25 mm 试管）中，各加水至总体积为 5.0 mL，加入 5.00 mL 碱性铜试剂，锥形瓶或试管口上加盖小漏斗，用相应的架子固定，置于沸水浴中加热 15 min。取出后立即置于冷水中，冷却至 25～30 ℃。将加盖的小漏斗更换为表面皿（不可摇动）。加入 2 mL 硫酸＋草酸混合液，立即摇动，使氧化亚铜沉淀完全溶解。用硫代硫酸钠工作溶液滴定至浅黄绿色时，加入约 0.5 mL 淀粉指示剂，滴定至蓝色消失。

以糖的含量(mg)为 $y$，空白与糖液滴定差值为 $x$，计算回归方程 $y=bx+a$，并计算出 $a$ 值和 $b$ 值。标准曲线于每新配制一次碱性铜试剂和硫代硫酸钠贮备液制作一次即可。

3. 试样中还原糖的测定

根据不同样品中糖的含量，用移液管吸取滤液 5～10 mL($V_2$)于 50 或 100 mL($V_3$)容量瓶中，用水定容（含糖量低的样品可不做此稀释，如马铃薯可直接吸取滤液 2～5 mL 于试管或锥形瓶中，加水至 5.00 mL 测定）。从容量瓶中吸取 5.00 mL($V_5$)样液于试管或锥形瓶中，加入 5.00 mL 碱性铜试剂。余下步骤按上述标准曲线的绘制步骤操作。记录试样滴定值($V_4$)。同时以水代替试样做空白($V_0$)（可不用加热）。将空白与试样滴定差值代入回归方程即可求得试样中还原糖的含量。

4. 样品中可溶性糖的测定

用移液管吸取滤液 5～10 mL 于 50 或 100 mL 容量瓶中，加入 1 mL 盐酸溶液，于沸水浴中加热 10 min，冷却，加入酚酞指示剂 1～2 滴，用 0.5 mol/L 氢氧化钠溶液中和至红色，再用稀盐酸调至红色刚刚消失，定容。余下步骤按测还原糖步骤操作。

5. 结果计算

(1) 还原糖　试样中还原糖的含量以质量分数($w$)计，按公式(2-7-1)计算：

$$w=\frac{[a+b(V_0-V_4)]\times V_1\times V_3}{V_2\times V_5\times m\times 1\,000} \tag{2-7-1}$$

式中：$w$—还原糖含量(%)；$b$—回归方程中的斜率；$a$—回归方程中的截距；$V_0$—空白溶液 0.005 mol/L 硫代硫酸钠溶液滴定体积(mL)；$V_1$—试样定容体积(mL)；$V_2$—试样分取体积(mL)；$V_3$—试样分取定容体积(mL)；$V_4$—试样溶液 0.005 mol/L 硫代硫酸钠溶液滴定体积(mL)；$V_5$—测定时吸取的样液体积(mL)；$m$—试样质量(g)；1 000—由毫克换算为克。计算结果保留到小数点后两位。

(2)可溶性总糖（以转化糖计）　试样中可溶性总糖的含量以质量分数($w_1$)计，计算同公式(2-7-1)。

(3)蔗糖　试样中蔗糖含量以质量分数($w_2$)计，按公式(2-7-2)计算：

$$w_2=(w_1-w)\times 0.95 \tag{2-7-2}$$

式中：$w_2$—蔗糖含量(%)；$w_1$—可溶性总糖含量(%)；$w$—还原糖含量(%)；0.95—由转化糖换算成蔗糖的因数。计算结果保留到小数点后两位。

## 五、注意事项与说明

如试样与铜试剂加热反应后，砖红色氧化亚铜沉淀较多看不到蓝色，则样品含糖量偏高，可酌情吸取 1～4 mL 样液，加水至 5.00 mL 测定。滴定值应不低于标准曲线的最高点。

## 六、实验结果与分析

实验结果按表 2-7-2 进行记录。以实验小组为单位，绘制标准曲线，用方差分析法分析样品在组间的差异，以及不同样品间的可溶性糖含量差异。

表 2-7-2　样品中可溶性糖含量计算结果

| 项目 | 样品 1 | | | | 样品 2 | | | |
|---|---|---|---|---|---|---|---|---|
| | 重复 1 | 重复 2 | 重复 3 | 均值 | 重复 1 | 重复 2 | 重复 3 | 均值 |
| 还原糖含量/% | | | | | | | | |
| 可溶性总糖含量/% | | | | | | | | |
| 蔗糖含量/% | | | | | | | | |

## 七、思考题

1. 加盐酸时应注意哪些事项？
2. 可用水提取的糖类有哪些？

# 实验 8　3,5-二硝基水杨酸比色法测定水果及其制品中可溶性糖含量

## 一、实验目的

1. 掌握水果及其制品中总糖和还原糖的提取方法。
2. 掌握 3,5-二硝基水杨酸比色法测定农产品中还原糖和总糖含量的原理和方法。
3. 熟练地掌握分光光度法的操作技术。

## 二、实验原理

在碱性条件下，3,5-二硝基水杨酸与还原糖加热时，还原糖将 3,5-二硝基水杨酸还原成棕红色的 3-氨基-5-硝基水杨酸，而还原糖本身则被氧化成糖酸。在一定浓度范围内，棕红色颜色的深浅与 3-氨基-5-硝基水杨酸的含量成正比，该物质在波长 540 nm 处有最大吸收。在该波长下且在一定范围内，还原糖含量与吸光度值呈线性关系，故根据所测的吸光度进行计算即

可得样品中的还原糖含量以及总糖含量。样品中的寡糖和多糖需要用酸水解转变成还原糖后再用此法测定。

## 三、实验器材与试剂

1. 实验材料

新鲜水果,水果干制品或果汁等。

2. 实验器具

分光光度计、电子分析天平(感量 0.001 g 和 0.000 1 g)、干燥箱、恒温水浴锅(室温至 100 ℃)、容量瓶(50、100、250、1 000 mL)、具塞刻度试管(25 mL)、移液器等。

3. 实验试剂

本实验所需试剂均为分析纯,水为 GB/T 6682 规定的三级水,试剂配制方法如表 2-8-1 所示。

**表 2-8-1　本实验所需试剂及配制方法**

| 序号 | 试剂 | 配制方法 |
|---|---|---|
| 1 | 氢氧化钠溶液(6 mol/L) | 称取氢氧化钠(NaOH)240.0 g 于烧杯中,用水溶解定容至 1 L 容量瓶中 |
| 2 | 氢氧化钠溶液(2 mol/L) | 称取氢氧化钠(NaOH)80.0 g 于烧杯中,用水溶解定容至 1 L 容量瓶中 |
| 3 | 氢氧化钠溶液(0.1 mol/L) | 称取氢氧化钠(NaOH)0.40 g 于烧杯中,用水溶解定容至 100 mL 容量瓶中 |
| 4 | 3,5-二硝基水杨酸(DNS)试剂 | 将 DNS 6.3 g 和 2 mol/L 氢氧化钠溶液 262 mL 加入含酒石酸钾钠 185 g 的 500 mL 热水中,再加入苯酚 5 g 和亚硫酸钠 5 g,搅拌溶解,冷却后加蒸馏水定容至 1 000 mL,贮存于棕色瓶中备用 |
| 5 | 亚铁氰化钾溶液 | 称取亚铁氰化钾 10.6 g,用水定容至 100 mL |
| 6 | 乙酸锌溶液 | 称取乙酸锌 21.9 g,用少量水溶解后加入冰乙酸 3 mL,用水定容至 100 mL |
| 7 | 盐酸溶液(6 mol/L) | 在 500 mL 的烧杯中加入 100 mL 水,量取盐酸 100 mL 缓缓加入烧杯中,边加边搅拌,混匀后装入贮液瓶备用 |
| 8 | 葡萄糖标准溶液(1 mg/mL) | 准确称取经 80 ℃干燥 2 h 的葡萄糖标准物质 0.100 0 g,溶解定容至 100 mL,现用现配 |
| 9 | 甲基红指示剂 | 称取甲基红 0.10 g 溶于 3.72 mL 0.1 mol/L 氢氧化钠溶液中,稀释至 250 mL,装入滴瓶 |

## 四、实验步骤

1. 样液制备

(1)新鲜水果　果实洗净擦干,取可食部分,切碎混匀,按四分法取样,用组织捣碎机制成匀浆(多汁水果直接匀浆,含水量小的水果匀浆前按 1∶1 的比例加水)。称取 10.00 g($m$)试样，用水洗入容量瓶中，加入亚铁氰化钾溶液和乙酸锌溶液各 3 mL，摇匀，定容至 250 mL ($V_1$)，放置片刻，过滤，滤液备用。

(2) 水果干制品　果干、脆片等样品($m_1$)经(60±2) ℃鼓风干燥后，用粉碎机粉碎，过 0.5 mm 筛。称取 1.00～5.00 g($m$)试样于锥形瓶中，加少量水于 80 ℃水浴中加热提取 10 min，用水洗入容量瓶中，冷却，定容至 250 mL($V_1$)，放置片刻，过滤，滤液备用。

(3)其他水果制品　水果罐头直接制成匀浆，称取 10.00 g($m$)试样，用水洗入 250 mL 容量瓶中，此后操作同(1)。果汁、果酒、果醋等液体水果制品，混匀，称取 10.00～25.00 g($m$)，用水洗入 250 mL 容量瓶中，此后操作同(1)。果酱、果泥等制品，混匀，称取 2.00～5.00 g ($m$)，用水洗入容量瓶中，定容至 250 mL($V_1$)，放置片刻，过滤，滤液备用。

2. 标准曲线绘制

取 7 支 25 mL 具塞试管，按表 2-8-2 数据配制一系列不同浓度的标准葡萄糖溶液。每管加入 4.00 mL 3,5-二硝基水杨酸(DNS)试剂，置于沸水浴中加热 5 min，立即取出在冷水中冷却，用蒸馏水定容，摇匀。用分光光度计于 540 nm 波长处测定吸光度值。以葡萄糖含量(mg)为横坐标($x$)，吸光度值为纵坐标($y$)，绘制标准曲线。

**表 2-8-2　可溶性葡萄糖标准曲线制作**

| 试管号 | 0 | 1 | 2 | 3 | 4 | 5 | 6 |
|---|---|---|---|---|---|---|---|
| 1 mg/mL 葡萄糖标准溶液体积/mL | 0 | 0.2 | 0.4 | 0.6 | 0.8 | 1.0 | 1.2 |
| 蒸馏水体积/mL | 2.0 | 1.8 | 1.6 | 1.4 | 1.2 | 1.0 | 0.8 |
| DNS 试剂体积/mL | 4.00 | 4.00 | 4.00 | 4.00 | 4.00 | 4.00 | 4.00 |
| 盖塞摇匀后，在沸水浴中加热 5 min，立即取出在冷水中冷却至室温，用蒸馏水定容。 | | | | | | | |
| 葡萄糖含量/(mg/mL) | 0 | 0.02 | 0.04 | 0.06 | 0.08 | 1.00 | 0.12 |
| 吸光度值 | 0 | | | | | | |

3. 还原糖的测定

根据不同样品中糖的含量，用移液管吸取滤液 5～20 mL($V_2$)于容量瓶中，用水定容至 100 mL($V_3$)。从容量瓶中吸取 1.00 mL($V_4$)样液于 10 mL($V_5$)容量瓶或具塞刻度试管中，各加水至 2.0 mL。余下步骤按上述标准曲线绘制的步骤操作。记录测定的吸光度值，从标准曲线求得测定液中还原糖的浓度。

4. 可溶性糖的测定

根据样品含糖量高低，用移液管吸取样液 5～10 mL($V_2$)于容量瓶中，加入 6 mol/L 盐酸溶液 1 mL，置于(80±2) ℃恒温水浴锅中加热 10 min。取出后置于冷水槽中冷却至室温，加甲基红指示剂 3 滴，用 6 mol/L 氢氧化钠溶液中和至浅橙色，用水定容至 100 mL($V_3$)，混匀。余下步骤按还原糖的测定步骤操作。

5. 空白试验

除不加试样外，采用完全相同的测定步骤进行平行操作。

6. 结果计算

除水果干制品外的样品可溶性糖含量以质量分数计，按公式(2-8-1)计算；水果干制品可溶性糖含量也以质量分数计，按公式(2-8-2)计算。

$$X=\frac{\rho\times V_1\times V_3\times V_5\times A}{m\times V_2\times V_4\times 10} \tag{2-8-1}$$

$$X=\frac{\rho\times V_1\times V_3\times V_5\times m_2}{m\times m_1\times V_2\times V_4\times 10} \tag{2-8-2}$$

式中：$X$—样品中可溶性糖含量(%)；$\rho$—试样测定液中还原糖的质量浓度(mg/mL)；$V_1$—样液定容体积(mL)；$V_2$—样液分取体积(mL)；$V_3$—分取样液定容体积(mL)；$V_4$—测定液吸取体积(mL)；$V_5$—测定样液体积(mL)；$A$—稀释倍数，多汁水果为 1，含水量少的水果为 2；$m$—试样质量(g)；10—测定结果换算为质量分数的转换系数；$m_1$—样品烘干前质量(g)；$m_2$—样品烘干后质量(g)。计算结果保留到小数点后两位。

## 五、注意事项与说明

(1)本方法操作简便，快速，杂质干扰较少，主要用于微量糖分的测定。

(2)严格控制比色反应时间，操作要迅速。为避免出现误差，要经常用空白样调整零点。

(3)研磨样品一定要充分，磨得越细越好。

(4)在取用浓盐酸时要在通风橱中操作，防止人体吸进盐酸气体。

## 六、实验结果与分析

实验结果按表 2-8-3 进行记录。以实验小组为单位，绘制标准曲线，用方差分析法分析样品在组间的差异，以及不同样品间的还原糖和总糖含量差异。

表 2-8-3　样品中还原糖和总糖计算结果

| 项目 | 样品 1 | | | | 样品 2 | | | |
|---|---|---|---|---|---|---|---|---|
| | 重复 1 | 重复 2 | 重复 3 | 均值 | 重复 1 | 重复 2 | 重复 3 | 均值 |
| 吸光度值 | | | | | | | | |
| 还原糖含量/% | | | | | | | | |
| 可溶性糖含量/% | | | | | | | | |

## 七、思考题

1. 可溶性糖包含哪些化合物？
2. 测定还原糖的实验方法有哪些？各实验有何不同？

# 第 3 节　农产品中淀粉含量的测定

## 实验 9　酶水解法测定农产品中淀粉含量

## 一、实验目的

1. 掌握酶水解法测定农产品中淀粉含量的原理及测定方法。

2. 熟练地掌握滴定分析的操作方法。

## 二、实验原理

样品经除去脂肪及可溶性糖类后，其中淀粉用淀粉酶水解成小分子糖，再用盐酸将小分子糖水解成单糖，最后按还原糖测定，并折算成淀粉含量。

## 三、实验器材与试剂

1. 实验材料

蔬菜、水果等农产品。

2. 实验器具

电子天平、恒温水浴锅、组织捣碎机、电炉、漏斗、慢速滤纸、回流冷凝器、容量瓶（100、1 000 mL）、锥形瓶（150、250 mL）、移液器、玻璃珠等。

3. 实验试剂

本实验所需试剂均为分析纯，水为 GB/T 6682 规定的三级水，试剂配制方法如表 2-9-1 所示。

**表 2-9-1　本实验所需试剂及配制方法**

| 序号 | 试剂 | 配制方法 |
| --- | --- | --- |
| 1 | 淀粉酶溶液（5 g/L） | 称取 0.5 g 高峰氏淀粉酶，加 100 mL 水溶解，临用时配制；也可加入数滴甲苯或三氯甲烷，防止长霉，贮存于 4 ℃冰箱中 |
| 2 | 碘溶液 | 称取 3.6 g 碘化钾溶于 20 mL 水中，加入 1.3 g 碘，溶解后加水定容至 100 mL |
| 3 | 乙醚（$C_4H_{10}O$） | 分析纯 |
| 4 | 85%乙醇溶液 | 取 85 mL 无水乙醇，加水定容至 100 mL 混匀。也可用 95%乙醇配制 |
| 5 | 盐酸溶液（体积比，1+1） | 量取 50 mL 盐酸加水定容至 100 mL |
| 6 | 甲基红指示液（2 g/L） | 称取 0.20 g 甲基红，用少量乙醇溶解后，加水定容至 100 mL |
| 7 | 氢氧化钠溶液（200 g/L） | 称取 20 g 氢氧化钠，加水溶解并定容至 100 mL |
| 8 | 碱性酒石酸铜甲液 | 称取 15 g 硫酸铜（$CuSO_4 \cdot 5H_2O$）及 0.050 g 亚甲蓝，溶于水中并定容至 1 000 mL |
| 9 | 碱性酒石酸铜乙液 | 称取 50 g 酒石酸钾钠与 75 g 氢氧化钠，加适量水溶解，再加入 4 g 亚铁氰化钾，完全溶解后，用水定容至 1 000 mL，贮存于橡胶塞玻璃瓶内 |
| 10 | 葡萄糖标准溶液（1.0 mg/mL） | 准确称取 1 g（精确到 0.000 1 g）经过 98～100 ℃干燥 2 h 的 *D*-无水葡萄糖（$C_6H_{12}O_6$），加水溶解后加入 5 mL 盐酸，并以水定容至 1 000 mL |

## 四、实验步骤

1. 样品处理

(1)易于粉碎的试样　将样品磨碎，过0.425 mm筛(相当于40目)，称取2～5 g(精确至0.001 g)，置于放有折叠慢速滤纸的漏斗内，先用50 mL石油醚或乙醚分5次洗除脂肪，再用约100 mL 85%乙醇分次充分洗去可溶性糖类。根据样品的实际情况，可适当增加洗涤液的用量和洗涤次数，以保证干扰检测的可溶性糖类物质洗涤完全。滤干乙醇，将残留物移入250 mL烧杯内，并用50 mL水洗净滤纸，洗液并入烧杯内，将烧杯置于沸水浴中加热15 min，使淀粉糊化。放冷至60 ℃以下，加20 mL淀粉酶溶液，在55～60 ℃保温1 h，并时时搅拌。然后取1滴此液加1滴碘溶液，应不显现蓝色。若显蓝色，再加热糊化并加20 mL淀粉酶溶液，继续保温，直至加碘溶液不显蓝色为止。加热至沸，冷后移入250 mL容量瓶中，并加水至刻度，混匀，过滤，并弃去初滤液。

取50.00 mL滤液，置于250 mL锥形瓶中，加5 mL盐酸(体积比，1+1)，装上回流冷凝器，在沸水浴中回流1 h，冷后加2滴甲基红指示液，用氢氧化钠溶液(200 g/L)中和至中性。将溶液转入100 mL容量瓶中，洗涤锥形瓶，洗液并入100 mL容量瓶中，加水至刻度，混匀备用。

(2)其他样品　称取一定量样品，准确加入适量水，在组织捣碎机中捣成匀浆(蔬菜、水果需先洗净晾干取可食部分)，称取相当于原样质量2.5～5 g(精确至0.001 g)的匀浆，余下步骤按(1)自"置于放有折叠慢速滤纸的漏斗内"起依次操作。

2. 碱性酒石酸铜溶液标定

吸取5.00 mL碱性酒石酸铜甲液及5.00 mL碱性酒石酸铜乙液，置于150 mL锥形瓶中，加水10 mL，加入玻璃珠2粒，用滴定管滴加约9 mL葡萄糖标准溶液，控制在2 min内加热至沸，保持溶液呈沸腾状态，以每2秒1滴的速度继续滴加葡萄糖，直至溶液蓝色刚好褪去为止。记录消耗葡萄糖标准溶液的总体积，同时做3份平行，取其平均值，计算每10 mL(甲、乙液各5 mL)碱性酒石酸铜溶液相当于葡萄糖的质量($m_1$)。

也可以按上述方法标定4～20 mL碱性酒石酸铜溶液(甲、乙液各半)来适应试样中还原糖的浓度变化。

3. 试样溶液的预测

吸取5.00 mL碱性酒石酸铜甲液及5.00 mL碱性酒石酸铜乙液，置于150 mL锥形瓶中，加水10 mL，加入玻璃珠2粒，控制在2 min内加热至沸。以先快后慢的速度用滴定管滴加试样溶液，并保持溶液呈沸腾状态，待溶液颜色变浅时，以每2秒1滴的速度滴定，直至溶液蓝色刚好褪去为止，记录样液的消耗体积。当样液中还原糖浓度过高时，应当稀释后再进行正式测定，使每次滴定消耗试样溶液的体积控制在与标定碱性酒石酸铜溶液时消耗的葡萄糖标准溶液体积相近，在10 mL左右。

4. 试样溶液的测定

吸取5.00 mL碱性酒石酸铜甲液及5.00 mL碱性酒石酸铜乙液，置于150 mL锥形瓶中，加水10 mL，加入玻璃珠2粒，用滴定管滴加比预测体积少1 mL的试样溶液至锥形瓶中，使溶液在2 min内加热至沸，保持溶液呈沸腾状态。继续以每2秒1滴的速度滴定，直至溶液蓝色刚好褪去为止，记录消耗样液的体积，同时做3份平行，取其平均值，结果按公式(2-9-1)计算。

当浓度过低时，则采取直接加入10.00 mL样品液，免去加水10 mL，再用葡萄糖标准溶液滴定至终点。记录消耗的体积与标定时消耗的葡萄糖标准溶液体积之差相当于 10 mL 样液中所含葡萄糖的量(mg),结果按公式(2-9-2)、(2-9-3)计算。

5. 试剂空白测定

同时量取 20.00 mL 水及与试样溶液处理时相同量的淀粉酶溶液,按反滴法做试剂空白试验。即用葡萄糖标准溶液滴定试剂空白溶液至终点,记录消耗的体积与标定时消耗的葡萄糖标准溶液体积之差相当于 10 mL 样液中所含葡萄糖的量(mg)。按公式(2-9-4)、(2-9-5)计算试剂空白中葡萄糖的含量。

6. 结果计算

(1)样品中葡萄糖含量($X_1$)按公式(2-9-1)计算:

$$X_1=\frac{m_1}{\frac{50}{250}\times\frac{V_1}{100}} \tag{2-9-1}$$

式中:$X_1$—所称试样中葡萄糖的含量(mg);50—测定用样品溶液体积(mL);250—样品定容体积(mL);$m_1$—10 mL 碱性酒石酸铜溶液(甲、乙液各半)相当于葡萄糖的质量(mg);$V_1$—测定时平均消耗试样溶液的体积(mL);100—测定用样品的定容体积(mL)。

(2)当试样中淀粉浓度过低时,葡萄糖含量($X_2$)按公式(2-9-2)、(2-9-3)计算:

$$X_2=\frac{m_2}{\frac{50}{250}\times\frac{10}{100}} \tag{2-9-2}$$

$$m_2=m_1\times\left(1-\frac{V_2}{V_s}\right) \tag{2-9-3}$$

式中:$X_2$—所称试样中葡萄糖的质量(mg);$m_2$—标定 10 mL 碱性酒石酸铜溶液(甲、乙液各半)时消耗的葡萄糖标准溶液的体积与加入试样后消耗的葡萄糖标准溶液体积之差相当于葡萄糖的质量(mg);50—测定用样品溶液体积(mL);250—样品定容体积(mL);10—直接加入的试样体积(mL);100—测定用样品的定容体积(mL);$m_1$—10 mL 碱性酒石酸铜溶液(甲、乙液各半)相当于葡萄糖的质量(mg);$V_2$—加入试样后消耗的葡萄糖标准溶液体积(mL);$V_s$—标定 10 mL 碱性酒石酸铜溶液(甲、乙液各半)时消耗的葡萄糖标准溶液的体积(mL)。

(3)试剂空白值($X_0$)按公式(2-9-4)、(2-9-5)计算:

$$X_0=\frac{m_0}{\frac{50}{250}\times\frac{10}{100}} \tag{2-9-4}$$

$$m_0=m_1\times\left(1-\frac{V_0}{V_s}\right) \tag{2-9-5}$$

式中:$X_0$—试剂空白值(mg);$m_0$—标定 10 mL 碱性酒石酸铜溶液(甲、乙液各半)时消耗的葡萄糖标准溶液的体积与加入试样后消耗的葡萄糖标准溶液体积之差相当于葡萄糖的质量(mg);50—测定用样品溶液体积(mL);250—样品定容体积(mL);10—直接加入的试样体积(mL);100—测定用样品的定容体积(mL);$V_0$—加入空白试样后消耗的葡萄糖标准溶液体积(mL);

$V_s$—标定 10 mL 碱性酒石酸铜溶液(甲、乙液各半)时消耗的葡萄糖标准溶液的体积(mL)。

(4)试样中淀粉的含量($X$)按公式(2-9-6)计算：

$$X=\frac{(X_1-X_0)\times 0.9}{m\times 1\ 000}\times 100 \text{ 或 } X=\frac{(X_2-X_0)\times 0.9}{m\times 1\ 000}\times 100 \qquad (2\text{-}9\text{-}6)$$

式中：$X$—试样中淀粉的含量(g/100 g)；0.9—还原糖(以葡萄糖计)换算成淀粉的换算系数；$m$—试样质量(g)。结果＜ 1 g/100 g，保留两位有效数字；结果≥1 g/100 g，保留三位有效数字。

## 五、注意事项与说明

(1)样品分别用乙醚除去脂肪、乙醇除去可溶性糖后，在淀粉酶的作用下，使淀粉水解为低分子糊精和麦芽糖，再用盐酸进一步水解，得到最终水解产物葡萄糖，然后按还原糖的测定方法进行测定。

(2)由于淀粉酶溶液配制后活力降低较快，应现用现配，并贮存于冰箱中。使用时如温度高于 85 ℃或有酸或碱存在，则会失去活性。

(3)处理样品时，先用乙醚或石油醚洗除脂肪，再用 85%乙醇洗去可溶性糖类，以防止淀粉随可溶性糖类一起被洗掉。

(4)酶水解法中所用的淀粉酶具有专一性，只能使淀粉水解成麦芽糖，而不会水解其他多糖，水解后可以过滤除去其他多糖，所以该法不受纤维素、果胶等多糖的干扰。

## 六、实验结果与分析

实验结果按表 2-9-2 进行记录。以实验小组为单位，绘制标准曲线，用方差分析法分析样品在组间的差异，以及不同样品间的淀粉含量差异。

**表 2-9-2　样品中淀粉含量计算结果**

| 项目 | 样品 1 | | | | 样品 2 | | | |
|---|---|---|---|---|---|---|---|---|
| | 重复 1 | 重复 2 | 重复 3 | 均值 | 重复 1 | 重复 2 | 重复 3 | 均值 |
| 葡萄糖含量/mg | | | | | | | | |
| 试剂空白含量/mg | | | | | | | | |
| 淀粉含量/(g/100 g) | | | | | | | | |

## 七、思考题

1. 为什么试样反应时需要在锥形瓶中加入玻璃珠？
2. 为什么使用返滴定法做试剂空白试验？

# 实验 10　酸水解法测定农产品中淀粉含量

## 一、实验目的

掌握酸水解法测定农产品中淀粉含量的原理及方法。

## 二、实验原理

样品经除去脂肪及可溶性糖类后，其中淀粉用酸水解成具有还原性的单糖，然后按还原糖测定，并折算成淀粉含量。

## 三、实验器材与试剂

1. 实验材料

常见农产品除肉制品外皆可选做实验材料。

2. 实验器具

恒温水浴锅、电子天平(感量 0.001 g 和 0.000 1 g)、高速组织捣碎机、电炉、回流装置(附 250 mL 锥形瓶)、精密 pH 试纸、容量瓶(100、1 000 mL)、锥形瓶(150、250 mL)、移液器、玻璃珠等。

3. 实验试剂

本实验所需试剂及配制方法如表 2-10-1 所示。

**表 2-10-1　本实验所需试剂及配制方法**

| 序号 | 试剂 | 配制方法 |
|---|---|---|
| 1 | 乙醚 | 分析纯 |
| 2 | 85%乙醇溶液 | 取 85 mL 无水乙醇，加水定容至 100 mL 混匀。也可用 95%乙醇配制 |
| 3 | 盐酸溶液(体积比，1+1) | 量取 50 mL 盐酸，与 50 mL 水混合 |
| 4 | 甲基红指示液(2 g/L) | 称取甲基红 0.20 g，用少量乙醇溶解后，加水定容至 100 mL |
| 5 | 氢氧化钠溶液(400 g/L) | 称取 40 g 氢氧化钠，加水溶解并定容至 100 mL |
| 6 | 硫酸钠溶液(100 g/L) | 称取 10 g 硫酸钠，加水溶解并定容至 100 mL |
| 7 | 乙酸铅溶液(200 g/L) | 称取 20 g 乙酸铅，加水溶解并定容至 100 mL |
| 8 | 葡萄糖标准溶液(1.0 mg/mL) | 准确称取 1 g(精确至 0.000 1 g)经过 98～100 ℃干燥 2 h 的 *D*-无水葡萄糖($C_6H_{12}O_6$)，加水溶解后加入 5 mL 盐酸，并以水定容至 1 000 mL |

## 四、实验步骤

1. 样品处理

(1)易于粉碎的试样　磨碎试样后过 0.425 mm 筛(相当于 40 目)，称取 2～5 g(精确至 0.001 g)，置于放有慢速滤纸的漏斗中，用 50 mL 石油醚或乙醚分 5 次洗去试样中脂肪，弃去石油醚或乙醚。用 150 mL 85%乙醇溶液分数次洗涤残渣，以充分除去可溶性糖类物质。根据样品的实际情况，可适当增加洗涤液的用量和洗涤次数，以保证干扰检测的可溶性糖类物质洗涤完全。滤干乙醇溶液，以 100 mL 水洗涤漏斗中的残渣并转移至 250 mL 锥形瓶中。加入 30 mL 盐酸(体积比，1+1)，接好冷凝管，置于沸水浴中回流 2 h。回流完毕后，立即冷却。待试样水解液冷却后，加入 2 滴甲基红指示液，先以氢氧化钠溶液(400 g/L)调至黄色，再以盐酸(体积比，1+1)校正至试样水解液刚变成红色。若试样水解液颜色较深，可用精密 pH 试纸测试，使试样水解液的 pH 约为 7。然后加 20 mL 乙酸铅溶液(200 g/L)，摇匀，放置 10 min。再加 20 mL 硫酸钠溶液(100 g/L)，以除去过多的铅。摇匀后将全部溶液及残渣转入 500 mL 容量瓶中，用水洗涤锥形瓶，洗液合并入容量瓶中，加水稀释至刻度。过滤，弃去 20 mL 初滤液，其余滤液供测定用。

(2)其他样品　称取一定量样品，准确加入适量水，在组织捣碎机中捣成匀浆(蔬菜、水果需先洗净晾干取可食部分)。称取相当于原样质量 2.5～5 g(精确至 0.001 g)的匀浆于 250 mL 锥形瓶中，用 50 mL 石油醚或乙醚分 5 次洗去试样中脂肪，弃去石油醚或乙醚。以下按(1)自“用 150 mL 85%乙醇溶液分数次洗涤残渣”起依次操作。

2. 测定

样品的测定同第 2 章实验 9 所用的酶水解法。

3. 结果计算

试样中淀粉的含量($X$)按公式(2-10-1)进行计算：

$$X=\frac{(A_1-A_2)\times 0.9}{m\times\frac{V}{500}\times 1\,000}\times 100 \qquad (2\text{-}10\text{-}1)$$

式中：$X$—试样中淀粉的含量(g/100 g)；$A_1$—测定用试样中水解液葡萄糖质量(mg)；$A_2$—试剂空白中葡萄糖质量(mg)；0.9—葡萄糖换算成淀粉的换算系数；$m$—称取试样质量(g)；$V$—测定用试样中水解液体积(mL)；500—试样液总体积(mL)。结果保留三位有效数字。

## 五、注意事项与说明

(1)酸水解法中用盐酸水解淀粉，其专一性不如淀粉酶，但可以使淀粉直接水解至葡萄糖，方法简便。酸水解法也可能同时将样品中半纤维素、果胶质等水解，生成具有还原性的物质，会使测定结果偏高。

(2)应该严格控制样液量、所用酸的浓度及加入量、水解时间等，以保证淀粉完全水解。

(3)由于水解时间较长，应使用回流装置，以保证水解过程中盐酸浓度不发生改变。

## 六、实验结果与分析

实验结果按表 2-10-2 进行记录。以实验小组为单位，绘制标准曲线，用方差分析法分析样品在组间的差异，以及不同样品间的淀粉含量差异。

**表 2-10-2　样品中淀粉含量计算结果**

| 项目 | 样品 1 | | | | 样品 2 | | | |
|---|---|---|---|---|---|---|---|---|
| | 重复 1 | 重复 2 | 重复 3 | 均值 | 重复 1 | 重复 2 | 重复 3 | 均值 |
| 淀粉含量/(g/100 g) | | | | | | | | |

## 七、思考题

1. 与酶水解法测定淀粉相比，本实验有什么优缺点？

2. 为什么水果、蔬菜中含有淀粉？

# 实验 11　碘量法测定肉制品中淀粉含量

## 一、实验目的

掌握碘量法测定肉制品中淀粉含量的原理和方法。

## 二、实验原理

试样中加入氢氧化钾-乙醇溶液，在沸水浴上加热后，滤去上清液，用热乙醇洗涤沉淀以除去脂肪和可溶性糖，沉淀经盐酸水解后，用碘量法测定形成的葡萄糖并计算淀粉含量。

## 三、实验器材与试剂

1. 实验材料

新鲜肉制品。

2. 实验器具

天平(感量为 0.01 g)、恒温水浴锅、冷凝管、绞肉机(孔径不超过 4 mm)、电炉、容量瓶(100、200、1 000 mL)、移液器、玻璃棒、表面皿、漏斗、滤纸等。

3. 实验试剂

本实验所需试剂均为分析纯，水为 GB/T 6682 规定的三级水，试剂配制方法如表 2-11-1 所示。

**表 2-11-1　本实验所需试剂及配制方法**

| 序号 | 试剂 | 配制方法 |
|---|---|---|
| 1 | 氢氧化钾-乙醇溶液 | 称取氢氧化钾 50 g，用 95%乙醇溶解并稀释至 1 000 mL |
| 2 | 80%乙醇溶液 | 量取 95%乙醇 842 mL，用水稀释至 1 000 mL |
| 3 | 盐酸溶液(1.0 mol/L) | 量取盐酸 83 mL，用水稀释至 1 000 mL |
| 4 | 氢氧化钠溶液 | 称取固体氢氧化钠 30 g，用水溶解并稀释至 100 mL |
| 5 | 蛋白沉淀剂 | 溶液 A：称取铁氰化钾 106 g，用水溶解并稀释至 1 000 mL<br>溶液 B：称取乙酸锌 220 g，加冰乙酸 30 mL，用水溶解并稀释至 1 000 mL |
| 6 | 碱性铜试剂 | 溶液 a：称取硫酸铜 25 g，溶于 100 mL 水中<br>溶液 b：称取无水碳酸钠 144 g，溶于 300～400 mL 50 ℃水中<br>溶液 c：称取柠檬酸 50 g，溶于 50 mL 水中<br>将溶液 c 缓慢加入溶液 b 中，边加边搅拌直至气泡停止产生，将溶液 a 加到溶液 b+c 的混合液中并连续搅拌，冷却至室温后，转移到 1 000 mL 容量瓶中，定容至刻度，混匀。放置 24 h 后使用，若出现沉淀需过滤<br>取 1 份溶液加入 49 份煮沸并冷却的蒸馏水中，pH 应为 10.0±0.1 |
| 7 | 碘化钾溶液 | 称取碘化钾 10 g，用水溶解并稀释至 100 mL |

续表2-11-1

| 序号 | 试剂 | 配制方法 |
|---|---|---|
| 8 | 盐酸溶液 | 取盐酸 100 mL，用水稀释至 160 mL |
| 9 | 硫代硫酸钠标准溶液（0.1 mol/L） | 称取 26 g 五水合硫代硫酸钠（或 16 g 无水硫代硫酸钠），加 0.2 g 无水碳酸钠，溶于 1 000 mL 水中，缓缓煮沸 10 min，冷却。放置 2 周后用玻璃滤埚过滤。按第 2 章实验 6 中方法进行标定 |
| 10 | 溴百里酚蓝指示剂 | 称取溴百里酚蓝 1 g，用 95%乙醇溶解并稀释至 100 mL |
| 11 | 淀粉指示剂 | 称取可溶性淀粉 0.5 g，加少许水，调成糊状，倒入 50 mL 沸水中调匀，煮沸，临用时配制 |

## 四、实验步骤

1. 试样制备

取不少于 200 g 有代表性的试样，用绞肉机绞 2 次并混匀。

2. 淀粉分离

称取 25 g 试样（精确至 0.01 g，淀粉含量约 1 g）放入 500 mL 烧杯中，加入热氢氧化钾-乙醇溶液 300 mL，用玻璃棒搅匀，盖上表面皿，在沸水浴上加热 1 h，不时搅拌。然后，将沉淀完全转移到漏斗上过滤，用 80%热乙醇溶液洗涤沉淀次数。根据样品的特征，可适当地增加洗涤液的用量和洗涤次数，以保证糖洗涤完全。

3. 水解

将滤纸钻孔，用 1.0 mol/L 盐酸溶液 100 mL，将沉淀完全洗入 250 mL 烧杯中，盖上表面皿，在沸水浴中水解 2.5 h，不时搅拌。

溶液冷却至室温，用氢氧化钠溶液中和至 pH 约为 6（不要超过 6.5）。将溶液移入 200 mL 容量瓶中，加入 3 mL 蛋白质沉淀剂溶液 A，混合后再加入 3 mL 蛋白质沉淀剂溶液 B，用水定容至刻度。摇匀，用不含淀粉的滤纸过滤，向滤液中加入氢氧化钠溶液 1～2 滴，至其对溴百里酚蓝指示剂呈碱性。

4. 测定

准确称取一定量滤液（$V_4$），稀释到一定体积（$V_5$），然后取 25.00 mL（最好含葡萄糖 40～50 mg）移入碘量瓶中，加入 25.00 mL 碱性铜试剂，装上冷凝管，在电炉上 2 min 内煮沸。随后改用温火继续煮沸 10 min，迅速冷却至室温，取下冷凝管，加入 30 mL 碘化钾溶液，小心地加入 25 mL 盐酸溶液，盖好盖待滴定。

用硫代硫酸钠标准溶液滴定上述溶液中释放出来的碘。当溶液变成浅黄色时，加入淀粉指示剂 1 mL，继续滴定直到蓝色消失，记录消耗的硫代硫酸钠标准溶液体积（$V_3$）。

同一试样进行两次测定并做空白试验。

5. 结果计算

（1）葡萄糖量的计算　消耗硫代硫酸钠的物质的量（$X_3$）按公式（2-11-1）计算：

$$X_3 = 10 \times (V_o - V_3) \times c \tag{2-11-1}$$

式中：$X_3$—消耗硫代硫酸钠的物质的量（mmol）；$V_o$—空白试验消耗的硫代硫酸钠标准溶液

体积(mL);$V_3$—试样液消耗的硫代硫酸钠标准溶液体积(mL);$c$—硫代硫酸钠标准溶液的浓度(mol/L)。

根据 $X_3$,从表 2-11-2 中查出相应的葡萄糖量。

**表 2-11-2 硫代硫酸钠的物质的量同葡萄糖量($m_3$)的换算关系**

| $X_3$<br>$10\times(V_o-V_3)\times c$ | 相应的葡萄糖量<br>$m_3$/mg | $X_3$<br>$10\times(V_o-V_3)\times c$ | 相应的葡萄糖量<br>$m_3$/mg |
|---|---|---|---|
| 1 | 2.4 | 14 | 35.7 |
| 2 | 4.8 | 15 | 38.5 |
| 3 | 7.2 | 16 | 41.3 |
| 4 | 9.7 | 17 | 44.2 |
| 5 | 12.2 | 18 | 47.1 |
| 6 | 14.7 | 19 | 50.0 |
| 7 | 17.2 | 20 | 53.0 |
| 8 | 19.8 | 21 | 56.0 |
| 9 | 22.4 | 22 | 59.1 |
| 10 | 25.0 | 23 | 62.2 |
| 11 | 27.6 | 24 | 65.3 |
| 12 | 30.3 | 25 | 68.4 |
| 13 | 33.0 | | |

(2)淀粉含量的计算　淀粉含量($X$)按公式(2-11-2)计算:

$$X=\frac{m_3\times 0.9}{1\ 000}\times\frac{V_5}{25}\times\frac{200}{V_4}\times\frac{100}{m}=0.72\times\frac{V_5}{V_4}\times\frac{m_3}{m} \tag{2-11-2}$$

式中:$X$—淀粉含量(g/100 g);$m_3$—葡萄糖含量(mg);0.9—葡萄糖换算成淀粉的换算系数;$V_5$—稀释后的体积(mL);$V_4$—取原液的体积(mL);$m$—试样的质量(g)。

## 五、注意事项与说明

(1)绞好后的试样应尽快分析,若不立即分析,应密封冷藏贮存,防止变质和成分发生变化。贮存的试样启用时应重新混匀。

(2)处理样品时,应先洗除脂肪和可溶性糖类,且应确保糖洗涤完全。

## 六、实验结果与分析

实验结果按表 2-11-3 进行记录。以实验小组为单位,绘制标准曲线,用方差分析法分析样品在组间的差异,以及不同样品间的淀粉含量差异。

表 2-11-3 样品中淀粉含量计算结果

| 项目 | 样品 1 | | | | 样品 2 | | | |
|---|---|---|---|---|---|---|---|---|
| | 重复 1 | 重复 2 | 重复 3 | 均值 | 重复 1 | 重复 2 | 重复 3 | 均值 |
| 消耗硫代硫酸钠的物质的量/mmol | | | | | | | | |
| 相应的葡萄糖量/mg | | | | | | | | |
| 淀粉含量/(g/100 g) | | | | | | | | |

## 七、思考题

1. 淀粉在肉制品加工中有什么作用?
2. 碘量法测定葡萄糖的原理是什么?

# 实验 12 分光光度法测定稻米中直链淀粉含量

## 一、实验目的

1. 掌握稻米淀粉的提取方法。
2. 掌握直链淀粉含量测定的原理和方法。
3. 熟练地掌握分光光度法的使用原理及操作技术。

## 二、实验原理

将大米粉碎至细粉以破坏淀粉的胚乳结构,使其易于完全分散及糊化,并对粉碎试样脱脂。脱脂后的试样分散在氢氧化钠溶液中,向一定量的试样分散液中加入碘试剂,然后使用分光光度计于 720 nm 处测定显色复合物的吸光度。考虑到支链淀粉对试样中碘-直链淀粉复合物的影响,利用马铃薯直链淀粉和支链淀粉的混合标样制作校正曲线,从校正曲线中读出样品的直链淀粉含量。

## 三、实验器材与试剂

1. 实验材料

稻米。

2. 实验器具

粉碎机:可将大米粉碎并通过 150～180 μm(80～100 目)筛,推荐使用配制 0.5 mm 筛片的旋风磨。

筛子:150～180 μm(80～100 目)筛。

分光光度计:具有 1 cm 比色皿,可在 720 nm 处测量吸光度。

抽提器:能采用甲醇回流抽提样品,速度为 5～6 滴/s。

捣碎机、容量瓶(100、1 000 mL)、水浴锅、锥形瓶(100 mL)、分析天平(感量 0.000 1 g)、移液器等。

3. 实验试剂

本实验所需试剂均为分析纯，水为 GB/T 6682 规定的三级水，试剂配制方法如表 2-12-1 所示。

表 2-12-1　本实验所需试剂及配制方法

| 序号 | 试剂 | 配制方法 |
|---|---|---|
| 1 | 85%甲醇溶液 | 分析纯 |
| 2 | 95%乙醇溶液 | 分析纯 |
| 3 | 氢氧化钠溶液（1.0 mol/L） | 称取氢氧化钠（NaOH）40.00 g 于 1 000 mL 烧杯中，溶解后定容至 1 000 mL |
| 4 | 氢氧化钠工作液（0.09 mol/L） | 称取氢氧化钠（NaOH）3.60 g 于 1 000 mL 烧杯中，溶解后定容至 1 000 mL |
| 5 | 脱蛋白溶液 | 20 g/L 十二烷基苯磺酸钠溶液（使用前加亚硫酸钠至浓度为 2 g/L），或 3 g/L 氢氧化钠溶液 |
| 6 | 乙酸溶液（1 mol/L） | 量取 57.8 mL 冰乙酸（$CH_3COOH$），加水定容至 1 000 mL |
| 7 | 碘试剂 | 用具盖称量瓶称取（2.000±0.005）g 碘化钾，加适量的水以形成饱和溶液，加入（0.200±0.001）g 碘，碘全部溶解后将溶液定量移至 100 mL 容量瓶中，加蒸馏水至刻度，摇匀。现配现用，避光保存 |
| 8 | 马铃薯直链淀粉 | 纯度检验参见 GB/T 15683—2008/ISO 6646-1：2007 附录 A |
| 9 | 支链淀粉 | 含量 99%（质量分数）以上的糯性（蜡质）米粉，碘结合量应该少于 0.2% |

## 四、实验步骤

1. 马铃薯直链淀粉标准溶液的制备

（1）用甲醇对马铃薯直链淀粉进行脱脂，以 5～6 滴/s 的速度回流抽提 4～6 h。

（2）将脱脂后的直链淀粉放在一个适当的盘子上铺开，放置 2 d，以使残余的甲醇挥发并达到水分平衡。

（3）称取（100±0.5）mg 经脱脂及水分平衡后的直链淀粉于 100 mL 锥形瓶中，小心加入 1.0 mL 95%乙醇，将粘在瓶壁上的直链淀粉冲下，加入 9.0 mL 1.0 mol/L 的氢氧化钠溶液，轻摇使直链淀粉完全分散开。随后将混合物在沸水浴中加热 10 min，以分散马铃薯直链淀粉。分散后取出冷却至室温，转移至 100 mL 容量瓶中，加水至刻度，剧烈摇匀。1 mL 此标准分散液含 1 mg 直链淀粉，不含支链淀粉。

2. 支链淀粉标准溶液的制备

备好支链淀粉含量 99%（质量分数）以上的糯性（蜡质）米粉。将糯米浸泡后用捣碎机将它们捣成微细分散状。使用脱蛋白溶液彻底去掉蛋白，洗涤，然后按照马铃薯直链淀粉标准溶液配制的操作方法，用甲醇进行回流抽提脱脂，将脱脂后的支链淀粉平铺在平皿上，放置 2 d，以挥发残余的甲醇，并平衡水分。

用支链淀粉取代直链淀粉，按照 1. 中(3)制备支链淀粉标准溶液。1 mL 支链淀粉标准液含 1 mg 支链淀粉。

3. 试样的制备

取至少 10 g 精米，用旋风磨粉碎成粉末，并通过规定的 80～100 目的筛网。按照 1. 中(1)方法，采用甲醇溶液回流抽提脱脂。脱脂后将试样在盘子或表面皿上铺成一薄层，放置 2 d，以挥发残余甲醇，并平衡水分。

4. 样品溶液的制备

准确称取(100±0.5) mg 试样于 100 mL 锥形瓶中，小心地加入 1 mL 乙醇溶液到试样中，将粘在瓶壁上的试样冲下。移取 9.0 mL 1.0 mol/L 氢氧化钠溶液到锥形瓶中，并轻轻摇匀，随后将混合物在沸水浴中加热 10 min 以分散淀粉。取出冷却至室温，转移到 100 mL 容量瓶中，加蒸馏水定容并剧烈振摇混匀。

5. 空白溶液的制备

采用与测定样品时相同的操作步骤及试剂，但使用 5.0 mL 0.09 mol/L 氢氧化钠溶液替代样品制备空白溶液。

6. 系列标准溶液的制备

按照表 2-12-2 混合配制马铃薯直链淀粉标准液、支链淀粉标准液及 0.09 mol/L 氢氧化钠溶液的混合液。

**表 2-12-2　系列标准溶液**

| 大米直链淀粉含量(干基[a])/% | 马铃薯直链淀粉标准液/mL | 支链淀粉标准液/mL | 0.09 mol/L 氢氧化钠/溶液 mL |
|---|---|---|---|
| 0 | 0 | 18 | 2 |
| 10 | 2 | 16 | 2 |
| 20 | 4 | 14 | 2 |
| 25 | 5 | 13 | 2 |
| 30 | 6 | 12 | 2 |
| 35 | 7 | 11 | 2 |

注：a 上述数据是在平均淀粉含量为 90%的大米干基基础上计算所得。

7. 显色和吸光度测定

准确移取 5.0 mL 系列标准溶液到预先加入大约 50 mL 水的 100 mL 容量瓶中，加 1.0 mL 乙酸溶液，摇匀，再加入 2.0 mL 碘试剂，加水至刻度，摇匀，静置 10 min。

分光光度计用空白溶液调零，在 720 nm 处测定系列标准溶液的吸光度。

8. 绘制校正曲线

以吸光度为纵坐标，直链淀粉含量为横坐标，绘制校正曲线。直链淀粉含量以大米干基质量分数(%)表示。

9. 样品溶液测定

准确移取 5.0 mL 样品溶液到预先加入大约 50 mL 水的 100 mL 容量瓶中，从“加入 1.0 mL 乙酸溶液”开始，按照显色和吸光度测定步骤操作。

每一样品溶液应做两份平行测定。

10. 结果表示

参照校正曲线的吸光度值得到测试结果。直链淀粉含量表示为干基质量分数(%),以两次测定结果的算术平均值为测定结果。

## 五、注意事项与说明

(1)马铃薯直链淀粉应很纯,应经过安培滴定或电位滴定测试。有些市售的马铃薯直链淀粉纯度不高,将可能造成测定的直链淀粉含量结果偏高。纯的直链淀粉应能够结合不少于其自身质量19%～20%的碘。马铃薯直链淀粉纯度检验参见GB/T 15683—2008/ISO 6646-1:2007附录A。

(2)当测试样品时,直链淀粉和支链淀粉在相同的条件下进行水分平衡,则不需要进行水分校正,获得测试结果为大米干基结果。如果测试样品和标准品不是在相同的条件下制备的,则样品和标准品的水分都要先进行测试,结果也应进行校正。

(3)本方法实际上取决于直链淀粉-碘的亲合力,在720 nm处测定的目的是使支链淀粉的干扰作用减少到最小。

(4)挥发甲醇时使用通常的安全防护措施,如在通风橱中进行操作。

## 六、实验结果与分析

实验结果按表2-12-3进行记录。以实验小组为单位,绘制标准曲线,用方差分析法分析样品在组间的差异,以及不同样品间的淀粉含量差异。

**表2-12-3 稻米样品中直链淀粉含量计算结果**

| 项目 | 样品1 | | | | 样品2 | | | |
|---|---|---|---|---|---|---|---|---|
| | 重复1 | 重复2 | 重复3 | 均值 | 重复1 | 重复2 | 重复3 | 均值 |
| 吸光度值 | | | | | | | | |
| 直链淀粉含量/% | | | | | | | | |

## 七、思考题

1. 为什么测定直链淀粉需要用甲醇脱脂?
2. 直链淀粉和支链淀粉有哪些区别?

# 第4节 农产品中蛋白质含量的测定

## 实验13 凯氏定氮法测定农产品中蛋白质含量

### 一、实验目的

1. 掌握凯氏定氮法测定农产品中蛋白质含量的原理和方法。

2. 掌握自动凯氏定氮仪的使用方法。

## 二、实验原理

农产品中的蛋白质在催化加热条件下被分解，产生的氨与硫酸结合生成硫酸铵。碱化蒸馏使氨游离，用硼酸吸收后以硫酸或盐酸标准滴定溶液滴定，根据酸的消耗量计算氮含量，再乘以换算系数，即为蛋白质的含量。

## 三、实验器材与试剂

1. 实验材料

常见农产品。

2. 实验器具

实验室用样品粉碎机、分析筛(40 目)、分析天平(感量 0.001 g)、定氮蒸馏装置、自动凯氏定氮仪、容量瓶(100、1 000 mL)、移液器等。

3. 实验试剂

本实验所需试剂均为分析纯，水为 GB/T 6682 规定的三级水，试剂配制方法如表 2-13-1 所示。

表 2-13-1　本实验所需试剂及配制方法

| 序号 | 试剂 | 配制方法 |
|---|---|---|
| 1 | 硼酸溶液(20 g/L) | 称取 20 g 硼酸，加水溶解后稀释至 1 000 mL |
| 2 | 氢氧化钠溶液(400 g/L) | 称取 400 g 氢氧化钠，加水溶解后冷却，并稀释至 1 000 mL |
| 3 | 硫酸标准滴定溶液 [$c(1/2\ H_2SO_4)=0.050\ 0$ mol/L] | 量取 1.5 mL 硫酸，缓缓注入 1 000 mL 水中，冷却，摇匀 |
| 4 | 甲基红乙醇溶液(1 g/L) | 称取 0.1 g 甲基红，溶于 95%乙醇，用 95%乙醇稀释至 100 mL |
| 5 | 亚甲蓝乙醇溶液(1 g/L) | 称取 0.1 g 亚甲蓝，溶于 95%乙醇，用 95%乙醇稀释至 100 mL |
| 6 | 溴甲酚绿乙醇溶液(1 g/L) | 称取 0.1 g 溴甲酚绿，溶于 95%乙醇，用 95%乙醇稀释至 100 mL |
| 7 | A 混合指示剂 | 2 份甲基红乙醇溶液与 1 份亚甲蓝乙醇溶液临用时混合 |
| 8 | B 混合指示剂 | 1 份甲基红乙醇溶液与 5 份溴甲酚绿乙醇溶液临用时混合 |
| 9 | 溴甲酚绿-甲基红指示剂 | 称取 0.1 g 溴甲酚绿和 20 mg 甲基红溶于 100 mL 95%乙醇中 |

## 四、实验步骤

1. 硫酸标准滴定溶液标定

称取于 270～300 ℃高温炉中灼烧至恒量的工作基准试剂无水碳酸钠 0.095 g，溶于 50 mL 水中，加 10 滴溴甲酚绿-甲基红指示剂，用配制的硫酸溶液滴定至溶液由绿色变为暗红色，煮沸 2 min，加盖具钠石灰管的橡胶塞，冷却，继续滴定至溶液再呈暗红色。同时做空白试验。

硫酸标准滴定溶液的浓度[$c(1/2\ H_2SO_4)$]按公式(2-13-1)计算：

$$c(1/2H_2SO_4)=\frac{m\times 1\ 000}{(V_1-V_2)\times M} \qquad (2\text{-}13\text{-}1)$$

式中：$m$—无水碳酸钠质量(g)；$V_1$—硫酸溶液体积(mL)；$V_2$—空白试验消耗硫酸溶液体积(mL)；$M$—无水碳酸钠的摩尔质量[$M(1/2\ Na_2CO_3)=52.994$]。

2. 凯氏定氮法

(1)试样处理　称取充分混匀的固体试样 0.2～2 g、半固体试样 2～5 g 或液体试样 10～25 g(相当于 30～40 mg 氮)，均精确至 0.001 g，移入干燥的 100、250 或 500 mL 定氮瓶中，加入 0.4 g 硫酸铜、6 g 硫酸钾及 20 mL 硫酸，轻摇后于瓶口放一个小漏斗，将瓶以 45°角斜支于有小孔的石棉网上。小心加热，待内容物全部炭化、泡沫完全停止后，加强火力，并保持瓶内液体微沸，至液体呈蓝绿色并澄清透明后，再继续加热 0.5～1 h。取下放冷，小心地加入 20 mL 水，放冷后，移入 100 mL 容量瓶中，并用少量水冲洗定氮瓶，洗液并入容量瓶中，再加水至刻度，混匀备用。同时做试剂空白试验。

(2) 测定　装好定氮蒸馏装置，向水蒸气发生器内装水至 2/3 处，加入数粒玻璃珠，加甲基红乙醇溶液数滴及数毫升硫酸，以保持水呈酸性，加热煮沸水蒸气发生器内的水并保持沸腾。向接收瓶内加入 10.0 mL 硼酸溶液及 1～2 滴 A 混合指示剂或 B 混合指示剂，并使冷凝管的下端插入液面，根据试样中氮含量，准确吸取 2.0～10.0 mL 试样处理液由小玻杯注入反应室，以 10 mL 水洗涤小玻杯并使之流入反应室，随后塞进棒状玻塞。将 10.0 mL 氢氧化钠溶液倒入小玻杯，提起玻塞使其缓缓流入反应室，立即将玻塞盖紧，并水封。夹紧螺旋夹，开始蒸馏。蒸馏 10 min 后移动蒸馏液接收瓶，液面离开冷凝管下端，再蒸馏 1 min。然后用少量水冲洗冷凝管下端外部，取下蒸馏液接收瓶。尽快以硫酸或盐酸标准滴定溶液滴定至终点，如用 A 混合指示剂，终点颜色为灰蓝色；如用 B 混合指示剂，终点颜色为浅灰红色。同时做试剂空白试验。

3. 自动凯氏定氮仪法

称取充分混匀的固体试样 0.2～2 g、半固体试样 2～5 g 或液体试样 10～25 g(相当于 30～40 mg 氮)，均精确至 0.001 g，移至消化管中，再加入 0.4 g 硫酸铜、6 g 硫酸钾及 20 mL 硫酸于消化炉进行消化。当消化炉温度达到 420 ℃之后，继续消化 1 h，此时消化管中的液体呈绿色透明状，取出冷却后加入 50 mL 水，于自动凯氏定氮仪(使用前加入氢氧化钠溶液，盐酸或硫酸标准溶液以及含有混合指示剂 A 或 B 的硼酸溶液)上实现自动加液、蒸馏、滴定和记录滴定数据的过程。

4. 计算结果

试样中蛋白质含量($X$)按公式(2-13-2)计算：

$$X=\frac{(V_1-V_2)\times c\times 0.014\ 0}{m\times V_3/100}\times F\times 100 \qquad (2\text{-}13\text{-}2)$$

式中：$X$—试样中蛋白质含量(g/100 g)；$V_1$—试液消耗硫酸或盐酸标准滴定液的体积(mL)；$V_2$—试剂空白消耗硫酸或盐酸标准滴定液的体积(mL)；$c$—硫酸或盐酸标准滴定溶液的浓度(mol/L)；0.014 0—1.0 mL 硫酸[$c(1/2\ H_2SO_4)=1.000$ mol/L]或盐酸[$c(HCl)=1.000$ mol/L]标准滴定溶液相当的氮的质量(g)；$m$—试样的质量(g)；$V_3$—吸收消化液的体积(mL)；$F$—氮换算为蛋白质的系数，各种食品中氮转换系数见表 2-13-2；100—换算系数。蛋白质含量≥

1 g/100 g 时，结果保留三位有效数字；蛋白质含量<1 g/100 g 时，结果保留两位有效数字。

**表 2-13-2　常见农产品中氮折算成蛋白质的系数**

| 农产品类别 | | 折算系数 | 农产品类别 | | 折算系数 |
|---|---|---|---|---|---|
| 小麦 | 全小麦粉 | 5.83 | 大米及米粉 | | 5.95 |
| | 麦糠麸皮 | 6.31 | 鸡蛋 | 鸡蛋(全) | 6.25 |
| | 麦胚芽 | 5.80 | | 蛋黄 | 6.12 |
| | 麦胚粉、黑麦、普通小麦、面粉 | 5.70 | | 蛋白 | 6.32 |
| 燕麦、大麦、黑麦粉 | | 5.83 | 肉与肉制品 | | 6.25 |
| 小米、裸麦 | | 5.83 | 动物明胶 | | 5.55 |
| 玉米、黑小麦、饲料小麦、高粱 | | 6.25 | 纯乳与纯乳制品 | | 6.38 |
| 油料 | 芝麻、棉籽、葵花籽、蓖麻、红花籽 | 5.30 | 复合配方食品 | | 6.25 |
| | 其他油料 | 6.25 | 酪蛋白 | | 6.40 |
| | 菜籽 | 5.53 | 胶原蛋白 | | 5.79 |
| 坚果、种子类 | 巴西果 | 5.46 | 豆类 | 大豆及其粗加工制品 | 5.71 |
| | 花生 | 5.46 | | | |
| | 杏仁 | 5.18 | | 大豆蛋白制品 | 6.25 |
| | 核桃、榛子、椰果等 | 5.30 | 其他农产品 | | 6.25 |

## 五、注意事项与说明

(1)蒸馏装置应平稳牢固，各连接部位不得漏气，水蒸气发生应均匀充足。蒸馏过程中不能停止加热断气，否则会发生倒吸现象。

(2)加入碱液时应小心，注意安全。加碱量要充足，动作快，冷凝器出口应浸于吸收液中，防止氨的挥发损失。在蒸馏结束时，先将冷凝管的管口离开吸收液以免发生倒吸。继续蒸馏 1 min，然后用少量水冲洗冷凝管出口端外部，再取下接收瓶。在冲洗蒸馏装置时，要特别注意防止碱液污染冷凝器和吸收瓶。

(3)本方法当称样量为 5.0 g 时，检出限为 8 mg/100 g。

(4)本方法不适用于添加无机含氮物质、有机非蛋白质含氮物质的农产品的测定。

## 六、实验结果与分析

实验结果按表 2-13-3 进行记录。以实验小组为单位，绘制标准曲线，用方差分析法分析样品在组间的差异，以及不同样品间的蛋白质含量差异。

表 2-13-3　样品中蛋白质含量计算结果

| 项目 | 样品 1 | | | | 样品 2 | | | |
|---|---|---|---|---|---|---|---|---|
| | 重复 1 | 重复 2 | 重复 3 | 均值 | 重复 1 | 重复 2 | 重复 3 | 均值 |
| 蛋白质含量/(g/100 g) | | | | | | | | |

## 七、思考题

1. 牛奶中人为添加三聚氰胺会不会影响本实验的结果？
2. 自动凯氏定氮法中加入硫酸铜和硫酸钾的作用是什么？

# 实验 14　分光光度法测定农产品中蛋白质含量

## 一、实验目的

1. 掌握分光光度法测定农产品中蛋白质含量的原理与方法。
2. 掌握分光光度计的使用方法。

## 二、实验原理

农产品中的蛋白质在催化加热条件下被分解，分解产生的氨与硫酸结合生成硫酸铵，在 pH 为 4.8 的乙酸钠-乙酸缓冲溶液中与乙酰丙酮和甲醛反应生成黄色的 3,5-二乙酰-2,6-二甲基-1,4-二氢化吡啶化合物。在波长 400 nm 下测定吸光度值，与标准系列比较定量，结果乘以换算系数，即为蛋白质含量。

## 三、实验器材与试剂

1. 实验材料

各种农产品。

2. 实验器具

分光光度计、电热恒温水浴锅[(100±0.5) ℃]、具塞玻璃比色管(10 mL)、定氮蒸馏装置、天平(感量为 1 mg)、容量瓶(100、500 mL)、移液器等。

3. 实验试剂

本实验所需试剂均为分析纯，水为 GB/T 6682 规定的三级水，试剂配制方法如表 2-14-1 所示。

表 2-14-1　本实验所需试剂及配制方法

| 序号 | 试剂 | 配制方法 |
|---|---|---|
| 1 | 氢氧化钠溶液(300 g/L) | 称取 30 g 氢氧化钠，加水溶解后冷却，并定容至 100 mL |
| 2 | 对硝基苯酚指示剂溶液(1 g/L) | 称取 0.1 g 对硝基苯酚指示剂，溶于 20 mL 95 %乙醇中，加水定容至 100 mL |

续表2-14-1

| 序号 | 试剂 | 配制方法 |
|---|---|---|
| 3 | 乙酸溶液(1 mol/L) | 量取 5.8 mL 乙酸,加水定容至 100 mL |
| 4 | 乙酸钠溶液(1 mol/L) | 称取 41 g 无水乙酸钠或 68 g 乙酸钠,加水溶解,并定容至 500 mL |
| 5 | 乙酸钠-乙酸缓冲溶液 | 量取 60 mL 乙酸钠溶液与 40 mL 乙酸溶液混合,该溶液 pH 为 4.8 |
| 6 | 显色剂 | 15 mL 甲醛与 7.8 mL 乙酰丙酮混合,加水定容至 100 mL,剧烈振摇混匀(室温下放置稳定 3 d) |
| 7 | 氨氮标准贮备液(以氮计)(1.0 g/L) | 称取 105 ℃下干燥 2 h 的硫酸铵 0.472 0 g,加水溶解后移入 100 mL 容量瓶中,并定容至刻度,混匀,每毫升此溶液相当于 1.0 mg 氮 |
| 8 | 氨氮标准工作液(0.1 g/L) | 用移液管吸取 10.00 mL 氨氮标准贮备液于 100 mL 容量瓶内,加水定容至刻度,混匀,每毫升此溶液相当于 0.1 mg 氮 |

## 四、实验步骤

1. 试样消解

称取充分混匀的固体试样 0.1～0.5 g(精确至 0.001 g)、半固体试样 0.2～1 g(精确至 0.001 g)或液体试样 1～5 g(精确至 0.001 g),移入干燥的 100 或 250 mL 定氮瓶中,加入 0.1 g 硫酸铜、1 g 硫酸钾及 5 mL 硫酸,摇匀后于瓶口放一个小漏斗,将定氮瓶以 45°角斜支于有小孔的石棉网上。缓慢加热,待内容物全部炭化,泡沫完全停止后,加强火力,并保持瓶内液体微沸,至液体呈蓝绿色澄清透明后,再继续加热 0.5 h。取下放冷,慢慢加入 20 mL 水,放冷后移入 50 mL 或 100 mL 容量瓶中,并用少量水冲洗定氮瓶,洗液并入容量瓶中,再加水至刻度,混匀备用。按同一方法做试剂空白试验。

2. 试样溶液的制备

吸取 2.00～5.00 mL 试样或试剂空白消化液于 50 或 100 mL 容量瓶内,加 1～2 滴对硝基苯酚指示剂溶液,摇匀后滴加氢氧化钠溶液中和至黄色,再滴加乙酸溶液至溶液无色,用水定容至刻度,混匀。

3. 标准曲线的绘制

取 8 支 10 mL 比色管,编号,吸取 0、0.05、0.10、0.20、0.40、0.60、0.80 和 1.00 mL 氨氮标准工作液(相当于 0、5.00、10.0、20.0、40.0、60.0、80.0 和 100.0 μg 氮),加 4.0 mL 乙酸钠-乙酸缓冲溶液及 4.0 mL 显色剂,加水稀释至刻度,混匀(表 2-14-2),置于 100 ℃水浴中加热 15 min。取出,用水冷却至室温后移入 1 cm 比色皿内,以零管为参比,于波长 400 nm 处测量吸光度值,根据各点吸光度值绘制标准曲线或计算线性回归方程。

**表 2-14-2　标准曲线的制作**

| 项目 | 试管号 | | | | | | | |
|---|---|---|---|---|---|---|---|---|
| | 0 | 1 | 2 | 3 | 4 | 5 | 6 | 7 |
| 氨氮标准工作液/mL | 0 | 0.05 | 0.10 | 0.20 | 0.40 | 0.60 | 0.80 | 1.00 |
| 蒸馏水/mL | 2.0 | 1.95 | 1.90 | 1.80 | 1.60 | 1.40 | 1.20 | 1.00 |

续表2-14-2

| 项目 | 试管号 | | | | | | | |
|---|---|---|---|---|---|---|---|---|
| | 0 | 1 | 2 | 3 | 4 | 5 | 6 | 7 |
| 乙酸钠-乙酸缓冲溶液/mL | 4.0 | 4.0 | 4.0 | 4.0 | 4.0 | 4.0 | 4.0 | 4.0 |
| 显色剂/mL | 4.0 | 4.0 | 4.0 | 4.0 | 4.0 | 4.0 | 4.0 | 4.0 |
| 混匀，置于100 ℃水浴中加热15 min，冷却至室温 | | | | | | | | |
| 各管氮含量/μg | 0 | 5.00 | 10.0 | 20.0 | 40.0 | 60.0 | 80.0 | 100.0 |
| 吸光度值 | 0 | | | | | | | |

4. 试样测定

吸取0.50～2.00 mL(相当于氮< 100 μg)试样溶液和同量的试剂空白溶液，分别于10 mL比色管中。加4.0 mL乙酸钠-乙酸缓冲溶液及4.0 mL显色剂，加水稀释至刻度，混匀。置于100 ℃水浴中加热15 min。取出，用水冷却至室温后移入1 cm比色皿内，以零管为参比，于波长400 nm处测量吸光度值，将试样吸光度值与标准曲线比较定量，或代入线性回归方程求出含量。

5. 结果与计算

试样中蛋白质的含量($X$)按公式(2-14-1)计算：

$$X=\frac{(C-C_0)\times V_1\times V_3}{m\times V_2\times V_4\times 1\,000\times 1\,000}\times 100\times F \tag{2-14-1}$$

式中：$X$—试样中蛋白质的含量(g/100 g)；$C$—试样测定液中氮的含量(μg)；$C_0$—试剂空白测定液中氮的含量(μg)；$V_1$—试样消化液定容体积(mL)；$V_3$—试样溶液总体积(mL)；$m$—试样质量(g)；$V_2$—制备试样溶液的消化液体积(mL)；$V_4$—测定用试样溶液体积(mL)；1 000—换算系数；100—换算系数；$F$—氮换算为蛋白质的系数。蛋白质含量≥1 g/100 g时，结果保留三位有效数字；蛋白质含量<1 g/100 g时，结果保留两位有效数字。

## 五、注意事项与说明

(1)本方法当称样量为5.0 g时，检出限为0.1 mg/100 g。

(2)本方法不适用于添加无机含氮物质、有机非蛋白质含氮物质的农产品的测定。

## 六、实验结果与分析

实验结果按表2-14-3进行记录。以实验小组为单位，绘制标准曲线，用方差分析法分析样品在组间的差异，以及不同样品间的蛋白质含量差异。

**表2-14-3 样品中蛋白质含量计算结果**

| 项目 | 样品1 | | | | 样品2 | | | |
|---|---|---|---|---|---|---|---|---|
| | 重复1 | 重复2 | 重复3 | 均值 | 重复1 | 重复2 | 重复3 | 均值 |
| 吸光度值 | | | | | | | | |
| 蛋白质含量/(g/100 g) | | | | | | | | |

## 七、思考题

1. 本实验原理与双缩脲法测定蛋白质含量的原理相比有何不同？
2. 本实验方法与凯氏定氮法相比各有哪些优缺点？

# 实验 15　燃烧法测定豆类中蛋白质含量

## 一、实验目的

1. 掌握燃烧法测定豆类中蛋白质含量的原理与方法。
2. 掌握氮/蛋白质分析仪的使用方法。

## 二、实验原理

样品在 900～1 200 ℃高温下燃烧，燃烧过程中产生混合气体，其中的碳、硫等干扰气体和盐类被吸收管吸收，氮氧化物被全部还原成氮气，形成的氮气气流通过热导检测器（TCD）进行检测。

## 三、实验器材与试剂

1. 实验材料

大豆。

2. 实验器具

电子天平（感量 0.000 1 g）、样品粉碎机、样本筛（孔径 0.8～1.0 mm）、锡纸、氮/蛋白质分析仪。

3. 实验试剂

载气：二氧化碳气体（$CO_2$，纯度≥99.99%）或氦气（He，纯度≥99.99%）。

燃烧气：氧气（$O_2$，纯度≥99.99%）。

## 四、实验步骤

1. 样品的制备

取大豆样品约 50 g，用粉碎机粉碎后过样品筛，装入密闭容器中，避光保存，备用。

2. 分析步骤

按照仪器说明书要求称取 0.1～1.0 g 充分混匀的试样（精确至 0.000 1 g），用锡箔包裹后置于样品盘上。试样进入燃烧反应炉（900～1 200 ℃）后，在高纯氧（≥99.99%）中充分燃烧。燃烧炉中的产物（$NO_x$）被载气二氧化碳或氦气运送至还原炉（800 ℃）中，经还原生成氮气后检测其含量。

3. 结果计算

试样中蛋白质的含量（X）按公式（2-15-1）计算：

$$X = C \times F \tag{2-15-1}$$

式中：$X$—试样中蛋白质的含量(g/100 g)；$C$—试样中氮的含量(g/100 g)；$F$—氮换算为蛋白质的系数。结果保留三位有效数字。

## 五、注意事项与说明

(1)本方法适用于蛋白质含量在 10 g/100 g 以上的粮食、豆类奶粉、米粉、蛋白质粉等固体试样的测定。

(2)本方法不适用于添加无机含氮物质、有机非蛋白质含氮物质的农产品的测定。

## 六、实验结果与分析

实验结果按表 2-15-1 进行记录。以实验小组为单位，用方差分析法分析样品在组间的差异，以及不同样品间的蛋白质含量差异。

**表 2-15-1 样品中蛋白质含量计算结果**

| 项目 | 样品 1 | | | | 样品 2 | | | |
|---|---|---|---|---|---|---|---|---|
| | 重复 1 | 重复 2 | 重复 3 | 均值 | 重复 1 | 重复 2 | 重复 3 | 均值 |
| 蛋白质含量/(g/100 g) | | | | | | | | |

## 七、思考题

1. 本方法与凯氏定氮法相比各有哪些优缺点？
2. 测定农产品中蛋白质含量有哪些意义？

# 实验 16 近红外法测定谷物中粗蛋白质含量

## 一、实验目的

1. 掌握近红外分析方法测定农产品中粗蛋白质含量的原理和方法。
2. 熟练地掌握近红外分析仪的原理及操作方法。

## 二、实验原理

利用蛋白质分子中的 C—H、N—H、O—H、C—O 等化学键的泛频振动或转动对近红外光的吸收特性，用化学计量学方法建立农产品近红外光谱与其粗蛋白质含量之间的相关关系，计算样品的粗蛋白质含量。

## 三、实验器材

1. 实验材料

小麦、玉米或稻谷。

2. 实验器具

近红外分析仪：加入粮油近红外分析网络的仪器应符合 GB/T 24895—2010 的要求。未加入粮油近红外分析网络的仪器，应按照 GB/T 24895—2010 中有关定标模型验证的规定验证合格。

样品粉碎设备（适用于测定粉状样品的近红外分析仪）：粉碎后样品的粒度分布和均匀性应符合近红外分析仪建立定标模型时的要求。使用时应采用和定标模型建立与验证时同样的制备过程。

## 四、实验步骤

1. 样品制备

将测试样品去除杂质、破碎粒，得净谷物。

2. 测试前的准备

按照近红外分析仪说明书的要求进行预热和仪器自检测试。

3. 整粒样品的测定

按照近红外分析仪说明书的要求，取适量的稻谷（或糙米、大米）、小麦、玉米等样品，用近红外分析仪进行测定，记录测定数据。每个样品应测定两次，第一次测定后的测定样品应与原待测样品混匀后，再次取样进行第二次测定。

4. 粉碎样品的测定

按照近红外分析仪说明书的要求，取适量的稻谷（或糙米、大米）、小麦、玉米等样品，使用规定的粉碎设备粉碎，将粉碎好的样品用近红外分析仪进行测定，记录测定数据。每个样品应测定两次，第一次测定后的测定样品应与原待测样品混匀后，再次取样进行第二次测定。

## 五、注意事项与说明

（1）为了得到有效的结果，测定结果应在仪器使用的定标模型所覆盖的粗蛋白质含量范围内。

（2）如果两个测定结果的绝对差不符合重复性的要求，则必须再进行 2 次独立测定，获得 4 个独立测定结果。若 4 个独立测定结果的极差（$X_{max}-X_{min}$）等于或小于允许差的 1.3 倍，则取 4 个独立测定结果的平均值作为最终测定结果；如果 4 个独立测定结果的极差（$X_{max}-X_{min}$）大于允许差的 1.3 倍，则取 4 个独立测定结果的中位数作为最终测定结果。

（3）形成异常测试结果的原因可能来自以下几个方面：该样品粗蛋白质含量超过了该仪器的定标模型的范围；该样品的品种与参与该仪器定标样品集的品种有很大差异；采用了错误的定标模型；样品中杂质过多；光谱扫描过程中样品发生了位移；样品温度超出定标模型规定的温度范围。

（4）应对造成测试结果异常的原因进行分析和排除，再进行第二次近红外测试，如仍出现报警，则确认为异常样品。

## 六、实验结果与分析

以小组为单位，根据实验结果的呈现需求，设计实验结果记录表，并完成测试报告。测试报告应包括（但不限于）：定标模型名称及编号；定标模型的适用浓度范围；定标模型允许温度范围。已入粮油近红外分析网络的近红外分析仪，应提供所入网络的名称、入网时间、入网编号、定标模型转移时间。未入粮油近红外分析网络的近红外分析仪，应提供以下信息：验证样品集浓度范围；验证样品集的测试温度范围；验证单位及验证时间；仪器型号与序列号；监控样品日常监控信息；试样的名称及编号；试样采样方法；试样制备方法；试样测试时的温度；试样测定结果；采用的测定方法标准；出现异常样品时，应提供异常样品类型及处理的有关信息；测试单位、测试人及测试时间；可能影响测定结果的全部细节。

## 七、思考题

1. 近红外光谱法还能测定农产品中的哪些物质？
2. 影响本实验准确性的因素有哪些？

# 实验 17　考马斯亮蓝法测定农产品中蛋白质含量

## 一、实验目的

1. 掌握考马斯亮蓝 G-250 染料法测定蛋白质含量的原理和方法。
2. 熟练掌握分光光度法的使用原理及操作技术。

## 二、实验原理

考马斯亮蓝 G-250 是一种染料，在未结合蛋白质之前为棕褐色，最大吸收峰在 465 nm 波长处；在酸性溶液中与蛋白质结合后，溶液的颜色变为蓝色，最大吸收峰变为 595 nm 波长处。染料与蛋白质的结合是很迅速的过程，大约只需 2 min，结合物在室温下 1 h 内保持稳定，在 595 nm 波长处其光吸收值与蛋白质含量在一定范围内成正比。该方法简单迅速，干扰物质少，灵敏度高，可测微克级的蛋白质含量。

## 三、实验器材与试剂

1. 实验材料

牛乳、鸡蛋或大豆等。

2. 实验器具

紫外可见分光光度计(波长范围 190～900 nm)、电子分析天平(感量 0.000 1 g 和 0.001 g)、离心机(转速不低于 4 000 r/min)、具塞刻度试管(10 mL)、食物粉碎机、容量瓶(100 mL 和 1 000 mL)、漏斗、移液管、离心管、烧杯等。

3. 实验试剂

本实验所需试剂均为分析纯，水为 GB/T 6682 规定的三级水，试剂配制方法如表 2-17-1 所示。

**表 2-17-1　本实验所需试剂及配制方法**

| 序号 | 试剂 | 配制方法 |
|---|---|---|
| 1 | 标准蛋白质溶液(1 000 μg/mL) | 称取 0.1 g 结晶牛血清白蛋白(BSA，纯度≥99.0%)，溶于适量蒸馏水中，定容至 100 mL |
| 2 | 考马斯亮蓝 G-250 试剂 | 称取 0.1 g 考马斯亮蓝 G-250，溶于 50 mL 95%乙醇中，加入 100 mL 85%磷酸($H_3PO_4$)，用蒸馏水定容至 1 000 mL，混匀，过滤，滤液贮于棕色瓶中备用。在常温情况下，可存放半个月 |

## 四、实验步骤

1. 样品处理

(1)液体试样 称取混匀试样 1 g(精确至 0.001 g)于 100 mL 容量瓶,用水定容至刻度。取部分溶液于 4 000 r/min 离心 15 min,上清液为试样待测液。

(2)固体、半固体试样 称取粉碎匀浆后的试样 1 g(精确至 0.001 g),用 80 mL 水洗入 100 mL 容量瓶,超声提取 15 min。用水定容至刻度,取部分溶液于 4 000 r/min 离心 15 min,上清液为试样待测液。

2. 标准曲线的绘制

取 9 个 10 mL 比色管,分别吸取蛋白质标准溶液 0、0.03、0.06、0.12、0.24、0.48、0.72、0.84、0.96 mL 于其中(以上各管蛋白质含量分别为 0、0.003、0.006、0.012、0.024、0.048、0.072、0.084、0.096 mg),分别加入蒸馏水 1.0、0.97、0.94、0.88、0.76、0.52、0.28、0.16、0.04 mL,再分别加入 5 mL 考马斯亮蓝 G-250 溶液,振荡混匀,静置 2 min(表 2-17-2)。用 1 cm 比色皿以试剂空白为参比液或调零点,用分光光度计于波长 595 nm 处测定吸光度(应在出现蓝色 2 min～1 h 内完成),以吸光度为纵坐标、标准蛋白质浓度(mg/mL)为横坐标绘制标准曲线。

**表 2-17-2 蛋白质标准溶液的配制**

| 试管号 | 0 | 1 | 2 | 3 | 4 | 5 | 6 | 7 | 8 |
|---|---|---|---|---|---|---|---|---|---|
| 1 000 μg/mL 标准蛋白质溶液/mL | 0 | 0.03 | 0.06 | 0.12 | 0.24 | 0.48 | 0.72 | 0.84 | 0.96 |
| 蒸馏水/mL | 1.0 | 0.97 | 0.94 | 0.88 | 0.76 | 0.52 | 0.28 | 0.16 | 0.04 |
| 考马斯亮蓝 G-250/mL | 5 | 5 | 5 | 5 | 5 | 5 | 5 | 5 | 5 |
| 振荡摇匀,静置 2 min | | | | | | | | | |
| 蛋白质含量/mg | 0 | 0.003 | 0.006 | 0.012 | 0.024 | 0.048 | 0.072 | 0.084 | 0.096 |
| 吸光度值 | 0 | | | | | | | | |

3. 试样测定

吸取 0.5 mL 试样待测液(根据样品中蛋白质含量,可适当调节待测液体积),置于 10 mL 比色管中,加 0.5 mL 蒸馏水,再加 5 mL 考马斯亮蓝 G-250 溶液,振荡混匀,静置 2 min。用 1 cm 比色皿以试剂空白为参比液或调零点,用分光光度计于 595 nm 波长处测定吸光度(应在出现蓝色 2 min～1 h 内完成),根据标准曲线计算出样品中蛋白质含量。

4. 计算结果

试样中蛋白质含量($X$)按公式(2-17-1)计算:

$$X=\frac{(c-c_0)\times V}{m\times 1\,000}\times 100 \tag{2-17-1}$$

式中:$X$—试样中蛋白质含量(g/100 g);$c$—从标准工作曲线得到的蛋白质浓度(mg/mL);$c_0$—空白试验中蛋白质浓度(mg/mL);$V$—最终样液的定容体积(mL);$m$—测试所用试样质量(g)。计算结果保留到小数点后两位。

## 五、注意事项与说明

(1)比色应在蛋白质与染料结合后 2～60 min 内完成，这段时间内颜色是最稳定的，否则会因为蛋白质-染料复合物发生聚集沉淀而影响测定结果。

(2)比色皿吸附染料时，可用乙醇清洗。

(3)离心管在离心前一定要平衡。

(4)本实验方法适用于乳、蛋、豆类食品中蛋白质含量的测定。

## 六、实验结果与分析

实验结果按表 2-17-3 进行记录。以实验小组为单位，绘制标准曲线，用方差分析法分析样品在组间的差异，以及不同样品间的蛋白质含量差异。

表 2-17-3　样品中蛋白质含量计算结果

| 项目 | 样品 1 | | | | 样品 2 | | | |
|---|---|---|---|---|---|---|---|---|
| | 重复 1 | 重复 2 | 重复 3 | 均值 | 重复 1 | 重复 2 | 重复 3 | 均值 |
| 吸光度值 | | | | | | | | |
| 蛋白质含量(g/100 g) | | | | | | | | |

## 七、思考题

1. 考马斯亮蓝溶液为什么需要贮藏在棕色瓶中？
2. 哪些物质会影响本实验的准确性？

# 第 5 节　农产品中脂肪含量的测定

## 实验 18　索氏抽提法测定农产品中粗脂肪含量

## 一、实验目的

1. 掌握索氏抽提法测定农产品中粗脂肪含量的原理与方法。
2. 掌握索氏提取器的使用方法。

## 二、实验原理

脂肪易溶于有机溶剂。样品直接用无水乙醚或石油醚等溶剂抽提后，蒸去溶剂，干燥，得到游离态脂肪的含量。

## 三、实验器材与试剂

1. 实验材料

花生等。

2. 实验器具

电子天平(感量 0.001 g 和 0.000 1 g)、电热鼓风干燥箱、恒温水浴锅、索氏抽提器、备有变色硅胶的干燥器、滤纸、蒸发皿、脱脂棉、脱脂线、脱脂细砂、研钵、长柄镊子。

3. 实验试剂

无水乙醚($C_4H_{10}O$)、石油醚($C_nH_{2n+2}$,沸程 30～60 ℃),均为分析纯,水为 GB/T 6682 规定的三级水。

## 四、实验步骤

1. 滤纸筒的制备

将滤纸裁成 8 cm×15 cm 大小,以直径为 2.0 cm 的大试管为模型,将滤纸紧靠试管壁卷成圆筒形,将底端封口,内放一小片脱脂棉,用白细线扎好定型,在烘箱(100～105 ℃)中烘至恒重。

2. 样品处理

(1)固体样品　称取 2～5 g(精确至 0.001 g),全部移入滤纸筒内。

(2)液体或半固体样品　称取 5～10 g(精确至 0.001 g),置于蒸发皿中,加入约 20 g 石英砂,于沸水浴上蒸干后,在(100±5) ℃电热鼓风干燥箱中干燥 30 min 后,取出,研细,全部转入滤纸筒内。蒸发皿及粘有样品的玻璃棒,均用蘸有乙醚的脱脂棉擦净,并将棉花放入滤纸筒内。

3. 抽提

安装抽提器,然后将装有试样的滤纸筒置于抽提筒内,连接已干燥恒重的接收瓶,由抽提器冷凝管上端加入无水乙醚或石油醚至瓶内体积的 2/3 处,于水浴上加热,使无水乙醚或石油醚不断回流抽提(6～8 次/h),一般抽提 6～10 h。提取结束时,用磨砂玻璃棒接取 1 滴提取液,磨砂玻璃棒上无油斑表明提取完毕。

4. 称重

取下接收瓶,回收无水乙醚或石油醚,待接收瓶内乙醚剩 1～2 mL 时在水浴上蒸干,再于(100±5) ℃条件下干燥 1 h,转移至干燥器内冷却 0.5 h 后称重,并重复操作至恒重(直至两次称量的差值不差过 2 mg)。

5. 结果计算

试样中脂肪含量($X$)按公式(2-18-1)计算:

$$X=\frac{m_1-m_0}{m_2}\times 100 \tag{2-18-1}$$

式中:$X$—试样中脂肪含量(g/100 g);$m_1$—恒重后接收瓶和脂肪的质量(g);$m_0$—接收瓶的质量(g);$m_2$—样品的质量(g);100—换算系数。计算结果保留到小数点后一位。

## 五、注意事项与说明

(1)本法为索氏提取法,为经典方法,测定准确,但费时费试剂。

(2)本法要求必须干燥无水,水分妨碍有机溶剂对样品的浸润。

(3)抽提用的乙醚或石油醚要注意无水、无乙醇、无过氧化物,挥发残渣含量低。在通风良好的地方或通风橱中进行，防止中毒，防止着火爆炸。

(4)待测样品必须干燥无水、粉碎研细，样品含水分会影响溶剂提取效果，而且溶剂会吸收样品中的水分造成非脂成分溶出。

(5)装样品的滤纸筒一定要严密、防外漏。但又不能太紧影响溶剂渗透。放入滤纸筒时高度不能超过回流吸管顶端，否则超过部分中的脂肪不能提尽，造成误差。

## 六、实验结果与分析

实验结果按表 2-18-1 进行记录。以实验小组为单位，用方差分析法分析样品在组间的差异，以及不同样品间的脂肪酸含量差异。

**表 2-18-1　样品中脂肪含量计算结果**

| 项目 | 样品 1 | | | | 样品 2 | | | |
|---|---|---|---|---|---|---|---|---|
| | 重复 1 | 重复 2 | 重复 3 | 均值 | 重复 1 | 重复 2 | 重复 3 | 均值 |
| 脂肪含量/(g/100 g) | | | | | | | | |

## 七、思考题

1. 脂肪和脂肪酸有什么区别?
2. 如果样品是湿润的应如何处理? 为什么?

# 实验 19　酸水解法测定农产品中脂肪含量

## 一、实验目的

掌握酸水解法测定农产品中脂肪含量的原理与方法。

## 二、实验原理

食品中的结合态脂肪必须用强酸使其游离出来，游离出的脂肪易溶于有机溶剂。试样经盐酸水解后用无水乙醚或石油醚提取，除去溶剂即得游离态脂肪和结合态脂肪的总含量。

## 三、实验器材与试剂

1. 实验材料

肉制品、粮食或油料作物种子。

2. 实验器具

电热鼓风干燥箱、恒温水浴锅、锥形瓶、分析天平、电热板、滤纸、脱脂棉、蓝色石蕊试纸。

3. 实验试剂

乙醇、无水乙醚($C_4H_{10}O$)、石油醚($C_nH_{2n+2}$，沸程为 30～60 ℃)，均为分析纯，水为 GB/T 6682 规定的三级水，试剂配制方法如表 2-19-1 所示。

表 2-19-1　本实验所需试剂及配制方法

| 序号 | 试剂 | 配制方法 |
| --- | --- | --- |
| 1 | 盐酸(2 mol/L) | 量取 50 mL 盐酸,加入 250 mL 水中,混匀 |
| 2 | 碘液(0.05 mol/L) | 称取 6.5 g 碘和 25 g 碘化钾于少量水中溶解,定容至 1 L |

## 四、实验步骤

1. 样品酸水解

(1) 肉制品　称取混匀后的试样 3～5 g,准确至 0.001 g,置于锥形瓶(250 mL)中,加入 50 mL 2 mol/L 盐酸溶液和数粒玻璃珠,盖上表面皿,于电热板上加热至微沸,保持 1 h,每 10 min 旋转摇动 1 次。取下锥形瓶,加入 150 mL 热水,混匀,过滤。锥形瓶和表面皿用热水洗净,热水一并过滤。沉淀用热水洗至中性(用蓝色石蕊试纸检验,中性时试纸不变色)。将沉淀和滤纸置于大表面皿上,于(100±5) ℃干燥箱内干燥 1 h,冷却。

(2)淀粉　根据总脂肪含量的估计值,称取混匀后的试样 25～50 g,准确至 0.1 g,倒入烧杯并加入 100 mL 水,此为样品液,备用。将 100 mL 盐酸缓慢加到 200 mL 水中,并将该溶液在电热板上煮沸后加入样品液中,加热此混合液至沸腾并维持 5 min,停止加热后,取几滴混合液于试管中,待冷却后加入 1 滴碘液,若无蓝色出现,可进行下一步操作。若出现蓝色,应继续煮沸混合液,并用上述方法不断地进行检查,直至确定混合液中不含淀粉为止,再进行下一步操作。将盛有混合液的烧杯置于水浴锅(70～80 ℃)中 30 min,不停地搅拌,以确保温度均匀,使脂肪析出。用滤纸过滤冷却后的混合液,并用干滤纸片取出黏附于烧杯内壁的脂肪。为确保定量的准确性,应将冲洗烧杯的水进行过滤。在室温下用水冲洗沉淀和干滤纸片,直至滤液用蓝色石蕊试纸检验不变色。将含有沉淀的滤纸和干滤纸片折叠后,放置于大表面皿上,在(100±5) ℃干燥箱内干燥 1 h。

(3)其他食品　①固体试样:称取 2～5 g,准确至 0.001 g,置于 50 mL 试管内,加入 8 mL 水,混匀后再加 10 mL 盐酸。将试管放入 70～80 ℃水浴中,每隔 5～10 min 以玻璃棒搅拌 1 次,至试样消化完全为止(40～50 min)。② 液体试样:称取约 10 g,准确至 0.001 g,置于 50 mL 试管内,加 10 mL 盐酸。其余操作同①。

2. 抽提

(1)肉制品、淀粉　将干燥后的试样装入滤纸筒内,连接已干燥恒重的接收瓶,由抽提器冷凝管上端加入无水乙醚或石油醚至瓶内体积的 2/3 处,于水浴上加热,使无水乙醚或石油醚不断回流抽提(6～8 次/h),一般抽提 6～10 h。提取结束时,用磨砂玻璃棒接取 1 滴提取液,磨砂玻璃棒上无油斑表明提取完毕。

(2)其他食品　取出试管,加入 10 mL 乙醇,混合。冷却后将混合物移入 100 mL 具塞量筒中,以 25 mL 无水乙醚分数次洗试管,一并倒入量筒中。待无水乙醚全部倒入量筒后,加塞振摇 1 min,小心开塞,放出气体,再塞好,静置 12 min 后小心开塞,并用乙醚冲洗塞及量筒口附着的脂肪。静置 10～20 min,待上部液体澄清,吸出上清液于已恒重的锥形瓶内,再加 5 mL 无水乙醚于具塞量筒内,振摇,静置后,仍将上层乙醚吸出,放入原锥形瓶内。

3. 称量

取下接收瓶,回收无水乙醚或石油醚,待接收瓶内乙醚剩 1～2 mL 时在水浴上蒸干,再于

(100±5) ℃条件下干燥 1 h，放入干燥器内冷却 0.5 h 后称重，并重复操作至恒重(直至两次称量的差值不差过 2 mg)。

4. 计算

试样中脂肪含量按本书第 2 章第 5 节实验 18 中公式(2-18-1)计算。

## 五、注意事项与说明

(1)本法适用于各类农产品中脂肪的测定，特别是由于样品易吸湿，不易烘干，不能使用索氏抽提法时，本法效果较好。

(2)样品加热、加酸水解，可使结合脂肪游离，故本法测定的是农产品中的总脂肪，包括结合脂肪和游离脂肪。

(3)水解时，注意防止水分大量损失，以免使酸度过高。

## 六、实验结果与分析

实验结果按表 2-19-2 进行记录。以实验小组为单位，用方差分析法分析样品在组间的差异，以及不同样品间的脂肪含量差异。

**表 2-19-2　样品中脂肪含量计算结果**

| 项目 | 样品 1 | | | | 样品 2 | | | |
|---|---|---|---|---|---|---|---|---|
| | 重复 1 | 重复 2 | 重复 3 | 均值 | 重复 1 | 重复 2 | 重复 3 | 均值 |
| 脂肪含量/(g/100 g) | | | | | | | | |

## 七、思考题

1. 为什么本方法不适合鱼类、贝类及含糖量较高的物质？
2. 样品酸水解的时间是不是越长越好？

# 实验 20　内标法测定农产品中脂肪酸含量

## 一、实验目的

1. 掌握内标法测定脂肪酸的原理与方法。
2. 掌握气相色谱仪的使用方法。

## 二、实验原理

加入内标物的试样，经水解-乙醚溶液提取其中的脂肪后，在碱性条件下皂化和甲酯化，生成脂肪酸甲酯，经毛细管柱气相色谱分析，可定量测定脂肪酸甲酯含量。依据各种脂肪酸甲酯含量和转换系数计算出总脂肪、饱和脂肪(酸)、单不饱和脂肪(酸)和多不饱和脂肪(酸)含量。

## 三、实验器材与试剂

1. 实验材料

粮食或油料作物种子。

2. 实验器具

匀浆机或实验室用组织粉碎机或研磨机。

气相色谱仪：具有氢火焰离子检测器 FID。

毛细管色谱柱：聚二氰丙基硅氧烷强极性固定相，柱长 100 m，内径 0.25 mm，膜厚 0.2 μm。

恒温水浴锅(控温范围 40～100 ℃，控温±1 ℃)、分析天平(感量 0.1 mg)、旋转蒸发仪、回流冷凝器、容量瓶(10、500 mL)、平底烧瓶(250 mL)、移液器、分液漏斗等。

3. 实验试剂

本实验所需试剂除另有说明外均为分析纯，水为 GB/T 6682 规定的一级水，试剂配制方法如表 2-20-1 所示。

表 2-20-1　本实验所需试剂及配制方法

| 序号 | 试剂 | 配制方法 |
| --- | --- | --- |
| 1 | 盐酸(8.3 mol/L) | 量取 250 mL 盐酸，用 110 mL 水稀释，混匀，室温下可放置 2 个月 |
| 2 | 氢氧化钠甲醇溶液(2%) | 取 2 g 氢氧化钠溶解在 100 mL 甲醇中，混匀 |
| 3 | 饱和氯化钠溶液(20 ℃) | 称取 360 g 氯化钠溶解于 1.0 L 水中，搅拌溶解，澄清备用 |
| 4 | 氢氧化钾甲醇溶液(2 mol/L) | 称取 13.1 g 氢氧化钾溶于 100 mL 无水甲醇中，可轻微加热，加入无水硫酸钠干燥，过滤，即得澄清溶液 |
| 5 | 乙醚-石油醚混合液(体积比，1+1) | 取等体积的乙醚与石油醚(沸程 30～60 ℃)混匀备用 |
| 6 | 十一碳酸甘油三酯($C_{36}H_{68}O_6$)内标溶液(5.00 mg/mL) | 准确称取 2.5 g(精确至 0.1 mg)十一碳酸甘油三酯(CAS 号：13552-80-2)至烧杯中，加入甲醇溶解，移入 500 mL 容量瓶后用甲醇定容，在冰箱中冷藏可保存 1 个月 |
| 7 | 混合脂肪酸甲酯标准溶液 | 取出适量脂肪酸甲酯混合标准液至 10 mL 容量瓶中，用正庚烷稀释定容，贮存于－10 ℃以下冰箱，有效期 3 个月 |
| 8 | 氨水($NH_3 \cdot H_2O$) | 分析纯 |
| 9 | 焦性没食子酸($C_6H_6O_3$) | 分析纯 |
| 10 | 乙醇($C_2H_6O$)(95%) | 分析纯 |
| 11 | 正庚烷[$CH_3(CH_2)_5CH_3$] | 色谱纯 |
| 12 | 硫酸氢钠($NaHSO_4$) | 分析纯 |
| 13 | 单个脂肪酸甲酯标准溶液 | 将单个脂肪酸甲酯分别从安瓿瓶中取出，转移到 10 mL 容量瓶中，用正庚烷冲洗安瓿瓶，再用正庚烷定容，分别得到不同脂肪酸甲酯的单标溶液，贮存于－10 ℃以下冰箱，有效期 3 个月 |

## 四、实验步骤

1. 样品制备

在采样和制备过程中，应避免试样被污染。固体或半固体试样使用组织粉碎机或研磨机粉碎，液体试样用匀浆机打成匀浆于−18 ℃以下冷冻保存，分析时将其解冻后使用。

2. 试样前处理

(1) 试样水解　称取均匀试样 0.1～10 g(精确至 0.1 mg，含脂肪 100～200 mg)移入 250 mL 平底烧瓶中，准确加入 2.0 mL 十一碳酸甘油三酯内标溶液。加入约 100 mg 焦性没食子酸，加入几粒沸石，再加入 2 mL 95%乙醇和 4 mL 水，混匀。加入 10 mL 盐酸溶液，混匀。将烧瓶放入 70～80 ℃水浴中水解 40 min。每隔 10 min 振荡一下烧瓶，使黏附在烧瓶壁上的颗粒物混入溶液中。水解完成后，取出烧瓶冷却至室温。

(2)脂肪提取　取水解后的试样，加入 10 mL 95%乙醇，混匀。将烧瓶中的水解液转移到分液漏斗中，用 50 mL 乙醚-石油醚混合液冲洗烧瓶和塞子，冲洗液并入分液漏斗中，加盖。振摇 5 min，静置 10 min。将醚层提取液收集到 250 mL 烧瓶中。按照以上步骤重复提取水解液 3 次，最后用乙醚-石油醚混合液冲洗分液漏斗，并收集到 250 mL 烧瓶中。用旋转蒸发仪浓缩至干，残留物为脂肪提取物。

(3) 脂肪的皂化和脂肪酸的甲酯化　在脂肪提取物中加入 8 mL 2%氢氧化钠甲醇溶液，连接回流冷凝器，在(80±1) ℃水浴上回流，直至油滴消失。从回流冷凝器上端加入 7 mL 15%三氟化硼甲醇溶液，在(80±1) ℃水浴中继续回流 2 min。用少量水冲洗回流冷凝器，停止加热，从水浴上取下烧瓶，迅速冷却至室温。

准确加入 10～30 mL 正庚烷，振摇 2 min，再加入饱和氯化钠水溶液，静置分层。吸取大约 5 mL 上层正庚烷提取溶液至 25 mL 试管中，加入 3～5 g 无水硫酸钠，振摇 1 min，静置 5 min，吸取上层溶液到进样瓶中待测定。

3. 测定

(1)设定色谱参考条件　取单个脂肪酸甲酯标准溶液和脂肪酸甲酯混合标准溶液分别注入气相色谱仪，对色谱峰进行定性。按照以下条件进行设定。

毛细管色谱柱：聚二氰丙基硅氧烷强极性固定相，柱长 100 m，内径 0.25 mm，膜厚 0.2 μm。进样器温度：270 ℃；检测器温度：280 ℃。程序升温：初始温度 100 ℃，持续 13 min；100～180 ℃，升温速率 10 ℃/min，保持 6 min；180～200 ℃，升温速率 1 ℃/min，保持 20 min；200～230 ℃，升温速率 4 ℃/min，保持 10.5 min。载气：氮气。分流比：100∶1。进样体积：1.0 μL。检测条件应满足理论塔板数($n$)至 2 000/m，分离度($R$)至少 1.25。

(2)试样测定　在上述色谱条件下将脂肪酸标准测定液及试样测定液分别注入气相色谱仪，以色谱峰峰面积定量。

4. 结果计算

(1)试样中单个脂肪酸甲酯含量　试样中单个脂肪酸甲酯含量($X_i$)按公式(2-20-1)计算：

$$X_i = F_i \times \frac{A_i}{A_{C11}} \times \frac{\rho_{C11} \times V_{C11} \times 1.006\ 7}{m} \times 100 \tag{2-20-1}$$

式中：$X_i$—试样中脂肪酸甲酯 $i$ 含量(g/100 g)；$F_i$—脂肪酸甲酯 $i$ 的响应因子；$A_i$—试样中

脂肪酸甲酯 $i$ 的峰面积；$A_{C11}$—试样中加入的内标物十一碳酸甲酯的峰面积；$\rho_{C11}$—十一碳酸甘油三酯浓度(mg/mL)；$V_{C11}$—试样中加入十一碳酸甘油三酯体积(mL)；1.006 7—十一碳酸甘油三酯转化成十一碳酸甲酯的转换系数；$m$—试样的质量(mg)；100—将含量转换为每100 g试样中含量的系数。

脂肪酸甲酯 $i$ 的响应因子($F_i$)按公式(2-20-2)计算：

$$F_i=\frac{\rho_{Si}\times A_{11}}{A_{Si}\times\rho_{11}} \tag{2-20-2}$$

式中：$F_i$—脂肪酸甲酯 $i$ 的响应因子；$\rho_{Si}$—混标中各脂肪酸甲酯 $i$ 的浓度(mg/mL)；$A_{11}$—十一碳酸甲酯的峰面积；$A_{Si}$—脂肪酸甲酯 $i$ 的峰面积；$\rho_{11}$—混标中十一碳酸甲酯浓度(mg/mL)。

(2)试样中饱和脂肪(酸)含量　试样中饱和脂肪(酸)含量($X_{\text{Saturated Fat}}$)按公式(2-20-3)计算，试样中单饱和脂肪酸含量($X_{\text{SFA}_i}$)按公式(2-20-4)计算：

$$X_{\text{Saturated Fat}}=\sum X_{\text{SFA}_i} \tag{2-20-3}$$

$$X_{\text{SFA}_i}=X_{\text{FAME}_i}\times F_{\text{FAME}_i-\text{FA}_i} \tag{2-20-4}$$

式中：$X_{\text{Saturated Fat}}$—饱和脂肪(酸)含量(g/100 g)；$X_{\text{SFA}_i}$—单饱和脂肪酸含量(g/100 g)；$X_{\text{FAME}_i}$—单饱和脂肪酸甲酯含量(g/100 g)；$F_{\text{FAME}_i-\text{FA}_i}$—脂肪酸甲酯转化成脂肪酸的系数。

脂肪酸甲酯 $i$ 转换为脂肪酸的转换系数 $F_{\text{FAME}_i-\text{FA}_i}$ 参见表2-20-2，其计算公式(2-20-5)为：

$$F_{\text{FAME}_i-\text{FA}_i}=\frac{M_{\text{FA}_i}}{M_{\text{FAME}_i}} \tag{2-20-5}$$

式中：$F_{\text{FAME}_i-\text{FA}_i}$—脂肪酸甲酯转化成脂肪酸的转换系数；$M_{\text{FA}_i}$—脂肪酸 $i$ 的分子质量；$M_{\text{FAME}_i}$—脂肪酸甲酯 $i$ 的分子质量。

(3)试样中单个不饱和脂肪(酸)含量　试样中单不饱和脂肪(酸)含量($X_{\text{Mono-Unsaturated Fat}}$)按公式(2-20-6)计算，试样中每种单不饱和脂肪酸甲酯含量($X_{\text{MUFA}_i}$)按公式(2-20-7)计算：

$$X_{\text{Mono-Unsaturated Fat}}=\sum X_{\text{MUFA}_i} \tag{2-20-6}$$

$$X_{\text{MUFA}_i}=X_{\text{FAME}_i}\times F_{\text{FAME}_i-\text{FA}_i} \tag{2-20-7}$$

式中：$X_{\text{Mono-Unsaturated Fat}}$—试样中单不饱和脂肪(酸)含量(g/100 g)；$X_{\text{MUFA}_i}$—试样中每种单不饱和脂肪酸含量(g/100 g)；$X_{\text{FAME}_i}$—每种单不饱和脂肪酸甲酯含量(g/100 g)；$F_{\text{FAME}_i-\text{FA}_i}$—脂肪酸甲酯 $i$ 转化成脂肪酸的系数，参见表2-20-2。

(4)试样中多不饱和脂肪(酸)含量　试样中多不饱和脂肪(酸)含量($X_{\text{Poly-Unsaturated Fat}}$)按公式(2-20-8)计算，单个多不饱和脂肪酸含量($X_{\text{PUFA}_i}$)按公式(2-20-9)计算：

$$X_{\text{Poly-Unsaturated Fat}}=\sum X_{\text{PUFA}_i} \tag{2-20-8}$$

$$X_{\text{PUFA}_i}=X_{\text{FAME}_i}\times F_{\text{FAME}_i-\text{FA}_i} \tag{2-20-9}$$

式中：$X_{\text{Poly-Unsaturated Fat}}$—试样中多不饱和脂肪(酸)含量(g/100 g)；$X_{\text{PUFA}_i}$—试样中单个多不饱和脂肪酸含量(g/100 g)；$X_{\text{PUFA}_i}$—单个多不饱和脂肪酸甲酯含量(g/100 g)；$F_{\text{FAME}_i-\text{FA}_i}$—脂肪

酸甲酯转化成脂肪酸的系数，参见表 2-20-2。

(5)试样中总脂肪含量　试样中总脂肪含量($X_{\text{Total Fat}}$)按公式(2-20-10)计算：

$$X_{\text{Total Fat}} = \sum X_i \times F_{\text{FAME}_i-\text{TG}_i} \tag{2-20-10}$$

式中：$X_{\text{Total Fat}}$—试样中总脂肪含量(g/100 g)；$X_i$—试样中单个脂肪酸甲酯 $i$ 含量(g/100 g)；$F_{\text{FAME}_i-\text{TG}_i}$—脂肪酸甲酯 $i$ 转化成脂肪酸甘油三酯的系数，参见表 2-20-2。脂肪酸甲酯 $i$ 转化成脂肪酸甘油三酯的系数($F_{\text{FAME}_i-\text{TG}_i}$)按公式(2-20-11)计算：

$$F_{\text{FAME}_i-\text{TG}_i} = \frac{M_{\text{TG}_i} - \frac{1}{3}}{M_{\text{FAME}_i}} \tag{2-20-11}$$

式中：$F_{\text{FAME}_i-\text{TG}_i}$—脂肪酸甲酯 $i$ 转化成脂肪酸甘油三酯的系数；$M_{\text{TG}_i}$—脂肪酸甘油三酯 $i$ 的分子质量；$M_{\text{FAME}_i}$—脂肪酸甲酯 $i$ 的分子质量。结果保留三位有效数字。

## 五、注意事项与说明

(1)脂肪酸酯化过程中，使用的许多试剂都是有毒的，因此应在通风柜中操作。甲酯化所使用的器皿应是烘干的，否则脂肪酸甲酯化不完全。

(2)气相层析的分析条件要恒定(如气体流速、柱温、汽化温度等)，这样才能使分析的重现性好、准确度高。

(3)根据试样的类别选取相应的水解方法，乳制品采用碱水解法；乳酪采用酸碱水解法；动植物油脂直接进行脂肪的皂化和脂肪酸的甲脂化；其余食品采用酸水解法。

(4)根据实际工作需要选择内标，对于组分不确定的试样，第一次检测时不应加内标物。观察在内标物峰位置处是否有干扰峰出现，如果存在，可依次选择十三碳酸甘油三酯或十九碳酸甘油三酯或二十三碳酸甘油三酯作为内标。

(5)脂肪酸甲酯、脂肪酸和脂肪酸甘油三酯之间的转化系数见表 2-20-2。

**表 2-20-2　脂肪酸甲酯、脂肪酸和脂肪酸甘油三酯之间的转化系数**

| 序号 | 脂肪酸简称 | $F_{\text{FAME-FA}}$ | $F_{\text{FAME-TG}}$ | $F_{\text{TG-FA}}$ |
|---|---|---|---|---|
| 1 | C4:0 | 0.862 7 | 0.986 8 | 0.874 2 |
| 2 | C6:0 | 0.892 3 | 0.989 7 | 0.901 6 |
| 3 | C8:0 | 0.911 4 | 0.991 5 | 0.919 2 |
| 4 | C10:0 | 0.924 7 | 0.992 8 | 0.931 4 |
| 5 | C11:0 | 0.930 0 | 0.993 3 | 0.936 3 |
| 6 | C12:0 | 0.934 6 | 0.993 7 | 0.940 5 |
| 7 | C13:0 | 0.938 6 | 0.994 1 | 0.944 1 |
| 8 | C14:0 | 0.942 1 | 0.994 5 | 0.947 4 |
| 9 | C14:1n5 | 0.941 7 | 0.994 4 | 0.946 9 |
| 10 | C15:0 | 0.945 3 | 0.994 8 | 0.950 3 |

续表2-20-2

| 序号 | 脂肪酸简称 | $F_{FAME-FA}$ | $F_{FAME-TG}$ | $F_{TG-FA}$ |
|---|---|---|---|---|
| 11 | C15:1n5 | 0.944 9 | 0.994 7 | 0.949 9 |
| 12 | C16:0 | 0.948 1 | 0.995 0 | 0.952 9 |
| 13 | C16:1n7 | 0.947 7 | 0.995 0 | 0.952 5 |
| 14 | C17:0 | 0.950 7 | 0.995 3 | 0.955 2 |
| 15 | C17:1n7 | 0.950 3 | 0.995 2 | 0.954 9 |
| 16 | C18:0 | 0.953 0 | 0.995 5 | 0.957 3 |
| 17 | C18:1n9t | 0.952 7 | 0.995 5 | 0.957 0 |
| 18 | C18:1n9c | 0.952 7 | 0.995 5 | 0.957 0 |
| 19 | C18:2n6t | 0.952 4 | 0.995 4 | 0.956 7 |
| 20 | C18:2n6c | 0.952 4 | 0.995 4 | 0.956 7 |
| 21 | C20:0 | 0.957 0 | 0.995 9 | 0.961 0 |
| 22 | C18:3n6 | 0.952 0 | 0.995 4 | 0.956 4 |
| 23 | C20:1 | 0.956 8 | 0.995 9 | 0.960 8 |
| 24 | C18:3n3 | 0.952 0 | 0.995 4 | 0.956 4 |
| 25 | C21:0 | 0.958 8 | 0.996 1 | 0.962 6 |
| 26 | C20:2 | 0.956 5 | 0.995 8 | 0.960 5 |
| 27 | C22:0 | 0.960 4 | 0.996 2 | 0.964 1 |
| 28 | C20:3n6 | 0.956 2 | 0.995 8 | 0.960 3 |
| 29 | C22:1n9 | 0.960 2 | 0.996 2 | 0.963 9 |
| 30 | C20:3n3 | 0.956 2 | 0.995 8 | 0.960 3 |
| 31 | C20:4n6 | 0.956 0 | 0.995 8 | 0.960 0 |
| 32 | C23:0 | 0.961 9 | 0.996 4 | 0.965 5 |
| 33 | C22:2n6 | 0.960 0 | 0.996 2 | 0.963 7 |
| 34 | C24:0 | 0.963 3 | 0.996 5 | 0.966 7 |
| 35 | C20:5n3 | 0.955 7 | 0.995 8 | 0.959 8 |
| 36 | C24:1n9 | 0.963 2 | 0.996 5 | 0.966 6 |
| 37 | C22:6n3 | 0.959 0 | 0.996 1 | 0.962 8 |

注：$F_{FAME-FA}$—脂肪酸甲酯转换成脂肪酸的转换系数。$F_{FAME-TG}$—脂肪酸甲酯转换成相当于单个脂肪酸甘油三酯(1/3)的转换系数。$F_{TG-FA}$—脂肪酸甘油三酯转换为脂肪酸的转换系数。

## 六、实验结果与分析

根据实验要求，自行制作表格记录实验结果。以小组为单位，分析样品在组间的差异，从而得出该样品的脂肪酸含量以及不同样品间的脂肪酸含量差异。

## 七、思考题

1. 气相色谱的原理及适用范围是什么？
2. 本方法使用毛细管柱测定脂肪酸的优势是什么？

# 实验 21　外标法测定农产品中脂肪酸含量

## 一、实验目的

1. 掌握外标法测定脂肪酸的原理与方法。
2. 掌握气相色谱仪的使用方法。

## 二、实验原理

试样经水解-乙醚溶液提取其中的脂肪后，在碱性条件下皂化和甲酯化，生成脂肪酸甲酯，经毛细管柱气相色谱分析，可用外标法定量测定脂肪酸的含量。

## 三、实验器材与试剂

1. 实验材料

粮食或油料作物种子。

2. 实验器具

匀浆机或实验室用组织粉碎机或研磨机。

气相色谱仪：具有氢火焰离子检测器(FID)。

毛细管色谱柱：聚二氰丙基硅氧烷强极性固定相，柱长 100 m，内径 0.25 mm，膜厚 0.2 μm。

分析天平(感量 0.1 mg)、40～100 ℃恒温水浴锅(控温±1 ℃)、旋转蒸发仪、回流冷凝器、平底烧瓶(250 mL)、螺口玻璃管(15 mL、带有聚四氟乙烯做内垫的螺口盖)、容量瓶(10、100 mL)、离心管(50 mL)、移液器等。

3. 实验试剂

本实验所需试剂除另有说明外均为分析纯，水为 GB/T 6682 规定的一级水，试剂配制方法如表 2-21-1 所示。

表 2-21-1　本实验所需试剂及配制方法

| 序号 | 试剂 | 配制方法 |
| --- | --- | --- |
| 1 | 盐酸(8.3 mol/L) | 量取 250 mL 盐酸，用 110 mL 水稀释，混匀，室温下可放置 2 个月 |
| 2 | 氢氧化钠甲醇溶液(2%) | 取 2 g 氢氧化钠溶解在 100 mL 甲醇中，混匀 |
| 3 | 饱和氯化钠溶液(20 ℃) | 称取 360 g 氯化钠溶解于 1.0 L 水中，搅拌溶解，澄清备用 |
| 4 | 乙酰氯甲醇溶液(体积分数为 10%) | 量取 40 mL 甲醇于 100 mL 干燥的烧杯中，准确吸取 5.0 mL 乙酰氯逐滴缓慢加入，不断搅拌，冷却至室温后转移并定容至 50 mL 干燥的容量瓶中。临用前配制 |

续表2-21-1

| 序号 | 试剂 | 配制方法 |
|---|---|---|
| 5 | 乙醚-石油醚混合液（体积比，1+1） | 取等体积乙醚与石油醚（沸程 30～60 ℃）混匀备用 |
| 6 | 碳酸钠溶液（6%） | 称 6 g 无水碳酸钠于 100 mL 烧杯中，加水溶解，转移并用水定容至 100 mL 容量瓶中 |
| 7 | 氢氧化钾-甲醇溶液（2 mol/L） | 称取 13.1 g 氢氧化钾溶于 100 mL 无水甲醇中，可轻微加热，加入无水硫酸钠干燥，过滤，即得澄清溶液 |
| 8 | 氨水（$NH_3 \cdot H_2O$） | 分析纯 |
| 9 | 焦性没食子酸（$C_6H_6O_3$） | 分析纯 |
| 10 | 乙醇（$C_2H_6O$）（95%） | 分析纯 |
| 11 | 正庚烷[$CH_3(CH_2)_5CH_3$] | 色谱纯 |
| 12 | 硫酸氢钠（$NaHSO_4$） | 分析纯 |
| 13 | 三氟化硼甲醇溶液 | 浓度为 15% |
| 14 | 无水硫酸钠（$Na_2SO_4$） | 分析纯 |
| 15 | 甲苯（$C_7H_8$） | 色谱纯 |
| 16 | 异辛烷[$(CH_3)_2CHCH_2C(CH_3)_3$] | 色谱纯 |
| 17 | 混合脂肪酸甲酯标准溶液 | 取出适量脂肪酸甲酯混合标准液至 10 mL 容量瓶中，用正庚烷稀释定容，贮存于−10 ℃以下冰箱，有效期 3 个月 |
| 18 | 单个脂肪酸甲酯标准溶液 | 将单个脂肪酸甲酯分别从安瓿瓶中取出，转移到 10 mL 容量瓶中，用正庚烷冲洗安瓿瓶，再用正庚烷定容，分别得到不同脂肪酸甲酯的单标溶液，贮存于−10 ℃以下冰箱，有效期 3 个月 |
| 19 | 脂肪酸甘油三酯标准工作液 | 根据试样中所要分析脂肪酸的种类选择相应甘油三酯标准品（纯度≥99%），用甲苯配制适当浓度的标准工作液，于−10 ℃以下冰箱中保存，有效期 3 个月 |

## 四、实验步骤

1. 样品制备

在采样和制备过程中，应避免试样被污染。固体或半固体试样使用组织粉碎机或研磨机粉碎，液体试样用匀浆机打成匀浆于−18 ℃以下冷冻保存，分析时将其解冻后使用。

2. 试样前处理

(1)试样水解　称取均匀试样 0.1～10 g(精确至 0.1 mg，含脂肪 100～200 mg)移入 250 mL 平底烧瓶中，加入约 100 mg 焦性没食子酸，加入几粒沸石，再加入 2 mL 95%乙醇，混匀。加入 10 mL 盐酸溶液，混匀。将烧瓶放入 70～80 ℃水浴中水解 40 min。每隔 10 min 振荡一下烧瓶，使黏附在烧瓶壁上的颗粒物混入溶液中。水解完成后，取出烧瓶冷却至室温。

(2)脂肪提取　取水解后的试样，加入 10 mL 95%乙醇，混匀。将烧瓶中的水解液转移到分液漏斗中，用 50 mL 乙醚-石油醚混合液冲洗烧瓶和塞子，冲洗液并入分液漏斗中，加盖。振摇 5 min，静置 10 min。将醚层提取液收集到 250 mL 烧瓶中。按照以上步骤重复提取水解液 3 次，最后用乙醚-石油醚混合液冲洗分液漏斗，并收集到 250 mL 烧瓶中。用旋转蒸发仪浓缩至干，残留物为脂肪提取物。

(3) 脂肪的皂化和脂肪酸的甲酯化　在脂肪提取物中加入 2%氢氧化钠甲醇溶液 8 mL，连接回流冷凝器，在(80±1) ℃水浴上回流，直至油滴消失。从回流冷凝器上端加入 7 mL 15%三氟化硼甲醇溶液，在(80±1) ℃水浴中继续回流 2 min。用少量水冲洗回流冷凝器，停止加热，从水浴上取下烧瓶，迅速冷却至室温。

准确加入 10～30 mL 正庚烷，振摇 2 min，再加入饱和氯化钠水溶液，静置分层。吸取大约 5 mL 上层正庚烷提取溶液至 25 mL 试管中，加入 3～5 g 无水硫酸钠，振摇 1 min，静置 5 min，吸取上层溶液到进样瓶中待测定。

3. 标准测定液的制备

准确吸取脂肪酸甘油三酯标准工作液 0.5 mL，加入 4 mL 异辛烷溶解试样，必要时可以微热使试样溶解后加入 200 μL 氢氧化钾甲醇溶液，盖上玻璃塞猛烈振摇 30 s 后静置至澄清。加入约 1 g 硫酸氢钠，猛烈振摇，中和氢氧化钾。待盐沉淀后，将上层溶液移至上机瓶中，待测。

4. 色谱测定

色谱参考条件同内标法。

5. 结果计算

(1)试样中各脂肪酸的含量　以色谱峰峰面积定量。试样中各脂肪酸的含量($X_i$)按照公式(2-21-1)计算：

$$X_i=\frac{A_i \times m_{Si} \times F_{TG_i-FA_i}}{A_{Si} \times m}\times 100 \qquad (2\text{-}21\text{-}1)$$

式中：$X_i$—试样中各脂肪酸的含量(g/100 g)；$A_i$—试样测定液中各脂肪酸甲酯的峰面积；$m_{Si}$—在标准测定液的制备中吸取的脂肪酸甘油三酯标准工作液中所含有的标准品的质量(mg)；$F_{TG_i-FA_i}$—各脂肪酸甘油三酯转化为脂肪酸的换算系数，参见表 2-20-2；$A_{Si}$—标准测定液中各脂肪酸的峰面积；$m$—试样的称样质量(mg)；100—将含量转换为每 100 g 试样中含量的系数。

(2) 试样中总脂肪酸的含量计算　试样中总脂肪酸的含量($X_{\text{Total FA}}$)按公式(2-21-2)计算：

$$X_{\text{Total FA}}=\sum X_i \qquad (2\text{-}21\text{-}2)$$

式中：$X_{\text{Total FA}}$—试样中总脂肪酸的含量(g/100 g)；$X_i$—试样中各脂肪酸的含量(g/100 g)。结果保留三位有效数字。

## 五、注意事项与说明

乙酰氯为刺激性试剂，配制乙酰氯甲醇溶液时应不断搅拌防止喷溅，注意防护。

## 六、实验结果与分析

根据实验要求，自行制作表格记录实验结果。以小组为单位，分析样品在组间的差异，从而得出该样品的脂肪酸含量以及不同样品间的脂肪酸含量差异。

### 七、思考题

1. 试比较外标法与内标法的优缺点。
2. 若测量花生油中的脂肪酸可使用哪种方法？各有什么优缺点？

# 第6节　农产品特性指标测定

## 实验22　茶叶中茶多酚含量测定

### 一、实验目的

1. 掌握茶叶中茶多酚含量的测定原理和方法。
2. 掌握分光光度计和离心机的使用方法。

### 二、实验原理

茶叶磨碎样中的茶多酚用70%的甲醇在70 ℃的水浴上提取，福林酚试剂能氧化茶多酚中的—OH基团并显蓝色，最大吸收波长λ为765 nm，用没食子酸作校正标准可定量茶多酚。

### 三、实验器材与试剂

1. 实验材料

茶及茶制品。

2. 实验器具

鼓风电热恒温干燥箱、分析天平(精度0.001 g和0.000 1 g)、恒温水浴锅[(70±1) ℃]、离心机(转速3 500 r/min)、分光光度计、比色皿(10 mm)、铝盒、干燥器、容量瓶(10、100、200、500 mL)、离心管(10 mL)、具刻度试管(25 mL)、移液器、玻璃棒等。

3. 实验试剂

本实验所需试剂均为分析纯，水为GB/T 6682规定的三级水，试剂配制方法如表2-22-1所示。

表2-22-1　本实验所需试剂及配制方法

| 序号 | 试剂 | 配制方法 |
|---|---|---|
| 1 | 70%甲醇水溶液(体积比) | 量取70 mL甲醇与30 mL水，将其混匀 |
| 2 | 7.5%碳酸钠溶液(质量浓度) | 称取(37.50±0.01) g碳酸钠($Na_2CO_3$)，加适量水溶解，转移至500 mL容量瓶中，定容至刻度，摇匀(室温下可保存1个月) |
| 3 | 10%福林酚试剂 | 将20 mL福林酚试剂转移到200 mL容量瓶中，用水定容并摇匀(现配) |
| 4 | 没食子酸标准贮备溶液(1 000 μg/mL) | 称取(0.110±0.001) g没食子酸(相对分子质量188.14)，于100 mL容量瓶中溶解并定容至刻度，摇匀(现配) |

续表2-22-1

| 序号 | 试剂 | 配制方法 |
|---|---|---|
| 5 | 没食子酸工作液 | 用移液管分别移取1.0、2.0、3.0、4.0、5.0 mL没食子酸标准贮备液于100 mL容量瓶中，分别用水定容至刻度，摇匀，浓度分别为10、20、30、40、50 μg/mL |

## 四、实验步骤

1. 干物质含量的测定

将洁净的烘皿连同盖置于(103±2) ℃干燥箱内(皿盖打开斜靠至皿边)，加热1 h，加盖取出，于干燥器内冷却至室温，称量($m_1$，准确至0.001 g)。

称取5 g($m_0$，准确至0.001 g)试样于已知质量的烘皿中，置于干燥箱(120 ℃)内(皿盖打开斜靠至皿边)。以2 min内回升到120 ℃时计算，加热1 h，加盖取出，于干燥器内冷却至室温，称量($m_2$，准确至0.001 g)。

试样的干物质含量($\omega$)按公式(2-22-1)计算：

$$\omega=\frac{m_2-m_1}{m_0}\times 100\% \tag{2-22-1}$$

式中：$\omega$—试样中干物质含量(%)；$m_0$—试样的原始质量(g)；$m_1$—烘皿质量(g)；$m_2$—烘后试样和烘皿质量(g)。

2. 供试液的制备

(1)母液　准确称取0.2 g(精确到0.000 1 g)均匀磨碎的茶叶试样，置于10 mL离心管中，加入5 mL在70 ℃中预热的70 %甲醇水溶液，用玻璃棒充分搅拌均匀湿润，立即放入70 ℃水浴锅中，浸提10 min(隔5 min搅拌一次)，浸提后冷却至室温。放入离心机，3 500 r/min离心10 min，将上清液转移至10 mL容量瓶中，残渣再用5 mL的70%甲醇水溶液提取一次，重复以上操作。合并提取液定容至10 mL，摇匀。

(2)测试液　取1.0 mL母液至100 mL容量瓶中，用水定容至刻度，摇匀，待测。

3. 标准曲线的绘制

用移液管分别移取没食子酸工作液、水(做空白对照用)各1.0 mL于25 mL刻度试管内，在每个试管内分别加入5.0 mL 10%福林酚试剂，摇匀，反应3～8 min，加入4.0 mL 7.5% $Na_2CO_3$溶液，加水定容至刻度，摇匀，室温下放置60 min。用10 mm比色皿在765 nm波长条件下测定吸光度($A$)。

以没食子酸工作液的吸光度($A$)为纵坐标、各工作溶液的没食子酸浓度为横坐标绘制没食子酸的标准曲线。

4. 结果计算

试样中茶多酚含量($c_{TP}$)按公式(2-22-2)计算：

$$c_{TP}=\frac{(A-A_0)\times V\times d\times 100}{SLOPE_{Std}\times\omega\times 10^6\times m} \tag{2-22-2}$$

式中：$c_{TP}$—茶多酚含量(%)；$A$—样品测试液吸光度；$A_0$—试剂空白液吸光度；$SLOPE_{Std}$—没

食子酸标准曲线的斜率；$m$—样品质量(g)；$V$—样品提取液体积(mL)；$d$—稀释因子(通常1 mL稀释成100 mL，则其稀释因子为100)；$\omega$—样品干物质含量(质量分数)(%)。

## 五、注意事项与说明

(1)样品吸光度应在没食子酸标准工作曲线的校准范围内，若样品吸光度高于50 μg/mL浓度的没食子酸标准工作溶液的吸光度，则应重新配制高浓度没食子酸标准工作溶液进行校准。

(2)对于水分含量的测定，在重复条件下同一样品获得的测定结果的绝对差值不得超过算术平均值的5%，取两次测定值的算术平均值作为结果(保留小数点后1位)。

(3)同一样品茶多酚含量的两次测定值相对误差应 ≤ 5%，若测定值相对误差在此范围，则取两次测定值的算术平均值为结果，保留小数点后一位。

## 六、实验结果与分析

实验结果按表2-22-2进行记录。以实验小组为单位，绘制标准曲线，用方差分析法分析样品在组间的差异，以及不同样品间的茶多酚含量差异。

表2-22-2　样品中茶多酚含量计算结果

| 项目 | 样品1 | | | | 样品2 | | | |
|---|---|---|---|---|---|---|---|---|
| | 重复1 | 重复2 | 重复3 | 均值 | 重复1 | 重复2 | 重复3 | 均值 |
| 吸光度值 | | | | | | | | |
| 茶多酚含量/% | | | | | | | | |

## 七、思考题

1. 茶多酚的组分及其功能是什么？
2. 还有哪些方法可以测定茶叶中的茶多酚含量？

# 实验23　水果及其制品中果胶含量测定

## 一、实验目的

1. 掌握分光光度法测定水果及其制品中果胶含量的方法和原理。
2. 熟练地掌握分光光度计的操作方法。

## 二、实验原理

用无水乙醇沉淀试样中的果胶，果胶经水解后生成半乳糖醛酸，在硫酸中与咔唑试剂发生缩合反应，生成紫红色化合物。该化合物在525 nm波长处有最大吸收，其吸收值与果胶含量呈正比，因此可以半乳糖醛酸为标准物质，用标准曲线法定量。

## 三、实验器材与试剂

1. 实验材料

水果如苹果、葡萄等，水果制品如果酱、果汁等。

2. 实验器具

分光光度计、组织捣碎机、分析天平(感量为 0.000 1 g)、恒温水浴振荡器、离心机(4 000 r/min)、三角瓶(100 mL)、离心管(50 mL)、容量瓶(100 mL)、玻璃试管(25 mL)、滤纸、移液器等。

3. 实验试剂

本实验所需试剂除另有说明外均为分析纯，水为 GB/T 6682 规定的三级水，试剂配制方法如表 2-23-1 所示。

表 2-23-1 本实验所需试剂及配制方法

| 序号 | 试剂 | 配制方法 |
|---|---|---|
| 1 | 67%乙醇溶液 | 无水乙醇与水体积比 2∶1 混匀 |
| 2 | pH 0.5 的硫酸溶液 | 用硫酸($H_2SO_4$,优级纯)调节水的 pH 至 0.5 |
| 3 | 氢氧化钠溶液(40 g/L) | 称取 4.0 g 氢氧化钠，用水溶解并定容至 100 mL |
| 4 | 咔唑乙醇溶液(1 g/L) | 称取 0.100 0 g 咔唑，用无水乙醇溶解并定容至 100 mL。作空白试验检测，即 1 mL 水、0.25 mL 咔唑乙醇溶液和 5 mL 硫酸混合后应清澈、透明、无色 |
| 5 | 半乳糖醛酸标准贮备液 | 准确称取无水半乳糖醛酸 0.100 0 g，用少量水溶解，加入 0.5 mL 氢氧化钠溶液(40 g/L)，定容至 100 mL，混匀。此溶液中半乳糖醛酸质量浓度为 1 000 mg/L |
| 6 | 半乳糖醛酸标准工作液 | 分别吸取 0、1.0、2.0、3.0、4.0、5.0 mL 半乳糖醛酸标准贮备液于 50 mL 容量瓶中，定容，溶液质量浓度分别为 0、20.0、40.0、60.0、80.0、100.0 mg/L |
| 7 | 5% α-萘酚的乙醇溶液 | 称取 5 g α-萘酚，用 95%的乙醇溶液溶解并定容至 100 mL |

## 四、实验步骤

1. 试样制备

对于果酱及果汁类制品，将样品搅拌均匀即可。对于新鲜水果，取水果样品的可食部分，用自来水和去离子水依次清洗后，用干净纱布轻轻擦去其表面水分。对于苹果、桃等个体较大的样品，采用对角线分割法，取对角可食部分，将其切碎，充分混匀。对于山楂、葡萄等个体较小的样品，可随机取若干个体切碎混匀。用四分法取样或直接放入组织捣碎机中制成匀浆。少汁样品可按一定质量比例加入等量去离子水。将匀浆后的试样冷冻保存。

2. 预处理

称取 1.0～5.0 g(精确至 0.001 g)试样于 50 mL 刻度离心管中，加入少量滤纸屑，再加入 35 mL 约 75 ℃的无水乙醇，在 85 ℃水浴中加热 10 min，充分振荡，冷却，再加无水乙醇使总体积接近 50 mL，在 4 000 r/min 条件下离心 15 min，弃去上清液。在 85 ℃水浴中用乙醇溶液洗涤沉淀，离心分离，弃去上清液，此步骤反复操作，直至上清液中不再产生糖的穆立虚反应为止（检验方法：取上清液 0.5 mL 注入小试管中，加入 5% α-萘酚的乙醇溶液 2～3 滴，充分混匀，此时溶液稍有白色浑浊，然后使试管轻微倾斜，沿管壁慢慢加入 1 mL 硫酸，若在两液层的界面不产生紫红色色环，则证明上清液中不含有糖分），保留沉淀 A。同时做试剂空白试验。

3. 果胶提取液的制备

（1）酸提取方式　将上述制备出的沉淀 A 用 pH 0.5 的硫酸溶液全部洗入三角瓶中，混匀，在 85 ℃水浴中加热 60 min。其间应不时摇荡，冷却后移入 100 mL 容量瓶中，用 pH 0.5 的硫酸溶液定容，过滤，保留滤液 B 供测定用。

（2）碱提取方式　对于香蕉等淀粉含量高的样品宜采用碱提取方式。将上述制备出的沉淀 A 用水全部洗入 100 mL 容量瓶中，加入 5 mL 氢氧化钠溶液，定容，混匀。至少放置 15 min，其间应不时摇荡，过滤，保留滤液 C 供测定用。

4. 标准曲线的绘制

吸取 0、20.0、40.0、60.0、80.0、100.0 mg/L 半乳糖醛酸标准工作液各 1.0 mL 于 25 mL 玻璃试管中，分别加入 0.25 mL 咔唑乙醇溶液，产生白色絮状沉淀，不断摇动试管，再快速加入 5.0 mL 硫酸，摇匀。立刻将试管放入 85 ℃水浴振荡器内水浴 20 min，取出后放入冷水中迅速冷却。在 1.5 h 内用分光光度计在波长 525 nm 处测定标准溶液的吸光度值，以半乳糖醛酸浓度为横坐标，吸光度值为纵坐标，绘制标准曲线。

5. 样品的测定

吸取 1.0 mL 滤液 B 或滤液 C 于 25 mL 玻璃试管中，加入 0.25 mL 咔唑乙醇溶液，同标准溶液显色方法进行显色，在 1.5 h 内用分光光度计在波长 525 nm 处测定其吸光度，根据标准曲线计算出滤液 B 或滤液 C 中果胶含量，以半乳糖醛酸计。按上述方法同时做空白试验，用空白调零。如果吸光度超过 100 mg/L 半乳糖醛酸的吸光度，将滤液 B 或滤液 C 稀释后重新测定。

6. 结果计算

样品中果胶含量以半乳糖醛酸质量分数（$\omega$）（g/kg）计，按公式（2-23-1）计算：

$$\omega=\frac{\rho\times V}{m\times 1\,000} \tag{2-23-1}$$

式中：$\rho$—滤液 B 或滤液 C 中半乳糖醛酸质量浓度（mg/L）；$V$—果胶沉淀 A 定容体积（mL）；$m$—试样质量（g）。计算结果保留三位有效数字。

## 五、注意事项与说明

（1）硫酸的纯度对咔唑的呈色反应有很大的影响，故使用优级纯的硫酸。

（2）在加入 95%乙醇溶液后的几次煮沸过程中，都会造成试管中溶液的挥发损失。在操作过程中，应注意随时观察，及时补加乙醇溶液。

（3）一定要用乙醇进行多次蒸煮以完全除去样品中的糖分及其他杂质。否则，样品提取液中残留的糖在加入浓硫酸和咔唑溶液后会形成其他呈色化合物，严重影响正常测定。提取液中是否含糖可用糖分的穆立虚反应法检验。

(4)当果胶含量较高时，应对提取液进行稀释后再进行测定。

## 六、实验结果与分析

实验结果按表 2-23-2 进行记录。以实验小组为单位，绘制标准曲线，用方差分析法分析样品在组间的差异，以及不同样品间的果胶含量差异。

**表 2-23-2　样品中果胶含量的计算结果**

| 项目 | 样品 1 | | | | 样品 2 | | | |
|---|---|---|---|---|---|---|---|---|
| | 重复 1 | 重复 2 | 重复 3 | 均值 | 重复 1 | 重复 2 | 重复 3 | 均值 |
| 吸光度值 | | | | | | | | |
| 果胶含量/(g/kg) | | | | | | | | |

## 七、思考题

1. 穆立虚反应的原理是什么？
2. 果胶的含量还可以使用哪种方法进行测定？

# 实验 24　甘蔗中糖度、蔗糖分及纤维分测定

## 一、实验目的

1. 学习和掌握湿式分解法测定甘蔗中糖度、蔗糖分和纤维分的原理及方法。
2. 学习旋光仪及折光锤度计的使用方法。

## 二、实验原理

把经过甘蔗制样切磨机或撕解机处理后的蔗丝(或蔗渣)加上一定量的水，用甘蔗制样分解机进行搅拌裂解；分解机在设定的时间内高速运转搅拌，让蔗丝纤维中的糖细胞完全破裂，糖分全部游离出来并与水充分混合；用筛网对渗出混合汁进行过滤，然后测定混合汁的锤度、糖度和蔗糖分。对蔗渣中的水分进行测定后，根据公式可计算出甘蔗的蔗糖分和纤维分。

## 三、实验器材与试剂

1. 实验材料

甘蔗样品。

2. 实验器具

甘蔗制样切磨机、甘蔗制样分解机、恒温干燥箱(工作温度 125～130 ℃)、恒温水浴锅[保持在(60.0±2.0) ℃]、电子天平(感量 0.1 g)、旋光仪(分度值 0.01 °Z)、观测管(长度 200 mm)、滤网(直径 250 mm、筛孔 0.038 mm)、折光锤度计(分度值 0.05 °Bx)、温度计(分度值 0.1 ℃)、锥形瓶(300 mL 和 600 mL)、容量瓶(100 mL 和 1 000 mL)、移液管(50 mL)、定量滤纸、铝制烘盘(260 mm×130 mm×50 mm)等。

3. 实验试剂

本实验所需试剂除另有说明外均为分析纯，水为 GB/T 6682 规定的三级水，试剂配制方法如表 2-24-1 所示。

表 2-24-1　本实验所需试剂及配制方法

| 序号 | 试剂 | 配制方法 |
| --- | --- | --- |
| 1 | 碱性醋酸铅 | 化学纯，粒度要求应全部可通过筛孔直径为 0.42 mm 的筛网，且至少有 70%可通过筛孔直径为 0.12 mm 的筛网 |
| 2 | 盐酸溶液(24.85 °Bx) | 以 1 000 mL 浓盐酸(密度 1.19 g/mL)缓缓加入 850 mL 水中，并准确补正其浓度至 24.85 °Bx(20 ℃) |
| 3 | 氯化钠溶液(231.5 g/L) | 称取经 120 ℃干燥后的氯化钠 231.5 g，溶于适量水中，移入 1 000 mL 容量瓶，加水稀释至刻度 |

## 四、实验步骤

1. 试样的制备

将甘蔗样品称重后，用切磨机处理甘蔗，将料桶中的蔗丝混合均匀。称取 2 000 g 蔗丝样品($m_c$)，放进分解机的搅拌桶内，加入 6 000 g($m_w$)蒸馏水。打开冷却水阀并保证冷却水流量满足冷却要求，搅拌 30 min。从搅拌桶倒出约 300 mL 渗出混合汁，用筛孔直径为 0.038 mm 的筛网(或滤布)进行过滤，用 600 mL 的锥形瓶收集混合汁滤液，放置至室温后，摇动锥形瓶使滤液混合均匀备用。

2. 锤度的测定

参考本书第 1 章第 2 节实验 9 中甘蔗理化指标测定的方法，使用折光锤度计测定蔗汁的锤度。

3. 糖度的测定

量取 200 mL 蔗汁于 300 mL 锥形瓶内，加入适量碱性醋酸铅进行澄清，摇匀，过滤，最初流出的 10 mL 滤液舍弃不用。用透明玻璃盖住漏斗，用烧杯收集滤液。用滤液润洗 200 mm 观测管至少 2 次，然后装满观测管(液位到斗形装液口颈部为宜)。若内有气泡，轻轻调整观测管倾斜度使气泡溢出，将观测管置于旋光仪上测定旋光度值。

4. 蔗糖分的测定(二次旋光法)

量取 200 mL 混合汁滤液，加入约 2 g 碱性醋酸铅粉，迅速摇匀，过滤，以吸管吸取 2 份 50 mL 滤液，分别移入 2 个 100 mL 容量瓶。

其中一瓶加入 10 mL 氯化钠溶液，然后加蒸馏水至刻度，摇匀。如发现混浊则应过滤，滤液用 200 mm 观测管测其旋光度，以此读数乘 2 即得直接旋光读数 $P_2$，并记录读数时糖液的温度。

在另一瓶中先加入 20 mL 蒸馏水，再加入 10 mL 24.85 °Bx 的盐酸溶液，插入温度计，在水浴中准确加热到 60 ℃，并在此温度下保持 10 min(最初 3 min 应不断摇荡)。取出后浸入冷水中迅速冷却至接近读取直接旋光度时的温度，以洗瓶喷少量水将附着在温度计上的糖液冲洗到容量瓶内，取出温度计，加水至刻度，摇匀，若混浊则用滤纸过滤。用 200 mm 观测管在旋光仪上测定其旋光度，该旋光度读数乘以 2 即得到糖液的转化旋光读数 $P'_2$（负数），用精度 0.1 ℃的精密温度计测量读数时糖液的温度 $t$（测 $P_2$ 和 $P'_2$时，二者温度相差不得超过 1 ℃）。

5. 水分测定

将洁净的烘盘置于(125±2) ℃电热鼓风干燥箱中干燥 30 min，取出称重 $m_0$（精确至 0.1 g）。称取已经充分混合均匀的蔗丝 100.0 g 于烘盘内，记录烘盘和蔗丝的质量为 $m_1$。铺平后放入(125±2) ℃电热鼓风干燥箱中干燥 90 min，取出迅速称重（精确至 0.1 g）；再次放入电热鼓风干燥箱中干燥 30 min，取出迅速称重。两次称量差在 0.1 g 以内，即作为恒重，否则需继续干燥至恒重 $m_2$ 为止，以最小称量值为准。

6. 结果计算

(1) 甘蔗纤维分的计算　甘蔗水分($M$)按公式(2-24-1)计算：

$$M=\frac{m_1-m_2}{m_1-m_0}\times 100 \tag{2-24-1}$$

式中：$M$—甘蔗水分(%)；$m_1$—托盘及蔗丝样品的质量(g)；$m_2$—干燥后的托盘及蔗丝样品的质量(g)；$m_0$—托盘的质量(g)。

甘蔗纤维分($F$)按公式(2-24-2)计算：

$$F=\frac{100\times m_c-m_c\times M-B_j\times(m_c+m_w)}{m_c\times(1-0.001\,25)\times B_j} \tag{2-24-2}$$

式中：$F$—甘蔗纤维分(%)；$M$—甘蔗水分(%)；$m_c$—蔗丝的质量(g)；$B_j$—混合汁锤度(°Bx)；$m_w$—加水量(g)。

(2)甘蔗糖度的计算　甘蔗糖度($P_c$)按公式(2-24-3)计算：

$$P_c=\frac{P_j}{100}\times\left(100\times\frac{m_c+m_w}{m_c}-1.25\times F\right) \tag{2-24-3}$$

式中：$P_c$—甘蔗糖度(%)；$P_j$—混合汁糖度(%)（查 GB/F 35998—2018 附录 B、附录 C)；$m_c$—蔗丝的质量(g)；$m_w$—加水量(g)；$F$—甘蔗纤维分(%)。

(3)甘蔗锤度的计算　甘蔗锤度($B_c$)按公式(2-24-4)计算：

$$B_c=\frac{B_j}{100}\times\left(100\times\frac{m_c+m_w}{m_c}-1.25\times F\right) \tag{2-24-4}$$

式中：$B_c$—甘蔗(或蔗渣)锤度(°Bx)；$B_j$—混合汁锤度(°Bx)；$m_c$—蔗丝的质量(g)；$m_w$—加水量(g)；$F$—甘蔗纤维分(%)。

(4)甘蔗蔗糖分的计算　混合汁二次旋光值校正值($S_1$)，按公式(2-24-5)计算：

$$S_1=100\times\frac{P_2-P'_2}{132.56-0.079\,4\times(13-g)-0.53\times(t-20)} \tag{2-24-5}$$

式中：$S_1$—混合汁二次旋光校正值(°Z)；$P_2$—直接旋光读数(°Z)；$P'_2$—转化旋光读数(负值)(°Z)；$t$—测 $P'_2$时混合汁的温度(℃)；$g$—每 100 mL 转化糖液内所含干固物重，对于非规定量混合汁，按公式(2-24-6)计算：

$$g=\frac{B_j-d_{20}}{2} \tag{2-24-6}$$

式中：$B_j$—混合汁锤度(°Bx)；$d_{20}$—与混合汁锤度相对应的视密度(20 ℃)(g/cm³)(查 GB/T 35998—2018 附录 D)。

混合汁蔗糖分($S_j$)按公式(2-24-7)计算：

$$S_j=\frac{26\times S_1}{100\times d_{20}} \tag{2-24-7}$$

式中：$S_j$—混合汁蔗糖分(%)；$S_1$—混合汁二次旋光校正值(°Z)；$d_{20}$—与混合汁锤度相对应的视密度(20 ℃)(g/cm³)(查 GB/T 35998—2018 附录 D)。

甘蔗蔗糖分($S_c$)按公式(2-24-8)计算：

$$S_c=\frac{S_j}{100}\times\left(100\times\frac{m_c+m_w}{m_c}-1.25\times F\right) \tag{2-24-8}$$

式中：$S_c$—甘蔗(或蔗渣)蔗糖分(%)；$S_j$—混合汁蔗糖分(%)；$m_c$—蔗丝的质量(g)；$m_w$—加水量(g)；$F$—甘蔗纤维分(%)。

## 五、注意事项与说明

旋光仪连续使用时间不宜超过 4 h。如果使用时间较长，中间应关闭 10～15 min，待钠光灯冷却后再继续使用，或用电风扇降温，降低灯管受热程度，以免亮度下降和寿命缩短。

## 六、实验结果与分析

实验结果按表 2-24-2 进行记录。以实验小组为单位，分析样品在组间的差异，及不同样品间的糖度、蔗糖分和纤维分的差异。

**表 2-24-2　样品中糖度、蔗糖分和纤维分含量计算结果**

| 项目 | 样品 1 | | | | 样品 2 | | | |
|---|---|---|---|---|---|---|---|---|
| | 重复 1 | 重复 2 | 重复 3 | 均值 | 重复 1 | 重复 2 | 重复 3 | 均值 |
| 甘蔗水分/% | | | | | | | | |
| 甘蔗纤维分/% | | | | | | | | |
| 甘蔗糖度/% | | | | | | | | |
| 甘蔗锤度/°Bx | | | | | | | | |
| 甘蔗蔗糖分/% | | | | | | | | |

## 七、思考题

1. 如何开发利用甘蔗中的纤维？
2. 还有哪些方法可以测定甘蔗中的粗纤维含量？

# 参考文献

[1] 中华人民共和国国家标准 GB 5009.5—2016 食品安全国家标准 食品中蛋白质的测定
[2] 中华人民共和国国家标准 GB 5009.6—2016 食品安全国家标准 食品中脂肪的测定
[3] 中华人民共和国国家标准 GB 5009.7—2016 食品安全国家标准 食品中还原糖的测定
[4] 中华人民共和国国家标准 GB 5009.9—2016 食品安全国家标准 食品中淀粉的测定
[5] 中华人民共和国国家标准 GB 5009.86—2016 食品安全国家标准 食品中抗坏血酸的测定
[6] 中华人民共和国国家标准 GB 5009.168—2016 食品安全国家标准 食品中脂肪酸的测定
[7] 中华人民共和国国家标准 GB/T 5513—2019 粮油检验 粮食中还原糖和非还原糖测定
[8] 中华人民共和国国家标准 GB/T 8313—2018 茶叶中茶多酚和儿茶素类含量的检测方法
[9] 中华人民共和国国家标准 GB/T 9695.29—2008 肉制品 维生素 C 含量测定
[10] 中华人民共和国国家标准 GB/T 15683—2008 大米 直链淀粉含量的测定
[11] 中华人民共和国国家标准 GB/T 24897—2010 粮油检验 稻谷粗蛋白质含量测定 近红外法
[12] 中华人民共和国国家标准 GB/T 24899—2010 粮油检验 小麦粗蛋白质含量测定 近红外法
[13] 中华人民共和国国家标准 GB/T 35998—2018 甘蔗和蔗渣的蔗糖分、锤度及纤维分测定 湿式分解法
[14] 中华人民共和国农业行业标准 NY/T 1278—2007 蔬菜及其制品中可溶性糖的测定 铜还原碘量法
[15] 中华人民共和国农业行业标准 NY/T 2016—2011 水果及其制品中果胶含量的测定 分光光度法
[16] 中华人民共和国农业行业标准 NY/T 2742—2015 水果及制品可溶性糖的测定 3,5-二硝基水杨酸比色法
[17] 中华人民共和国出入境检验检疫行业标准 SN/T 3926—2014 出口乳、蛋、豆类食品中蛋白质含量的测定 考马斯亮蓝法
[18] 郝建军，康宗利，于洋．植物生理学实验技术[M]．北京：化学工业出版社，2007
[19] 黄卓烈．生物化学实验技术[M]．北京：中国农业出版社，2010
[20] 强立新，王磊，廖晨．农产品营养分析与检测技术[M]．北京：中国农业科学技术出版社，2020
[21] 汤绍虎，罗充．植物生理学实验教程[M]．重庆：西南师范大学出版社，2012
[22] 唐湘如．作物栽培与生理实验指导[M]．广东：广东高等教育出版社，2021
[23] 张志良，瞿伟菁，李小方．植物生理学实验指导[M]．4 版．北京：高等教育出版社，2009

# 第3章 农产品质量安全标准化检测与评价

改革开放以来，中国农业发展迅速，随着农村改革的深入，农民积极性的迸发和农业技术的推广，多种农产品已经由短缺变成自给有余，粮食、水果、蔬菜、猪肉、禽蛋等大宗农产品的产量已经跃居世界第一位。但与此同时，农业生产过程中农业化学药品滥用、农业生态环境污染等问题也日益突出，农产品安全问题成为生产者和消费者共同关注的重大问题。党的十八大以来，党和国家高度重视农产品安全问题。习近平总书记在2013年中央农村工作会议上强调，要用最严谨的标准、最严格的监管、最严厉的处罚、最严肃的问责，确保广大人民群众“舌尖上的安全”。党的二十大报告中强调，推进绿色发展，促进人与自然和谐共生，必须牢固树立和践行绿水青山就是金山银山的理念，站在人与自然和谐共生的高度谋划发展。推进农业标准化，有利于合理利用与高效配置资源，保护生态环境与生物多样性，依靠科技逐步减少有害农业投入品的使用与农业废弃物的污染，引领农业绿色发展，保障农产品安全。本章针对农产品中常见的亚硝酸盐残留、重金属污染、农药残留和微生物超标等食物安全问题，围绕其标准化检测方法，设计了相关实验，以期学生和相关技术人员掌握农产品安全标准化检测与评价的基本方法。

## 第1节 农产品中亚硝酸盐和硝酸盐含量的测定

### 实验1 离子色谱法测定农产品中亚硝酸盐和硝酸盐含量

#### 一、实验目的

1. 学习农产品中亚硝酸盐和硝酸盐含量的测定方法。
2. 学习和掌握离子色谱仪等仪器的操作和使用。

#### 二、实验原理

试样经沉淀蛋白质、除去脂肪后，采用相应的方法提取和净化，以氢氧化钾溶液为淋洗液，用阴离子交换柱分离，然后用电导检测器或紫外检测器检测。以保留时间定性，用外标法定量。

## 三、实验器材与试剂

1. 实验材料

水稻、玉米、大豆等农产品。

2. 实验器具

离子色谱仪(含电导检测器及抑制器或紫外检测器)、粉碎机、超声波清洗器、分析天平、离心机(10 000 r/min)、0.22 $\mu$m 水性滤膜针头滤器、净化柱($C_{18}$ 柱、Ag 柱和 Na 柱或等效柱)、注射器(1.0 mL 和 2.5 mL)、容量瓶(100 mL 和 1 000 mL)、具塞锥形瓶(150 mL)、移液器等。

3. 实验试剂

本实验所需试剂除另有说明外均为分析纯,水为 GB/T 6682 规定的一级水,试剂配制方法如表 3-1-1 所示。

**表 3-1-1 本实验所需试剂及配制方法**

| 序号 | 试剂 | 配制方法 |
|---|---|---|
| 1 | 3%乙酸溶液 | 量取 3 mL 乙酸于 100 mL 容量瓶中,用蒸馏水稀释至刻度,混匀 |
| 2 | 氢氧化钾溶液(1 mol/L) | 称取 6 g 氢氧化钾,加入新煮沸过的冷水溶解,并定容至 100 mL |
| 3 | 亚硝酸钠 | 基准试剂,或采用具有标准物质证书的亚硝酸盐标准溶液 |
| 4 | 亚硝酸盐标准贮备液(100 mg/L,以 $NO_2^-$ 计) | 称取 0.150 0 g 于 110～120 ℃干燥至恒重的亚硝酸钠标准品,用蒸馏水溶解并转移至 1 000 mL 容量瓶中,加水定容至刻度 |
| 5 | 硝酸钠 | 基准试剂,或采用具有标准物质证书的硝酸盐标准溶液 |
| 6 | 硝酸盐标准贮备液(1 000 mg/L,以 $NO_3^-$ 计) | 称取 1.371 0 g 于 110～120 ℃干燥至恒重的硝酸钠标准品,用蒸馏水溶解并转移至 1 000 mL 容量瓶中,加水定容至刻度 |
| 7 | 亚硝酸盐和硝酸盐混合标准中间液 | 准确移取亚硝酸根离子($NO_2^-$)和硝酸根离子($NO_3^-$)的标准贮备液各 1.0 mL 于 100 mL 容量瓶中,用蒸馏水稀释至刻度,此溶液每升含亚硝酸根离子 1.0 mg 和硝酸根离子 10.0 mg |
| 8 | 亚硝酸盐和硝酸盐混合标准工作液 | 移取亚硝酸盐和硝酸盐混合标准中间液,加蒸馏水逐级稀释,制成系列混合标准工作液,亚硝酸根离子浓度分别为 0.02、0.04、0.06、0.08、0.10、0.15、0.20 mg/L,硝酸根离子浓度分别为 0.2、0.4、0.6、0.8、1.0、1.5、2.0 mg/L |

## 四、实验步骤

1. 试样预处理

将谷物及其他植物样品除去可见杂质后,取有代表性试样 50～100 g,粉碎后过 0.30 mm 孔筛,混匀,备用。

2. 样品提取

称取试样 5.0 g(精确至 0.00 1 g),置于 150 mL 具塞锥形瓶中,加入 80 mL 蒸馏水、1 mL 1 mol/L 氢氧化钾溶液,超声提取 30 min,每隔 5 min 振摇 1 次,保持固相完全分散。于 75 ℃

水浴中放置 5 min，取出放置至室温，定量转移至 100 mL 容量瓶中，加蒸馏水稀释至刻度后混匀。溶液经滤纸过滤后，取部分溶液于离心机中 10 000 r/min 离心 15 min，取上清液备用。

3. 仪器条件

(1)色谱柱　氢氧化物选择性，可兼容梯度洗脱的二乙烯基苯-乙基苯乙烯共聚物基质，烷醇基季铵盐功能团的高容量阴离子交换柱，4 mm×250 mm(带保护柱 4 mm×50 mm)，或性能相当的离子色谱柱。

(2)淋洗液　氢氧化钾溶液浓度为 6～70 mmol/L；洗脱梯度为 6 mmol/L 30 min，70 mmol/L 5 min，6 mmol/L 5 min；流速为 1.0 mL/min。

(3)检测器　电导检测器，检测池温度为 35 ℃；或紫外检测器，检测波长为 226 nm。

(4)进样体积　50 μL(可根据试样中被测离子含量进行调整)。

4. 测定

(1)固相萃取柱活化　$C_{18}$ 柱(1.0 mL)使用前依次用 10 mL 甲醇、15 mL 蒸馏水通过，静置活化 30 min；Ag 柱(1.0 mL)和 Na 柱(1.0 mL)用 10 mL 蒸馏水通过，静置活化 30 min。

(2)制作标准曲线　将系列标准工作液分别注入离子色谱仪中，得到各浓度标准工作液色谱图，测定相应的峰高或峰面积。以标准工作液的浓度为横坐标，以峰高或峰面积为纵坐标，绘制亚硝酸盐和硝酸盐标准曲线。

(3)试样溶液测定　将空白和试样溶液注入离子色谱仪中，得到空白和试样溶液的峰高或峰面积，根据标准曲线得到待测液中亚硝酸根离子或硝酸根离子的浓度。

5. 结果计算

试样中亚硝酸离子或硝酸根离子含量($X$)按公式(3-1-1)计算：

$$X=\frac{(\rho-\rho_0)\times V\times f\times 1\,000}{m\times 1\,000} \tag{3-1-1}$$

式中：$X$—试样中亚硝酸根离子或硝酸根离子含量(mg/kg)；$\rho$—测定用试样溶液中的亚硝酸根离子或硝酸根离子浓度(mg/L)；$\rho_0$—试剂空白液中亚硝酸根离子或硝酸根离子的浓度(mg/L)；$V$—试样溶液体积(mL)；$f$—试样溶液稀释倍数；1 000—换算系数；$m$—试样取样量(g)。

试样中测得的亚硝酸根离子含量乘以换算系数 1.5，即得亚硝酸盐(按亚硝酸钠计)含量；试样中测得的硝酸根离子含量乘以换算系数 1.37，即得硝酸盐(按硝酸钠计)含量。结果保留两位有效数字。

## 五、注意事项及说明

(1)所有玻璃器皿使用前均需依次用 2 mol/L 氢氧化钾和水分别浸泡 4 h，然后用水冲洗 3～5 次，晾干备用。

(2)本方法中亚硝酸盐和硝酸盐检出限分别为 0.2 mg/kg 和 0.4 mg/kg。

(3)重复性条件下获得的两次独立测定结果的绝对差值不得超过算术平均值的 10%。

## 六、结果与分析

实验结果按表 3-1-2 进行记录。以实验小组为单位，绘制标准曲线，用方差分析法分析样品在组间的差异，以及不同样品间的亚硝酸根或者硝酸根离子含量差异。

表 3-1-2 实验结果记录表 mg/kg

| 项目 | 样品 1 | | | | 样品 2 | | | |
|---|---|---|---|---|---|---|---|---|
| | 重复 1 | 重复 2 | 重复 3 | 均值 | 重复 1 | 重复 2 | 重复 3 | 均值 |
| 亚硝酸离子含量/(mg/kg) | | | | | | | | |
| 亚硝酸盐含量/(mg/kg) | | | | | | | | |
| 硝酸根离子含量/(mg/kg) | | | | | | | | |
| 硝酸盐含量/(mg/kg) | | | | | | | | |

## 七、思考题

1. 硝酸盐和亚硝酸盐对人体健康有哪些危害？
2. 硝酸盐和亚硝酸盐作为食品添加剂如何安全使用？

# 实验 2 紫外分光光度法测定农产品中亚硝酸盐和硝酸盐含量

## 一、实验目的

1. 学习农产品中亚硝酸盐和硝酸盐含量的测定方法。
2. 学习和掌握紫外分光光度计等仪器的操作和使用。

## 二、实验原理

试样经沉淀蛋白质、除去脂肪后，在弱酸条件下，亚硝酸盐与对氨基苯磺酸重氮化后，再与盐酸萘乙二胺耦合形成紫红色染料，用外标法测得亚硝酸盐含量。采用镉柱将硝酸盐还原成亚硝酸盐，测得亚硝酸盐总量，由测得的亚硝酸盐总量减去试样中亚硝酸盐含量，即得试样中硝酸盐含量。

## 三、实验器材与试剂

1. 实验材料

水稻、玉米、大豆等农产品。

2. 实验器具

紫外分光光度计、分析天平(感量 0.1 mg 和 1 mg)、组织捣碎机、超声波清洗器、恒温干燥箱、镉柱或镀铜镉柱、pH 计、容量瓶(100、500、1 000 mL)、具塞比色管(50 mL)、移液器、滤纸、漏斗等。

3. 实验试剂

本实验所需试剂除另有说明外均为分析纯，水为 GB/T 6682 规定的一级水，试剂配制方法如表 3-2-1 所示。

表 3-2-1　本实验所需试剂及配制方法

| 序号 | 试剂 | 配制方法 |
|---|---|---|
| 1 | 盐酸($\rho$=1.19 g/mL) | 分析纯 |
| 2 | 25%氨水 | 分析纯 |
| 3 | 3%乙酸溶液 | 量取 3 mL 冰乙酸于 100 mL 容量瓶中,用蒸馏水稀释至刻度 |
| 4 | 亚铁氰化钾溶液(106 g/L) | 称取 106.0 g 亚铁氰化钾,用蒸馏水溶解并稀释至 1 000 mL |
| 5 | 乙酸锌溶液(220 g/L) | 称取 220.0 g 乙酸锌,先加 30 mL 冰乙酸溶解,用蒸馏水稀释至 1 000 mL |
| 6 | 饱和硼砂溶液(50 g/L) | 称取 5.0 g 硼酸钠[$Na_2B_4O_7 \cdot 10H_2O$],溶于 100 mL 热水中,冷却后备用 |
| 7 | 对氨基苯磺酸溶液(4 g/L) | 称取 0.4 g 对氨基苯磺酸,溶于 100 mL 20%盐酸中,混匀后置于棕色瓶中避光保存 |
| 8 | 盐酸萘乙二胺溶液(2 g/L) | 称取 0.2 g 盐酸萘乙二胺,溶于 100 mL 蒸馏水中,混匀后置于棕色瓶中避光保存 |
| 9 | 氨缓冲液(pH 9.6～9.7) | 量取 30 mL 盐酸,加 100 mL 蒸馏水,混匀后加 65 mL 氨水,再加水稀释至 1 000 mL,混匀 |
| 10 | 氨缓冲液稀释液 | 量取 50 mL pH 9.6～9.7 氨缓冲液,加蒸馏水稀释至 500 mL,混匀 |
| 11 | 0.1 mol/L 盐酸 | 量取 8.3 mL 盐酸,用蒸馏水稀释至 1 000 mL |
| 12 | 2 mol/L 盐酸 | 量取 167 mL 盐酸,用蒸馏水稀释至 1 000 mL |
| 13 | 20%盐酸 | 量取 20 mL 盐酸,用蒸馏水稀释至 100 mL |
| 14 | 硫酸铜溶液(20 g/L) | 称取 20 g 硫酸铜($CuSO_4 \cdot 5H_2O$),加蒸馏水溶解并稀释至 1 000 mL |
| 15 | 硫酸镉溶液(40 g/L) | 称取 40 g 硫酸镉($CdSO_4 \cdot 8H_2O$),加蒸馏水溶解并稀释至 1 000 mL |
| 16 | 亚硝酸钠标准溶液(200 μg/mL) | 称取 0.100 0 g 于 110～120 ℃干燥恒重的亚硝酸钠($NaNO_2$),加蒸馏水溶解后移入 500 mL 容量瓶中,定容至刻度 |
| 17 | 硝酸钠标准溶液(200 μg/mL) | 称取 0.123 2 g 于 110～120 ℃干燥恒重的硝酸钠($NaNO_3$),加蒸馏水溶解后移入 500 mL 容量瓶中,定容至刻度 |
| 18 | 亚硝酸钠标准工作液(5.0 μg/mL) | 临用前吸取 2.5 mL 亚硝酸钠标准溶液置于 100 mL 容量瓶中,加蒸馏水定容至刻度 |
| 19 | 硝酸钠标准工作液(5.0 μg/mL) | 临用前吸取 2.5 mL 硝酸钠标准溶液置于 100 mL 容量瓶中,加蒸馏水定容至刻度 |

## 四、实验步骤

1. 预处理

预处理同离子色谱法。

2. 样品提取

称取 5.0 g($m_0$,精确到 0.001 g)匀浆试样(如制备过程中加水,应按加水量折算),置于 250 mL 具塞锥形瓶中,加入 12.5 mL 50 g/L 饱和硼砂溶液和 150 mL 约 70 ℃蒸馏水,混匀后置于沸水浴中加热 15 min,取出置于冷水浴中冷却,并放置至室温。定量($V_0$)转移上述提取液至 200 mL 容量瓶中,加入 5 mL 106 g/L 亚铁氰化钾溶液,摇匀后再加入 5 mL 220 g/L 乙酸锌溶液沉淀蛋白质。加蒸馏水至刻度,摇匀后放置 30 min,除去上层脂肪,上清液用滤纸过滤,弃去初滤液 30 mL,滤液备用待测。

3. 亚硝酸盐的测定

吸取 0、0.20、0.40、0.60、0.80、1.00、1.50、2.00、2.50 mL 亚硝酸钠标准工作液(相当于 0、1.0、2.0、3.0、4.0、5.0、7.5、10.0、12.5 μg 亚硝酸钠),分别置于 50 mL 具塞比色管中;另吸取 40.0 mL($V_1$)待测滤液于 50 mL 具塞比色管中。于标准管与试样管中分别加入 2 mL 4 g/L 对氨基苯磺酸溶液,混匀后静置 3~5 min,然后各加入 1 mL 2 g/L 盐酸萘乙二胺溶液,加蒸馏水至刻度,混匀后静置 15 min。用 1 cm 比色皿,以零管调节零点,于波长 538 nm 处测吸光度,绘制标准曲线,并测定样品管。同时做空白试验。根据标准曲线,计算出测定用样液中亚硝酸钠的质量($m_1$)。

4. 硝酸盐的测定

先以 25 mL 氨缓冲液稀释液冲洗镉柱,流速控制在 3~5 mL/min(以滴定管代替的可控制在 2~3 mL/min)。吸取 20 mL 滤液($V_2$)于 50 mL 烧杯中,加 5 mL pH 9.6~9.7 氨缓冲液,混合后注入贮液漏斗,使流经镉柱还原,当贮液杯中的样液流尽后,加 15 mL 水冲洗烧杯,再倒入贮液杯中。冲洗水流完后,再用 15 mL 水重复 1 次,当第 2 次冲洗水快流尽时,将贮液杯装满水,以最大流速过柱。当容量瓶中的洗提液接近 100 mL 时,取出容量瓶,用蒸馏水定容至刻度后混匀($V_3$)。

吸取 10~20 mL 还原后的样液($V_4$)于 50 mL 比色管中,后续步骤同亚硝酸盐的测定。计算出经镉粉还原后测得的总亚硝酸钠的质量($m_2$)。

5. 结果计算

(1)亚硝酸盐含量的计算　亚硝酸钠含量($X_1$)按公式(3-2-1)计算:

$$X_1=\frac{m_1\times 1\,000}{m_0\times\frac{V_1}{V_0}\times 1\,000} \tag{3-2-1}$$

式中:$X_1$—试样中亚硝酸钠含量(mg/kg);$m_1$—测定用样液中亚硝酸钠质量(μg);1 000—转换系数;$m_0$—试样质量(g);$V_1$—测定用样液体积(mL);$V_0$—试样处理液总体积(mL)。

(2)硝酸盐含量的计算　硝酸钠含量($X_2$)按公式(3-2-2)计算:

$$X_2=\left(\frac{m_2\times 1\,000}{m_0\times\frac{V_2}{V_0}\times\frac{V_4}{V_3}\times 1\,000}-X_1\right)\times 1.232 \tag{3-2-2}$$

式中：$X_2$—试样中硝酸钠含量（mg/kg）；$m_2$—经镉粉还原后测得的总亚硝酸钠质量（μg）；1 000—转换系数；$m_0$—试样质量（g）；$V_2$—总亚硝酸钠含量测定用样液体积（mL）；$V_0$—试样处理液总体积（mL）；$V_4$—经镉柱还原后样液的测定用体积（mL）；$V_3$—经镉柱还原后样液总体积（mL）；$X_1$—结果计算（1）中试样中亚硝酸钠含量（mg/kg）；1.232—亚硝酸钠换算成硝酸钠的系数。

## 五、注意事项及说明

重复性条件下获得的两次独立测定结果的绝对差值不得超过算术平均值的 10%。

## 六、结果与分析

实验结果按表 3-2-2 进行记录。以实验小组为单位，绘制标准曲线，用方差分析法分析样品在组间的差异，以及不同样品间的亚硝酸根或硝酸根离子含量差异。

**表 3-2-2　实验结果记录表**　　mg/kg

| 项目 | 样品 1 | | | | 样品 2 | | | |
|---|---|---|---|---|---|---|---|---|
| | 重复 1 | 重复 2 | 重复 3 | 均值 | 重复 1 | 重复 2 | 重复 3 | 均值 |
| 亚硝酸盐含量/（mg/kg） | | | | | | | | |
| 硝酸盐含量/（mg/kg） | | | | | | | | |

## 七、思考题

1. 紫外分光光度法测定硝酸盐及亚硝酸盐有哪些优势？
2. 亚硝酸盐急性中毒如何急救？

# 实验 3　紫外分光光度法测定果蔬中硝酸盐含量

## 一、实验目的

1. 学习蔬菜、水果中硝酸盐含量的测定方法。
2. 学习和掌握紫外分光光度计等仪器的操作和使用。

## 二、实验原理

用 pH 9.6～9.7 的氨缓冲液提取样品中硝酸根离子，同时加活性炭去除色素类，加沉淀剂去除蛋白质及其他干扰物质，利用硝酸根离子和亚硝酸根离子在紫外区 219 nm 处具有等吸收波长的特性，测定提取液的吸光度，其测得结果为硝酸盐和亚硝酸盐吸光度的总和。鉴于新鲜蔬菜、水果中亚硝酸盐含量甚微，可忽略不计，则测定结果为硝酸盐的吸光度，可从工作曲线上查得相应的质量浓度，然后计算样品中硝酸盐的含量。

## 三、实验器材与试剂

1. 实验材料

白菜、番茄、西葫芦、西瓜、苹果、梨等农产品。

2. 实验器具

紫外分光光度计(含 1 cm 石英比色皿)、分析天平(感量 0.01 g 和 0.000 1 g)、组织捣碎机、可调式往返振荡机、pH 计、容量瓶(50、250、1 000 mL)、锥形瓶(250 mL)、定量滤纸、漏斗、移液器等。

3. 实验试剂

本实验所需试剂除另有说明外均为分析纯,水为 GB/T 6682 规定的一级水,试剂配制方法如表 3-3-1 所示。

表 3-3-1 本实验所需试剂及配制方法

| 序号 | 试剂 | 配制方法 |
|---|---|---|
| 1 | 盐酸(ρ=1.19 g/mL) | 分析纯 |
| 2 | 25%氨水 | 分析纯 |
| 3 | 正辛醇 | 分析纯 |
| 4 | 活性炭(粉状) | 分析纯 |
| 5 | 亚铁氰化钾溶液(150 g/L) | 称取 150 g 亚铁氰化钾溶于蒸馏水,并定容至 1 000 mL |
| 6 | 硫酸锌溶液(300 g/L) | 称取 300 g 硫酸锌溶于蒸馏水,并定容至 1 000 mL |
| 7 | 氨缓冲液(pH 9.6～9.7) | 量取 20 mL 盐酸加入 500 mL 蒸馏水中,混合后加入 50 mL 氨水,用水定容至 1 000 mL |
| 8 | 硝酸盐标准贮备液(500 mg/L) | 称取 0.203 9 g 于干燥箱(110～120 ℃)中干燥至恒重的硝酸钾,用蒸馏水溶解并转移至 250 mL 容量瓶中,定容至刻度并混匀,于冰箱内保存 |
| 9 | 硝酸盐标准曲线工作液 | 分别吸取 0、0.2、0.4、0.6、0.8、1.0、1.2 mL 硝酸盐标准贮备液于 50 mL 容量瓶中,用蒸馏水定容至刻度并混匀。此标准系列溶液硝酸根质量浓度分别为 0、2.0、4.0、6.0、8.0、10.0、12.0 mg/L |

## 四、实验步骤

1. 试样制备

取代表性样品,用自来水冲洗干净,再用蒸馏水清洗,晾干表面水分。用四分法取样并切碎,充分混匀,于组织捣碎机中制成匀浆(部分少汁样品可按一定质量比例加入等量水),在匀浆中加 1 滴正辛醇消除泡沫。

2. 样品提取

称取 10.00 g 匀浆试样(如制备过程中加水应按加水量折算)于 250 mL 锥形瓶中,加入 100 mL 蒸馏水、5 mL 氨缓冲溶液、2 g 粉末状活性炭,振荡(200 次/min)30 min,定量转移至 250 mL 容量瓶中。加入 2 mL 150 g/L 亚铁氰化钾溶液和 2 mL 300 g/L 硫酸锌溶液,充分混匀,加蒸馏水定容至刻度,摇匀后放置 5 min,上清液用定量滤纸过滤,滤液备用待测。同时做空白试验。

3. 测定

(1)制作标准曲线　将标准曲线工作液用 1 cm 石英比色皿于 219 nm 处测定吸光度,以系列标准溶液质量浓度为横坐标、吸光度为纵坐标,绘制标准曲线。

(2)试样溶液测定　吸取上述滤液 2～10 mL 于 50 mL 容量瓶中,加水定容至刻度并混匀,用 1 cm 石英比色皿于 219 nm 处测定吸光度。

4. 结果计算

试样中硝酸盐含量($X$)按公式(3-3-1)计算:

$$X=\frac{\rho\times V_6\times V_8}{m_6\times V_7} \tag{3-3-1}$$

式中:$X$—试样中硝酸盐含量(mg/kg);$\rho$—由工作曲线获得的试样溶液中硝酸盐质量浓度(mg/L);$V_6$—提取液定容体积(mL);$V_8$—待测液定容体积(mL);$m_6$—试样质量(g);$V_7$—吸取的滤液体积(mL)。

## 五、注意事项及说明

重复性条件下获得的两次独立测定结果的绝对差值不得超过算术平均值的 10%。

## 六、结果与分析

实验结果按表 3-3-2 记录。以实验小组为单位,绘制标准曲线,用方差分析法分析样品在组间的差异,以及不同样品间的硝酸根离子含量差异。

**表 3-3-2　实验结果记录表**

| 项目 | 样品 1 | | | | 样品 2 | | | |
|---|---|---|---|---|---|---|---|---|
| | 重复 1 | 重复 2 | 重复 3 | 均值 | 重复 1 | 重复 2 | 重复 3 | 均值 |
| 吸光度值 | | | | | | | | |
| 硝酸盐含量/(mg/kg) | | | | | | | | |

## 七、思考题

1. 水果和蔬菜中硝酸盐的来源有哪些?
2. 为什么对叶菜类、根菜类和茎菜类的硝酸盐标准限量不同?

# 第2节　农产品中重金属含量的测定

## 实验4　电感耦合等离子体质谱法测定农产品中汞含量

### 一、实验目的

1. 学习电感耦合等离子体质谱法(ICP-MS)测定农产品中汞等重金属含量的原理与方法。

2. 学习样品消解及电感耦合等离子体质谱仪的操作和使用。

### 二、实验原理

试样经消解后，由电感耦合等离子体质谱仪测定，以元素特定质量数(质荷比，$m/z$)定性，采用外标法，以待测元素质谱信号与内标元素质谱信号的强度比与待测元素的浓度成正比进行定量分析。

### 三、实验器材与试剂

1. 实验材料

粮食作物、蔬菜、水果等。

2. 实验器具

样品粉碎设备：匀浆机、高速粉碎机。

微波消解仪：配有聚四氟乙烯消解内罐。

压力消解罐：配有聚四氟乙烯消解内罐。

电感耦合等离子体质谱仪(ICP-MS)、天平(感量为 0.1 mg 和 1 mg)、恒温干燥箱、控温电热板、超声水浴箱、容量瓶(100 mL 和 1 000 mL)、移液器等。

3. 实验试剂

本实验所需试剂除另有说明外均为优级纯，水为 GB/T 6682 规定的一级水，试剂及配制方法如表 3-4-1 所示。

**表 3-4-1　本实验所需试剂及配制方法**

| 序号 | 试剂 | 配制方法 |
|---|---|---|
| 1 | 氩气(Ar) | ≥99.995%或液氩 |
| 2 | 氦气(He) | ≥99.995% |
| 3 | 金元素(Au)溶液(1 000 mg/L) | 优级纯 |
| 4 | 硝酸溶液(体积比，5+95) | 量取 50 mL 硝酸，缓慢加入 950 mL 蒸馏水中并混匀 |
| 5 | 汞(Hg)标准稳定剂 | 取 2 mL 金元素(Au)溶液，用硝酸溶液(体积比，5+95)稀释至 1 000 mL，用于汞标准溶液的配制 |

续表3-4-1

| 序号 | 试剂 | 配制方法 |
| --- | --- | --- |
| 6 | 汞元素贮备液(1 000 mg/L 或 100 mg/L) | 采用经国家认证并授予标准物质证书的标准贮备液 |
| 7 | 内标元素贮备液(1 000 mg/L) | 钪、锗、铟、铑、铼、铋等采用经国家认证并授予标准物质证书的单元素或多元素内标标准贮备液 |
| 8 | 汞标准工作溶液 | 取适量汞元素贮备液，用汞标准稳定剂逐级稀释配成标准工作溶液系列，浓度分别为 0、0.100、0.500、1.00、1.50 和 2.00 μg/L |
| 9 | 内标工作液 | 取适量内标单元素贮备液或内标多元素贮备液，用硝酸溶液(体积比，5+95)配制合适浓度的内标工作液。内标工作液浓度见本实验注意事项及说明 |

## 四、实验步骤

1. 试样制备

(1)干样　对于豆类、谷物、菌类、茶叶、干制水果等低含水量样品，取可食部分，必要时经高速粉碎机粉碎均匀；对于固体乳制品、蛋白粉、面粉等均匀的粉状样品，摇匀。

(2)鲜样　对于蔬菜、水果、水产品等高含水量样品，必要时洗净，晾干，取可食部分匀浆；对于肉类、蛋类等样品，取可食部分匀浆。

2. 试样消解

(1)微波消解法　称取固体样品 0.2～0.5 g(精确至 0.001 g，含水分较多的样品可适当增加取样量至 1 g)或准确移取液体试样 1.00～3.00 mL 于微波消解内罐中，对于含乙醇或二氧化碳的样品，先在电热板上低温加热以除去乙醇或二氧化碳；加入 5～10 mL 硝酸，加盖放置 1 h 或过夜，旋紧罐盖，按照微波消解仪标准操作步骤进行消解(消解参考条件参见表 3-4-2)。冷却后取出，缓慢打开罐盖排气，用少量水冲洗内盖，将消解罐放在控温电热板上或超声水浴箱中，于 100 ℃加热 30 min 或超声脱气 2～5 min，用水定容至 25～50 mL，混匀备用。同时做空白试验。

**表 3-4-2　样品消解仪参考条件**

| 消解方式 | 步骤 | 控制温度/℃ | 升温时间/min | 恒温时间 |
| --- | --- | --- | --- | --- |
| 微波消解 | 1 | 120 | 5 | 5 min |
| | 2 | 150 | 5 | 10 min |
| | 3 | 190 | 5 | 20 min |
| 压力罐消解 | 1 | 80 | — | 2 h |
| | 2 | 120 | — | 2 h |
| | 3 | 160～170 | — | 4 h |

(2) 压力罐消解法　称取固体干样 0.2～1 g(精确至 0.001 g,含水分较多的样品可适当增加取样量至 2 g)或准确移取液体试样 1.00～5.00 mL 于消解内罐中,对于含乙醇或二氧化碳的样品,先在电热板上低温加热以除去乙醇或二氧化碳;加入 5 mL 硝酸,放置 1 h 或过夜,旋紧不锈钢外套,放入恒温干燥箱消解(消解参考条件见表 3-4-2)。冷却后,缓慢旋松不锈钢外套,将消解内罐取出,在控温电热板上或超声水浴箱中,于 100 ℃加热 30 min 或超声脱气 2～5 min,用水定容至 25 或 50 mL,混匀备用。同时做空白试验。

3. 仪器参考条件

(1)仪器操作条件　电感耦合等离子体质谱仪操作条件见表 3-4-3。汞(Hg)元素分析模式采用普通/碰撞反应池。

**表 3-4-3　电感耦合等离子体质谱仪操作参考条件**

| 参数名称 | 参数 | 参数名称 | 参数 |
|---|---|---|---|
| 射频功率 | 1 500 W | 雾化器 | 高盐/同心雾化器 |
| 等离子体气流量 | 15 L/min | 采样锥/截取锥 | 镍/铂锥 |
| 载气流量 | 0.80 L/min | 采样深度 | 8～10 mm |
| 辅助气流量 | 0.40 L/min | 采集模式 | 跳峰 |
| 氦气流量 | 4～5 mL/min | 检测方式 | 自动 |
| 雾化室温度 | 2 ℃ | 每峰测定点数 | 1～3 |
| 样品提升速率 | 0.3 r/s | 重复次数 | 2～3 |

(2)测定参考条件　在调节仪器达到测定要求后,编辑测定方法,根据汞(Hg)元素的性质推荐选择$^{185}$Re 或$^{209}$Bi 为内标元素,其 $m/z$ 为 200/202。

4. 标准曲线的制作

将混合标准溶液注入电感耦合等离子体质谱仪中,测定汞(Hg)元素和内标元素的信号响应值,以汞(Hg)元素的浓度为横坐标,汞(Hg)元素与所选内标元素响应信号值的比值为纵坐标,绘制标准曲线。

5. 试样溶液的测定

将空白溶液和试样溶液分别注入电感耦合等离子体质谱仪中,测定汞(Hg)元素和内标元素的信号响应值,根据标准曲线得到消解液中汞(Hg)元素的浓度。

6. 结果计算

试样中汞(Hg)元素的含量($X$)按公式(3-4-1)计算:

$$X=\frac{(\rho-\rho_0)\times V\times f}{m\times 1\ 000} \tag{3-4-1}$$

式中:$X$—试样中汞(Hg)元素的含量(mg/kg 或 mg/L);$\rho$—试样溶液中汞(Hg)元素的质量浓度(μg/L);$\rho_0$—空白溶液中汞(Hg)元素的质量浓度(μg/L);$V$—试样消化液的定容体积(mL);$f$—试样稀释倍数;$m$—试样称样量或移取体积(g 或 mL);1 000—换算系数。计算结果保留三位有效数字。

## 五、注意事项及说明

(1)汞标准稳定剂也可采用 2 g/L 半胱氨酸盐酸盐＋硝酸(体积比,5＋95)混合溶液,或其他等效稳定剂。

(2)由于不同仪器采用的蠕动泵管内径不同,当在线加入内标时,须考虑内标元素在样液中的浓度。样液混合后的内标元素参考浓度范围为 25～100 μg/L,对于低质量元素可以适当提高工作液浓度。内标溶液既可在配制混合标准工作溶液和样品消化液中手动定量加入,也可由仪器在线加入。

(3)根据试样中待测元素的含量和检测要求选择相应的消解方法及消解容器。

## 六、结果与分析

实验结果按表 3-4-4 进行记录。以实验小组为单位,绘制标准曲线,用方差分析法分析样品在组间的差异,以及不同样品间的汞含量差异。

**表 3-4-4　实验结果记录表**

| 项目 | 样品 1 | | | | 样品 2 | | | |
|---|---|---|---|---|---|---|---|---|
| | 重复 1 | 重复 2 | 重复 3 | 均值 | 重复 1 | 重复 2 | 重复 3 | 均值 |
| 汞含量 | | | | | | | | |

## 七、思考题

1. 农产品中汞污染的来源有哪些?
2. 汞对人体的危害有哪些?

# 实验 5　火焰原子吸收光谱法测定农产品中铅含量

## 一、实验目的

1. 学习农产品中重金属铅含量的测定方法。
2. 学习火焰原子吸收分光光度计等仪器的操作和使用。

## 二、实验原理

试样经处理后,铅离子在一定 pH 条件下与二乙基二硫代氨基甲酸钠(DDTC)形成络合物,经 4-甲基-2-戊酮(MIBK)萃取分离,导入原子吸收光谱仪中,经火焰原子化,在 283.3 nm 处测定吸光度值。在一定浓度范围内铅的吸光度值与铅含量成正比,与标准系列比较定量。

## 三、实验器材与试剂

1. 实验材料

粮食、蔬菜或水果等。

2. 实验器具

原子吸收分光光度计(配火焰检测器、附铅空心阴极灯)、分析天平(感量 0.1 mg 和 1 mg)、可调式电热炉、可调式电热板、容量瓶(100、1 000 mL)、具塞刻度管(10 mL)、分液漏斗、移液器等。

3. 实验试剂

本实验所需试剂除另有说明外均为分析纯,水为 GB/T 6682 规定的一级水,试剂配制方法如表 3-5-1 所示。

**表 3-5-1 本实验所需试剂及配制方法**

| 序号 | 试剂 | 配制方法 |
|---|---|---|
| 1 | 高氯酸 | 优级纯 |
| 2 | 4-甲基-2-戊酮(MIBK) | 分析纯 |
| 3 | 硝酸溶液(体积比,5+95) | 量取 50 mL 硝酸(优级纯),缓慢加入 950 mL 蒸馏水中并混匀 |
| 4 | 硝酸溶液(体积比,1+9) | 量取 50 mL 硝酸(优级纯),缓慢加入 450 mL 蒸馏水中并混匀 |
| 5 | 硫酸铵溶液(300 g/L) | 称取 30 g 硫酸铵,用蒸馏水溶解并稀释至 100 mL,混匀 |
| 6 | 柠檬酸铵溶液(250g/L) | 称取 25 g 柠檬酸铵,用蒸馏水溶解并稀释至 100 mL,混匀 |
| 7 | 溴百里酚蓝溶液(1 g/L) | 称取 0.1 g 溴百里酚蓝,用蒸馏水溶解并稀释至 100 mL,混匀 |
| 8 | DDTC 溶液(50 g/L) | 称取 5 g 二乙基二硫代氨基甲酸钠[DDTC,$(C_2H_5)_2NCSSNa \cdot 3H_2O$],用蒸馏水溶解并稀释至 100 mL,混匀 |
| 9 | 氨水溶液(体积比,1+1) | 吸取 100 mL 氨水(优级纯),加入 100 mL 蒸馏水并混匀 |
| 10 | 盐酸溶液(体积比,1+11) | 吸取 10 mL 盐酸(优级纯),加入 110 mL 蒸馏水并混匀 |
| 11 | 铅标准贮备液(1 000 mg/L) | 称取 1.598 5 g 硝酸铅[$Pb(NO_3)_2$]标准品,用少量硝酸溶液(体积比,1+9)溶解,移入 1 000 mL 容量瓶中,用蒸馏水定容至刻度并混匀 |
| 12 | 铅标准工作液(10 mg/L) | 吸取 1 mL 铅标准贮备液于 100 mL 容量瓶中,加硝酸溶液(体积比,5+95)至刻度并混匀 |

## 四、实验步骤

1. 试样制备

(1)粮食作物　去除杂物后粉碎,贮存于塑料瓶中。

(2)蔬菜、水果　用水洗净后晾干,取可食部分制成匀浆,贮存于塑料瓶中。

2. 样品提取

称取固体试样 0.2～3 g(精确至 0.001 g)或准确移取液体试样 0.5～5.0 mL 于刻度消化管中,加入 10 mL 硝酸和 0.5 mL 高氯酸,在可调式电热炉上消解(参考条件:120 ℃ 0.5～1 h;升至 180 ℃ 2～4 h、升至 200～220 ℃)。若消化液呈棕褐色,再加少量硝酸,消解至冒白烟,消化液呈无色透明或略带黄色,取出消化管,冷却后用水定容至 10 mL,混匀备用。同时做试剂空白试验。

3. 仪器条件

波长 283.3 nm，狭缝 0.5 nm，灯电流 8～12 mA，燃烧头高度 6 mm，空气流量 8 L/min。

4. 测定

(1)制作标准曲线　分别吸取铅标准工作液 0、0.25、0.50、1.00、1.50 和 2.00 mL(相当于 0、2.5、5.0、10.0、15.0 和 20.0 μg 铅)于 125 mL 分液漏斗中，加蒸馏水至 60 mL。加入 2 mL 250 g/L 柠檬酸铵溶液、3～5 滴 1 g/L 溴百里酚蓝溶液，用氨水溶液(体积比，1+1)调 pH 至溶液由黄变蓝，加入 10 mL 300 g/L 硫酸铵溶液、10 mL 1 g/L DDTC 溶液，摇匀。放置 5 min 后，加入 10 mL MIBK，剧烈振摇提取 1 min，静置分层后，弃去水层，将 MIBK 层放入 10 mL 具塞刻度管中，得到标准系列溶液。将标准系列溶液按质量由低到高的顺序分别导入火焰原子化器，原子化后测其吸光度值，以铅的质量为横坐标，吸光度值为纵坐标，制作标准曲线。

(2)试样溶液测定　将试样消化液及试剂空白溶液分别置于 125 mL 分液漏斗中，加蒸馏水至 60 mL。加入 2 mL 250 g/L 柠檬酸铵溶液、3～5 滴 1 g/L 溴百里酚蓝溶液，用氨水溶液(体积比，1+1)调 pH 至溶液由黄变蓝，加入 10 mL 300 g/L 硫酸铵溶液、10 mL 1 g/L DDTC 溶液，摇匀。放置 5 min 后，加入 10 mL MIBK，剧烈振摇提取 1 min，静置分层后，弃去水层，将 MIBK 层放入 10 mL 具塞刻度管中，得到试样溶液和空白溶液。将试样溶液和空白溶液分别导入火焰原子化器，原子化后测其吸光度值，与标准系列比较定量。

5. 结果计算

试样中铅含量($X$)按公式(3-5-1)计算：

$$X=\frac{m_1-m_0}{m_2} \tag{3-5-1}$$

式中：$X$—试样中铅含量(mg/kg 或 mg/L)；$m_1$—试样溶液中铅质量(μg)；$m_0$—空白溶液中铅质量(μg)；$m_2$—试样称样量或移取体积(g 或 mL)。当铅含量≥10.0 mg/kg(或 mg/L)时，计算结果保留三位有效数字；当铅含量＜10.0 mg/kg(或 mg/L)时，计算结果保留两位有效数字。

## 五、注意事项及说明

所有玻璃器皿均须经硝酸(体积比，1+5)浸泡过夜，用自来水反复冲洗，最后用水冲洗干净。

## 六、结果与分析

按表 3-5-2 记录实验结果。以实验小组为单位，绘制标准曲线，用方差分析法分析样品在组间的差异，以及不同样品间的铅含量差异。

**表 3-5-2　实验结果记录表**

| 项目 | 样品 1 | | | | 样品 2 | | | |
|---|---|---|---|---|---|---|---|---|
| | 重复 1 | 重复 2 | 重复 3 | 均值 | 重复 1 | 重复 2 | 重复 3 | 均值 |
| 原子吸光度值 | | | | | | | | |
| 铅含量 | | | | | | | | |

## 七、思考题

1. 农产品中铅污染的来源有哪些？如何有效地控制铅对农产品的污染？
2. 铅对人体的危害有哪些？

# 实验 6　石墨炉原子吸收分光光度法测定农产品中镉含量

## 一、实验目的

1. 学习农产品重金属镉含量的测定方法。
2. 学习石墨炉原子吸收分光光度计等仪器的操作和使用。

## 二、实验原理

试样经灰化或酸消解后，注入一定量样品消化液于原子吸收分光光度计石墨炉中，电热原子化后吸收 228.8 nm 共振线，在一定浓度范围内，其吸光度值与镉含量成正比，采用标准曲线法定量。

## 三、实验器材与试剂

1. 实验材料

粮食作物、蔬菜、水果等。

2. 实验器具

原子吸收分光光度计(附石墨炉)、镉空心阴极灯、分析天平(感量 0.1 mg 和 1 mg)、可调式电热炉、可调式电热板、马弗炉、微波消解系统(配四氟乙烯或其他合适的压力罐)、恒温干燥箱、压力消解器、压力消解罐、容量瓶(10 或 25、1 000 mL)、具盖锥形瓶、移液器、玻璃珠、小漏斗等。

3. 实验试剂

本实验所需试剂除另有说明外均为分析纯，水为 GB/T 6682 规定的二级水，试剂配制方法如表 3-6-1 所示。

**表 3-6-1　本实验所需试剂及配制方法**

| 序号 | 试剂 | 配制方法 |
|---|---|---|
| 1 | 30%过氧化氢 | 分析纯 |
| 2 | 1%硝酸溶液 | 取 10.0 mL 硝酸(优级纯)加入 100 mL 蒸馏水中，稀释至 1 000 mL |
| 3 | 盐酸溶液(体积比，1+1) | 取 50 mL 盐酸(优级纯)慢慢加入 50 mL 蒸馏水中 |
| 4 | 硝酸-高氯酸混合溶液(体积比，9+1) | 取 9 份硝酸与 1 份高氯酸(优级纯)混合 |
| 5 | 磷酸二氢铵溶液(10 g/L) | 称取 10.0 g 磷酸二氢铵，用 100 mL 1%硝酸溶液溶解后定量移入 1 000 mL 容量瓶，用 1%硝酸溶液定容至刻度 |

续表3-6-1

| 序号 | 试剂 | 配制方法 |
| --- | --- | --- |
| 6 | 镉标准贮备液（1 000 mg/L） | 称取1 g(精确至0.000 1 g)金属镉(Cd)标准品(纯度99.99%)于小烧杯中，分次加20 mL盐酸溶液(体积比，1+1)溶解，加2滴硝酸，移入1 000 mL容量瓶中，用蒸馏水定容至刻度，混匀 |
| 7 | 镉标准工作液（100 mg/L） | 吸取镉标准贮备液10.0 mL于100 mL容量瓶中，用1%硝酸溶液定容至刻度，如此经多次稀释成每毫升含100.0 ng镉的标准工作液 |
| 8 | 镉标准曲线工作液 | 准确吸取镉标准工作液0、0.50、1.0、1.5、2.0和3.0 mL于100 mL容量瓶中，用1%硝酸溶液定容至刻度，即得到含镉量分别为0、0.50、1.0、1.5、2.0和3.0 ng/mL的标准系列溶液 |

## 四、实验步骤

1. 试样制备

(1)粮食作物　去除杂物后粉碎，贮存于塑料瓶中。

(2)蔬菜、水果　用水洗净后晾干，取可食部分制成匀浆，贮存于塑料瓶中，于－18～－16 ℃冰箱中保存备用。

2. 样品提取

样品可采用湿法消解。称取干试样0.3～0.5 g或鲜(湿)试样1～2 g(精确至0.000 1 g)于锥形瓶中，放数粒玻璃珠，加入10 mL硝酸-高氯酸混合溶液(体积比，9+1)，加盖浸泡过夜。加一小漏斗在电热板上消化，若变棕黑色，再加硝酸，直至冒白烟，消化液呈无色透明或略带微黄色。放冷后将消化液洗入10 mL或25 mL容量瓶中，用少量1%硝酸溶液洗涤锥形瓶3次，洗液合并于容量瓶中，并用1%硝酸溶液定容至刻度，混匀备用。同时做试剂空白试验。

3. 仪器条件

波长228.8 nm，狭缝0.2～1.0 nm，灯电流2～10 mA；干燥温度105 ℃，干燥时间20 s；灰化温度400～700 ℃，灰化时间20～40 s；原子化温度1 300～2 300 ℃，原子化时间3～5 s；背景校正为氘灯或塞曼效应。

4. 测定

(1)制作标准曲线　将标准曲线工作液按浓度由低到高的顺序各取20 μL注入石墨炉，测其吸光度值，以标准曲线工作液的浓度为横坐标，相应的吸光度值为纵坐标，绘制标准曲线并求出吸光度值与浓度关系的一元线性回归方程。标准系列溶液应不少于5个点的不同浓度镉标准溶液，相关系数不应小于0.995。如果有自动进样装置，也可用程序稀释来配制标准系列。

(2)试样溶液测定　于测定标准曲线工作液相同的实验条件下，吸取样品消化液20 μL(可根据使用仪器选择最佳进样量)，注入石墨炉，测其吸光度值。代入标准系列的一元线性回归方程，求样品消化液中镉的含量，平行测定次数不少于两次。若测定结果超出标准曲线范围，用1%硝酸溶液稀释后再测定。

5. 结果计算

试样中镉含量($X$)按公式(3-6-1)计算：

$$X=\frac{(c_1-c_0)\times V}{m\times 1\ 000} \tag{3-6-1}$$

式中：$X$—试样中镉含量（mg/kg 或 mg/L）；$c_1$—试样消化液中镉含量（ng/mL）；$c_0$—空白溶液中镉含量（ng/mL）；$V$—试样消化液的定容体积（mL）；$m$—试样质量或体积（g 或 mL）；1 000—换算系数。

## 五、注意事项及说明

（1）所用玻璃仪器均需以硝酸溶液（体积比，1＋4）浸泡 24 h 以上，用水反复冲洗，最后用去离子水冲洗干净。

（2）对有干扰的试样，将 5 μL 基体改进剂磷酸二氢铵溶液（10 g/L）和样品消化液一起注入石墨炉，绘制标准曲线时也要加入与试样测定时等量的基体改进剂。

（3）对含油脂的样品，应尽量避免用湿式消解法消化，最好采用干法消化。如果必须采用湿式消解法消化，样品的取样量最大不能超过 1 g。

## 六、结果与分析

实验结果按表 3-6-2 进行记录。以实验小组为单位，绘制标准曲线，用方差分析法分析样品在组间的差异，以及不同样品间的镉含量差异。

表 3-6-2　实验结果记录表

| 项目 | 样品 1 | | | | 样品 2 | | | |
|---|---|---|---|---|---|---|---|---|
| | 重复 1 | 重复 2 | 重复 3 | 均值 | 重复 1 | 重复 2 | 重复 3 | 均值 |
| 镉含量 | | | | | | | | |

## 七、思考题

1. 在水稻种植过程中为什么会出现镉污染？
2. 农产品中的镉残留对人体有哪些危害？

# 实验 7　银盐法测定农产品中总砷含量

## 一、实验目的

1. 学习银盐法测定农产品中总砷含量的原理与方法。
2. 学习分光光度计的操作和使用。

## 二、实验原理

试样经消化后，以碘化钾、氯化亚锡将高价砷还原为三价砷，然后与锌粒和酸产生的新生态氢反应生成砷化氢，经银盐溶液吸收后，形成红色胶态物，与标准系列比较定量。

## 三、实验器材与试剂

1. 实验材料

粮食作物、蔬菜、水果等。

2. 实验器具

测砷装置(图3-7-1):100～150 mL 锥形瓶(19号标准口)、导气管(19号标准口或经碱处理后洗净的橡皮塞与锥形瓶密合时不漏气,管的另一端管径为1.0 mm)、吸收管(可用10 mL刻度离心管代替)。

分光光度计、定氮瓶(250～500 mL)、容量瓶(100、1 000 mL)、量筒(100 mL)、锥形瓶(150 mL)、棕色玻璃瓶、移液器等。

3. 实验试剂

本实验所需试剂除另有说明外均为优级纯,水为GB/T 6682规定的一级水,试剂配制方法如表3-7-1所示。

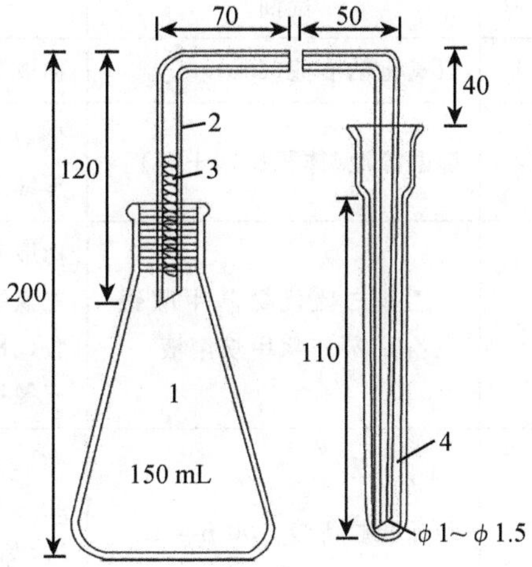


**图3-7-1　测砷装置(单位:mm)**

注:1—150 mL 锥形瓶;2—导气管;3—乙酸铅棉花;4—10 mL 刻度离心管

**表3-7-1　本实验所需试剂及配制方法**

| 序号 | 试剂 | 配制方法 |
| --- | --- | --- |
| 1 | 无砷锡粒 | 分析纯 |
| 2 | 乙酸 | 优级纯 |
| 3 | 氧化镁 | 分析纯 |
| 4 | 硝酸-高氯酸混合溶液(体积比,4+1) | 量取80 mL 硝酸(优级纯),加入20 mL 高氯酸(优级纯),混匀 |
| 5 | 硝酸镁溶液(150 g/L) | 称取15 g 硝酸镁(分析纯),加蒸馏水溶解并定容至100 mL |
| 6 | 碘化钾溶液(150 g/L) | 称取15 g 碘化钾(分析纯),加蒸馏水溶解并定容至100 mL,贮存于棕色瓶中 |
| 7 | 酸性氯化亚锡溶液 | 称取40 g 氯化亚锡(分析纯),加盐酸溶解并定容至100 mL,加入数颗金属锡粒 |
| 8 | 盐酸溶液(体积比,1+1) | 量取100 mL 盐酸(优级纯),缓缓倒入100 mL 蒸馏水中,混匀 |
| 9 | 乙酸铅溶液(100 g/L) | 称取11.8 g 乙酸铅($C_4H_6O_4Pb \cdot 3H_2O$,分析纯),用蒸馏水溶解,加入1～2滴乙酸(优级纯),用蒸馏水定容至100 mL |
| 10 | 乙酸铅棉花 | 用100 g/L 乙酸铅溶液浸透脱脂棉后,压除多余溶液,并使之疏松,在100 ℃以下干燥后贮存于玻璃瓶中 |

续表3-7-1

| 序号 | 试剂 | 配制方法 |
|---|---|---|
| 11 | 氢氧化钠溶液(200 g/L) | 称取 20 g 氢氧化钠(优级纯),用蒸馏水溶解并定容至 100 mL |
| 12 | 硫酸溶液(体积比,6+94) | 量取 6.0 mL 硫酸(优级纯),慢慢加入 80 mL 蒸馏水中,冷却后再用蒸馏水定容至 100 mL |
| 13 | 二乙基二硫代氨基甲酸银-三乙醇胺-三氯甲烷溶液 | 称取 0.25 g 二乙基二硫代氨基甲酸银(分析纯)置于乳钵中,加少量三氯甲烷(分析纯)研磨,移入 100 mL 量筒中,加入 1.8 mL 三乙醇胺(分析纯),再用三氯甲烷分次洗涤乳钵,合并洗涤液至量筒中,用三氯甲烷稀释至 100 mL,放置过夜,滤入棕色瓶中贮存 |
| 14 | 砷标准贮备液(100 mg/L) | 称取于 0.132 0 g 经 100 ℃干燥 2 h 的三氧化二砷标准品(纯度≥99.5%),加 5 mL 200 g/L 氢氧化钠溶液,溶解后加 25 mL 硫酸溶液(体积比,6+94),移入 1 000 mL 容量瓶中,加新煮沸冷却的蒸馏水定容至刻度,贮存于棕色玻璃瓶中,4 ℃避光保存 |
| 15 | 砷标准工作液(1 mg/L) | 吸取 1 mL 100 mg/L 砷标准贮备液于 100 mL 容量瓶中,加 1 mL 硫酸溶液(体积比,6+94),用蒸馏水定容至刻度。现配现用 |

## 四、实验步骤

1. 试样制备

(1)粮食作物　去除杂物后粉碎,贮存于塑料瓶中。

(2)蔬菜、水果　用水洗净后晾干,取可食部分制成匀浆,密封后贮存于塑料瓶中,于 4 ℃冰箱冷藏备用。

2. 样品提取

采用硝酸-高氯酸-硫酸法进行样品提取。

(1)粮食、茶叶等　称取试样 5.0～10.0 g(精确至 0.001 g)于 250～500 mL 定氮瓶中,先加少量蒸馏水湿润,加数粒玻璃珠、10～15 mL 硝酸-高氯酸混合溶液,放置片刻,低温缓缓加热,待作用缓和后冷却。沿瓶壁加入 5 mL 或 10 mL 硫酸,再加热,当瓶中液体开始变成棕色时,不断沿瓶壁滴加硝酸-高氯酸混合液至有机质完全分解。高温加热至产生白烟,待瓶口白烟冒净后,瓶内液体再产生白烟为消化完全,溶液呈澄清透明或微黄色,放至冷却。加 20 mL 蒸馏水煮沸,除去残余硝酸至产生白烟为止,如此处理 2 次,放至冷却后,加蒸馏水至刻度并混匀。溶液每 10 mL 相当于 1 g 试样,相当于加入 1 mL 硫酸。取与消化试样相同量的硝酸-高氯酸混合液和硫酸,按同一方法做空白试验。

(2)蔬菜、水果　称取试样 10.0～20.0 g(精确至 0.001 g),或吸取 10.0～20.0 mL 液体试样,置于 250～500 mL 定氮瓶中,加数粒玻璃珠、5～15 mL 硝酸-高氯酸混合溶液,放置片刻后,依上述(1)中操作。溶液每 10 mL 相当于 5 g 试样,相当于加入 1 mL 硫酸。按同一操作方法做空白试验。

3. 测定

(1)制作标准曲线　分别吸取 0、2.0、4.0、6.0、8.0、10 mL 砷标准工作液(相当于 0、2.0、

4.0、6.0、8.0、10.0 μg 砷)置于 6 个 150 mL 锥形瓶中，加蒸馏水至 40 mL，再加 10 mL 盐酸溶液(体积比，1+1)。然后分别加入 3 mL 150 g/L 碘化钾溶液、0.5 mL 酸性氯化亚锡溶液，混匀后静置 15 min。各加入 3 g 锌粒，立即分别塞上装有乙酸铅棉花的导气管，并使管尖端插入盛有 4 mL 银盐溶液的离心管中的液面，常温下反应 45 min 后，取下离心管，加三氯甲烷补足 4 mL。用 1 cm 比色皿，以零管调零，于波长 520 nm 处测吸光度，绘制标准曲线。

(2)试样溶液测定　吸取一定量湿法消解后的定容溶液(相当于 5 g 试样)及等量的试剂空白液，分别置于 150 mL 锥形瓶中，加入硫酸至总量为 5 mL，再加蒸馏水至 50 mL。然后各加 3 mL 150 g/L 碘化钾溶液、0.5 mL 酸性氯化亚锡溶液，混匀后静置 15 min。之后步骤依标准曲线制作中操作。

4. 结果计算

试样中砷含量($X$)按公式(3-7-1)计算：

$$X=\frac{(A_1-A_2)\times V_1\times 1\ 000}{m\times V_2\times 1\ 000\times 1\ 000} \tag{3-7-1}$$

式中：$X$—试样中砷含量(mg/kg 或 mg/L)；$A_1$—测定用试样消化液中砷的质量(ng)；$A_2$—空白消化液中砷的质量(ng)；$V_1$—试样消化液总体积(mL)；$m$—试样质量或体积(g 或 mL)；$V_2$—测定用试样消化液体积(mL)；1 000——换算系数。

## 五、注意事项及说明

所有玻璃器皿需以硝酸溶液(体积比，1+4)浸泡 24 h，用水反复冲洗，最后用水冲洗干净。

## 六、结果与分析

实验结果按表 3-7-2 进行记录。以实验小组为单位，绘制标准曲线，用方差分析法分析样品在组间的差异，以及不同样品间的砷含量差异。

**表 3-7-2　实验结果记录表**

| 项目 | 样品 1 | | | | 样品 2 | | | |
|---|---|---|---|---|---|---|---|---|
| | 重复 1 | 重复 2 | 重复 3 | 均值 | 重复 1 | 重复 2 | 重复 3 | 均值 |
| 砷含量 | | | | | | | | |

## 七、思考题

1. 砷急性中毒与慢性中毒各有哪些症状？如何处理砷急性中毒？
2. 农产品中的砷污染主要有哪些来源？

# 实验 8　液相色谱-原子荧光光谱法测定农产品中无机砷含量

## 一、实验目的

1. 学习液相色谱-原子荧光光谱法测定农产品中无机砷的方法和原理。

2. 学习液相色谱-原子荧光光谱联用仪(LC-AFS)的操作和使用。

## 二、实验原理

样品中无机砷经稀硝酸提取后，以液相色谱进行分离，分离后的目标化合物在酸性环境下与硼氢化钾($KBH_4$)反应，生成气态砷化合物，以原子荧光光谱仪进行测定。按保留时间定性，用外标法定量。

## 三、实验器材与试剂

1. 实验材料

大米。

2. 实验器具

液相色谱-原子荧光光谱联用仪(LC-AFS)：由液相色谱仪(包括液相色谱泵和手动进样阀)与原子荧光光谱仪组成。

组织匀浆机、高速粉碎机、冷冻干燥剂、离心机(转速≥8 000 r/min)、pH 计、分析天平(感量 0.1 mg 和 1 mg)、恒温干燥箱(50～300 ℃)、$C_{18}$ 净化小柱或等效柱、有机滤膜(0.45 μm)、容量瓶(10、100、1 000 mL)、离心管(50 mL)、移液器等。

3. 实验试剂

本实验所需试剂除另有说明外均为优级纯，水为 GB/T 6682 规定的一级水，试剂配制方法如表 3-8-1 所示。

表 3-8-1　本实验所需试剂及配制方法

| 序号 | 试剂 | 配制方法 |
| --- | --- | --- |
| 1 | 氨水 | 优级纯 |
| 2 | 正己烷 | 优级纯 |
| 3 | 20%盐酸溶液 | 量取 200 mL 盐酸(优级纯)，用蒸馏水定容至 1 000 mL |
| 4 | 硝酸溶液(0.15 mol/L) | 量取 10 mL 硝酸(优级纯)，用蒸馏水定容至 1 000 mL |
| 5 | 氢氧化钾溶液(100 g/L) | 称取 10 g 氢氧化钾(优级纯)，用蒸馏水溶解并定容至 100 mL |
| 6 | 氢氧化钾溶液(5 g/L) | 称取 5 g 氢氧化钾(优级纯)，用蒸馏水溶解并定容至 1 000 mL |
| 7 | 硼氢化钾溶液(30 g/L) | 称取 30 g 硼氢化钾(分析纯)，用 5 g/L 氢氧化钾溶液溶解并定容至 1 000 mL。现配现用 |
| 8 | 磷酸二氢铵溶液(20 mmol/L) | 称取 2.3 g 磷酸二氢铵(分析纯)，溶于 1 000 mL 蒸馏水中，以氨水调节 pH 至 8.0，经 0.45 μm 水系滤膜过滤后，于超声水浴中超声脱气 30 min 后备用 |
| 9 | 磷酸二氢铵溶液(15 mmol/L) | 称取 1.7 g 磷酸二氢铵(分析纯)，溶于 1 000 mL 蒸馏水中，以氨水调节 pH 至 6.0，经 0.45 μm 水系滤膜过滤后，于超声水浴中超声脱气 30 min 后备用 |
| 10 | 磷酸二氢铵溶液(1 mmol/L) | 量取 20 mmol/L 磷酸二氢铵溶液 50 mL，用蒸馏水定容至 1 000 mL，以氨水调节 pH 至 9.0，经 0.45 μm 水系滤膜过滤后，于超声水浴中超声脱气 30 min 后备用 |

续表3-8-1

| 序号 | 试剂 | 配制方法 |
|---|---|---|
| 11 | 亚砷酸盐[As(Ⅲ)]标准贮备液(100 mg/L) | 称取三氧化二砷标准品(纯度≥99.5%)0.013 2 g,加 1 mL 100 g/L 氢氧化钾溶液和少量蒸馏水溶解,转入 100 mL 容量瓶中,加入适量盐酸调整其酸度近中性,用蒸馏水定容至刻度,4 ℃保存 |
| 12 | 砷酸盐[As(Ⅴ)]标准贮备液(100 mg/L) | 称取砷酸二氢钾标准品(纯度≥99.5%)0.024 0 g,用蒸馏水溶解并定容至 100 mL,4 ℃保存 |
| 13 | As(Ⅲ)-As(Ⅴ)混合标准工作液(1 mg/L) | 吸取 100 mg/L 的 As(Ⅲ)和 As(Ⅴ)标准贮备液各 1 mL 于 100 mL 容量瓶中,用蒸馏水定容至刻度。现配现用 |

## 四、实验步骤

1. 试样制备

大米去除杂物后粉碎,贮存于塑料瓶中。

2. 试样提取

称取试样 1.0 g(精确至 0.001 g)于 50 mL 离心管中,加入 20 mL 0.15 mol/L 硝酸溶液,放置过夜。于 90 ℃恒温箱中浸提 2.5 h,每 0.5 h 振荡 1 min。提取完毕后取出冷却至室温,8 000 r/min 离心 15 min,取上层清液,经 0.45 μm 有机滤膜过滤后进行测定。按同一操作方法做空白试验。

3. 仪器条件

(1)液相色谱条件　色谱柱:阴离子交换色谱柱(柱长 250 mm,内径 4 mm),或等效柱;阴离子交换色谱保护柱(柱长 10 mm,内径 4 mm),或等效柱。

等度洗脱:流动相为 15 mmol/L pH 6.0 磷酸二氢铵溶液,流速 1 mL/min,进样体积 100 μL。等度洗脱适用于稻米及稻米加工产品。

(2)原子荧光检测条件　负高压 320 V;砷灯总电流 90 mA,主/辅助电流 55/35;火焰原子化,原子化器中温;载液为 20%盐酸溶液,流速 4 mL/min;还原剂为 30 g/L 硼氢化钾溶液,流速 4 mL/min;载气流速 400 mL/min,辅助气流速 400 mL/min。

4. 测定

(1)制作标准曲线　取 7 支 10 mL 容量瓶,分别加入 1 mg/L 混合标准工作液 0、0.05、0.10、0.20、0.30、0.50 和 1.00 mL,用蒸馏水定容至刻度,即得浓度为 0、5.0、10、20、30、50 和 100 ng/mL 的标准系列溶液。吸取标准系列溶液 100 μL 注入液相色谱-原子荧光光谱联用仪(LC-AFS)进行分析,得到色谱图,以保留时间定性。以标准系列溶液中目标化合物的浓度为横坐标,色谱峰面积为纵坐标,绘制标准曲线。

(2)试样溶液测定　吸取试样溶液 100 μL 注入液相色谱-原子荧光光谱联用仪(LC-AFS)中,得到色谱图,以保留时间定性。根据标准曲线得到试样溶液中 As(Ⅲ)与 As(Ⅴ)含量,As(Ⅲ)与 As(Ⅴ)含量之和为总无机砷含量。

5. 结果计算

试样中无机砷含量($X$)按公式(3-8-1)计算:

$$X=\frac{(c-c_0)\times V\times 1\ 000}{m\times 1\ 000\times 1\ 000} \qquad (3\text{-}8\text{-}1)$$

式中：$X$—试样中无机砷含量（以 As 计）（mg/kg）；$c$—测定溶液中无机砷化合物浓度（ng/mL）；$c_0$—空白溶液中无机砷化合物浓度（ng/mL）；$V$—试样消化液体积（mL）；$m$—试样质量（g）；1 000—换算系数。

## 五、注意事项及说明

1. 所有玻璃器皿需以硝酸溶液（体积比，1＋4）浸泡 24 h，用水反复冲洗，最后用水冲洗干净。

2. 重复性条件下获得的两次独立测定结果的绝对差值不得超过算术平均值的 20%。

## 六、结果与分析

实验结果按表 3-8-2 进行记录。以实验小组为单位，绘制标准曲线，用方差分析法分析样品在组间的差异，以及不同样品间的砷含量差异。

**表 3-8-2　实验结果记录表**

| 项目 | 样品 1 | | | | 样品 2 | | | |
|---|---|---|---|---|---|---|---|---|
| | 重复 1 | 重复 2 | 重复 3 | 均值 | 重复 1 | 重复 2 | 重复 3 | 均值 |
| 无机砷含量/（mg/kg） | | | | | | | | |

## 七、思考题

1. 总砷与无机砷的区别是什么？

2. 有机砷与无机砷哪种毒性大？

# 第 3 节　农产品中农药残留量的测定

## 实验 9　速测卡法快速测定有机磷和氨基甲酸酯类农药残留量

### 一、实验目的

学习及掌握农产品中有机磷和氨基甲酸酯类农药的快速检测原理与方法。

### 二、实验原理

胆碱酯酶可催化靛酚乙酸酯（红色）水解为乙酸与靛酚（蓝色），有机磷或氨基甲酸酯类农药对胆碱酯酶有抑制作用，使催化、水解、变色的过程发生改变，由此可判断样品中是否有高剂量有机磷或氨基甲酸酯类农药。

## 三、实验器材与试剂

1. 实验材料

蔬菜等。

2. 实验器具

速测卡(固化有胆碱酯酶和靛酚乙酸酯试剂的纸片)、分析天平、恒温装置等。

3. 实验试剂

本实验所需试剂为分析纯,其配制方法如表 3-9-1 所示。

**表 3-9-1　本实验所需试剂及配制方法**

| 序号 | 试剂 | 配制方法 |
|---|---|---|
| 1 | pH 7.5 缓冲溶液 | 称取 15.0 g 磷酸氢二钠与 1.59 g 无水磷酸二氢钾,用 500 mL 蒸馏水溶解 |

## 四、实验步骤

1. 整体测定法

(1)选取有代表性的蔬菜样品,擦去表面泥土,剪成 1 cm×1 cm 碎片,取 5 g 放入带盖瓶中,加入 10 mL 缓冲溶液,振摇 50 次,静置 2 min 以上。

(2)取一片速测卡,用白色药片蘸取提取液,放置 10 min 以上进行预反应,或在 37 ℃恒温装置中放置 10 min。预反应后的药片表面必须保持湿润。

(3)将速测卡对折,用手捏 3 min 或放置在恒温装置中 3 min,使红色药片与白色药片叠合发生反应。每批测定应设定一个缓冲液的空白对照卡。

2. 表面测定法

(1)擦去蔬菜表面泥土,滴 2～3 滴缓冲溶液在蔬菜表面,用另一片蔬菜在滴液处轻轻摩擦。

(2)取一片速测卡,将蔬菜上的液滴滴在白色药片上,放置 10 min 以上进行预反应,或在 37 ℃恒温装置中放置 10 min。预反应后的药片表面必须保持湿润。

(3)将速测卡对折,用手捏 3 min 或放置在恒温装置中 3 min,使红色药片与白色药片叠合发生反应。每批测定应设定一个缓冲液的空白对照卡。

3. 结果判定

结果以酶被有机磷或氨基甲酸酯类农药抑制(为阳性)或未抑制(为阴性)表示。与空白对照卡比较,白色药片不变色或略有浅蓝色均为阳性结果;白色药片变为天蓝色或与空白对照卡相同,为阴性结果。对阳性结果样品,可用其他方法进一步确定具体农药品种和含量。

速测卡对部分农药的检出限见表 3-9-2。

表 3-9-2 部分农药检出限

| 农药名称 | 检出限/(mg/kg) | 农药名称 | 检出限/(mg/kg) |
|---|---|---|---|
| 甲胺磷 | 1.7 | 敌百虫 | 0.3 |
| 对硫磷 | 1.7 | 乐果 | 1.3 |
| 水胺硫磷 | 3.1 | 久效磷 | 2.5 |
| 马拉硫磷 | 2.0 | 甲萘威 | 2.5 |
| 氧化乐果 | 2.3 | 好年冬 | 1.0 |
| 乙酰甲胺磷 | 3.5 | 呋喃丹 | 0.5 |
| 敌敌畏 | 0.3 | | |

## 五、注意事项及说明

(1)葱、蒜、萝卜、韭菜、芹菜、香菜、茭白、蘑菇及番茄汁液中,含有对酶有影响的植物次生物质,容易产生假阳性,可采用整株蔬菜浸提或采用表面测定法;对于有些叶绿素含量较高的蔬菜,也可采取整株浸提的方法,减少色素的干扰。

(2)当温度条件低于 37 ℃,酶反应速度随之变慢,药片加药液后放置反应时间相应延长。延长时间的确定,应以空白对照卡用手指(体温)捏 3 min 时可变蓝为依据。

(3)样品放置时间应与空白对照卡放置时间保持一致才有可比性。空白对照卡不变色的原因:一是药片表面缓冲溶液加得少,预反应后的药片表面不够湿润;二是温度太低。

## 六、结果与分析

实验结果按表 3-9-3 进行记录。以实验小组为单位,用方差分析法分析样品在组间的差异,以及不同样品间的农药残余量差异。

表 3-9-3 实验结果记录表

分组编号: 测定日期: 年 月 日

| 样品编号 | 重复 | | | 均值 |
|---|---|---|---|---|
| | 1 | 2 | 3 | |
| 1 | | | | |
| 2 | | | | |
| 3 | | | | |

## 七、思考题

1. 有机磷和氨基甲酸酯类农药残留会有哪些危害?
2. 速测卡法快速测定农药残留的优势在哪里?

# 实验 10　酶抑制率法快速测定有机磷和氨基甲酸酯类农药残留量

## 一、实验目的

1. 学习分光光度计法测定农产品中有机磷和氨基甲酸酯类农药的原理及方法。

2. 掌握分光光度计的使用方法。

## 二、实验原理

样品中有机磷类和氨基甲酸酯类农药残留抑制昆虫酯酶和酶受体反应，荧光底物被激活发出荧光信号减弱，通过荧光信号的变化计算该样品中有机磷类和氨基甲酸酯类农药的酶抑制率并与对应限量酶抑制率比较，从而快速定性判定样品中有机磷类和氨基甲酸酯类农药是否超标。

## 三、实验器材与试剂

1. 实验材料

粮食等。

2. 实验器具

粉碎机：电机转速≥1 000 r/min，可使试样粉碎后全部通过 20 目(0.850 mm)筛。

荧光检测仪：激发波长 460～550 nm，发射波长 590 nm。

漩涡振荡器、天平(感量 0.01 g)、吹干仪(温度≥45 ℃)、离心机(转速≥4 500 r/min)、离心管(10 mL)、螺口带盖检测微管(1.5 mL)、孵育器(温度≥35 ℃)、容量瓶(1 000 mL)、移液器等。

3. 实验试剂

本实验所需试剂除另有说明外均为分析纯，水为 GB/T 6682 规定的二级水，试剂配制方法如表 3-10-1 所示。

**表 3-10-1　本实验所需试剂及配制方法**

| 序号 | 试剂 | 配制方法 |
|---|---|---|
| 1 | 乙酸乙酯-丙酮溶液 | 量取 5 mL 丙酮，加入 95 mL 乙酸乙酯，混匀 |
| 2 | 硫酸钠溶液 | 称取 200 g 无水硫酸钠，用蒸馏水溶解后定容至 1 000 mL，混匀 |
| 3 | 磷酸盐缓冲液(PBS) | 称取 8.00 g 氯化钠、1.20 g 磷酸氢二钠(或 2.92 g 十二水磷酸氢二钠)和 0.20 g 氯化钾，用 900 mL 蒸馏水溶解，并用盐酸调节 pH 至 7.4±0.1，加蒸馏水至 1 000 mL |
| 4 | 1% Triton X-100(或吐温-20) | 量取 10 mL Triton X-100(或吐温-20)，用 PBS 定容至 1 000 mL |

续表3-10-1

| 序号 | 试剂 | 配制方法 |
| --- | --- | --- |
| 5 | 昆虫酯酶溶液 | 取 30.0 mg 昆虫酯酶加入 10 mL PBS，摇匀 |
| 6 | 荧光素酶受体溶液 | 取 0.5 mg 荧光素酶受体加入 10 mL 蒸馏水，混匀 |
| 7 | 荧光底物溶液 | 取 1.0 mg 荧光底物加入 10 mL 1% Trition X-100(或吐温-20)，混匀 |

## 四、实验步骤

1. 样品制备

用粉碎机将样品粉碎至全部通过 20 目筛，充分混匀。

2. 样品提取

称取试样 0.50 g 于 10 mL 离心管中，加入 2 mL 硫酸钠溶液、2 mL 乙酸乙酯-丙酮溶液，混匀。在 1 500 r/min 下离心 2 min，取 100 μL 上清液至 2 mL 离心管中，在 45 ℃下吹至近干，加入 1 mL 蒸馏水复溶，此溶液为待测液 A。

3. 样品测定

吸取 100 μL 待测液 A 加入微检测管中，然后加入 50 μL 昆虫酯酶溶液，混匀。将微管置于 35 ℃孵育器中，孵育 10 min。向微管底部加入 50 μL 荧光素酶受体溶液，混匀。将微管置于 35 ℃孵育器中，孵育 5 min。然后向微管加入 1 mL 荧光底物溶液，用荧光检测仪读取数据。同时做空白试验。

4. 结果计算

酶抑制率($y$)按公式(3-10-1)计算：

$$y=\frac{(I_0-I_1)\times 100}{I_0} \tag{3-10-1}$$

式中：$y$—酶抑制率(%)；$I_0$—空白试验响应值；$I_1$—待测样品响应值。计算结果保留三位有效数字。

## 五、注意事项及说明

(1)30 s 内完成荧光底物溶液的添加，避免产生气泡影响检测。

(2)根据目标农药的限量值(表 3-10-2)和对应的限量酶抑制率，选取最低限量酶抑制率作为判定酶抑制率。当样品的酶抑制率高于判定酶抑制率，表示样品中可能有高剂量有机磷类或氨基甲酸酯类农药残留，该样品判定为疑似阳性样品；对疑似阳性样品，需要进一步确定具体农药的种类和含量。当样品的酶抑制率低于判定酶抑制率，表示样品中有机磷类和氨基甲酸酯类农药残留较低，该样品判定为阴性样品。

表 3-10-2　本方法的农药检出限

| 农药名称 | 检出限/(μg/kg) | 农药名称 | 检出限/(μg/kg) | 农药名称 | 检出限/(μg/kg) |
|---|---|---|---|---|---|
| 辛硫磷 | 0.50 | 苯线磷 | 7.0 | 对硫磷 | 20 |
| 谷硫磷 | 0.30 | 丰索林 | 75 | 甲拌磷 | 0.60 |
| 三硫磷 | 2.0 | 杀螟氧磷 | 0.10 | 氧甲拌磷 | 0.60 |
| 杀螨硫磷 | 0.30 | 杀螟硫磷 | 20 | 伏杀硫磷 | 60 |
| 毒虫畏 | 0.50 | 地虫硫磷 | 75 | 磷胺 | 20 |
| 毒死蜱 | 50 | 溴苯磷 | 0.2 | 亚胺硫磷 | 0.50 |
| 蝇毒磷 | 50 | 溴苯氧磷 | 0.20 | 甲基嘧啶磷 | 50 |
| 巴毒磷 | 0.25 | 马拉氧磷 | 0.70 | 丙溴磷 | 0.50 |
| 育畜磷 | 4.0 | 马拉硫磷 | 2.0 | 杀虫畏 | 0.30 |
| 二嗪磷 | 2.5 | 杀扑磷 | 0.60 | 三唑磷 | 0.10 |
| 敌敌畏 | 0.25 | 甲基对氧磷 | 0.10 | 敌百虫 | 10 |
| 乐果 | 12.5 | 甲基对硫磷 | 0.10 | 涕灭威 | 12 |
| 乙拌磷 | 3.5 | 速灭磷 | 0.10 | 甲萘威 | 0.20 |
| 苯硫磷 | 0.1 | 久效磷 | 50 | 克百威 | 5.0 |
| 乙硫磷 | 2.5 | 二溴磷 | 0.20 | 异丙威 | 2.5 |
| 灭线磷 | 5.0 | 对氧磷 | 0.20 | 甲硫威 | 0.30 |
| 杀线威 | 12 | 残杀威 | 11.0 | | |

## 六、结果与分析

实验结果按表 3-10-3 进行记录。以实验小组为单位，用方差分析法分析样品在组间的差异，以及不同样品间的农药残余量差异。

表 3-10-3　实验结果记录表

分组编号：　　　　　　　　　　　　　　　　　　　　　　　　测定日期：　年　月　日

| 样品编号 | 重复 | | | 均值 |
|---|---|---|---|---|
| | 1 | 2 | 3 | |
| 1 | | | | |
| 2 | | | | |
| 3 | | | | |

## 七、思考题

1. 酶抑制率法快速测定有机磷和氨基甲酸酯类农药残留有哪些优缺点？
2. 如何减少农产品中的农药残留？

# 实验 11 气相色谱-质谱(GC-MS)法测定农产品中多种有机磷农药残留量

## 一、实验目的

1. 学习农产品中多种有机磷农药残留的测定方法(GC-MS 法)；
2. 学习气相色谱-质谱仪的操作和使用。

## 二、实验原理

试样中残留的敌敌畏、乙酰甲胺磷、丙线磷等 16 种有机磷农药用水-丙酮均质提取，经二氯甲烷液-液分配，以凝胶色谱柱净化，再经石墨化炭黑和弗罗里硅土固相萃取柱、净化，洗脱液浓缩并溶解定容后，供气相色谱-质谱检测，可用外标法定量测定。

## 三、实验器材与试剂

1. 实验材料

粮食谷物等。

2. 实验器具

气相色谱-质谱仪：配有电子电离源检测器。

凝胶色谱仪：配有单元泵和馏分收集器。

粉碎机、圆孔筛(2.0 mm)、分析天平(感量 0.000 1 g)、均质器(8 000～24 000 r/min)、旋转蒸发器、离心机(4 000 r/min)、具塞锥形瓶(250 mL)、分液漏斗(250 mL)、浓缩瓶(250 mL)、有机微孔滤膜(0.45 μm)、容量瓶(1 000 mL)、移液器等。

3. 实验试剂

本实验所需试剂除另有说明外均为分析纯，水为 GB/T 6682 规定的一级水，试剂配制方法如表 3-11-1 所示。

表 3-11-1 本实验所需试剂及配制方法

| 序号 | 试剂 | 配制方法 |
|---|---|---|
| 1 | 丙酮 | 残留级 |
| 2 | 二氯甲烷 | 残留级 |
| 3 | 无水硫酸钠 | 650 ℃灼烧 4 h，贮存于密封容器中备用 |
| 4 | 乙酸乙酯-正己烷(体积比，1+4) | 量取 100 mL 乙酸乙酯(残留级)和 400 mL 正己烷(残留级)，混匀 |
| 5 | 环己烷-乙酸乙酯(体积比，1+1) | 量取 100 mL 环己烷(残留级)和 100 mL 乙酸乙酯(残留级)，混匀 |
| 6 | 氯化钠溶液(20 g/L) | 称取 20 g 氯化钠，用蒸馏水溶解后定容至 1 000 mL，混匀 |
| 7 | 16 种农药标准品(纯度≥98%) | 敌敌畏、乙酰甲胺磷、丙线磷、特丁磷、甲基乙拌磷、二嗪磷、二噁硫磷、乙嘧硫磷、甲基嘧啶磷、杀螟硫磷、马拉硫磷、倍硫磷、对硫磷、稻丰散、丁胺磷、苯硫磷 |

续表3-11-1

| 序号 | 试剂 | 配制方法 |
|---|---|---|
| 8 | 敌敌畏等16种农药标准贮备溶液 | 准确称取适量的标准品，用丙酮配制成浓度为1 000 μg/mL的标准贮备溶液，于0～4 ℃冰箱中保存 |
| 9 | 敌敌畏等16种农药标准工作溶液 | 根据需要将标准贮备溶液用乙酸乙酯（残留级）稀释成适用浓度的标准工作溶液，于0～4 ℃冰箱中保存 |
| 10 | 石墨化炭黑固相萃取柱 | ENVI-Carb，250 mg，6 mL，或相当者 |
| 11 | 氟罗里硅土固相萃取柱 | Florisil，500 mg，6 mL，或相当者。使用前用6 mL乙酸乙酯-正己烷预淋洗 |

## 四、实验步骤

1. 样品制备

取代表性样品玉米、糙米、大米、小麦、荞麦各约500 g，用粉碎机粉碎，并通过2.0 mm圆孔筛，混匀，装入洁净容器，密封，做好标记。试样于0～4 ℃保存。

2. 样品提取

称取试样约20 g（精确至0.01 g）于250 mL具塞锥形瓶中，加入20 mL蒸馏水，混匀后放置1 h。加入100 mL丙酮，高速均质提取3 min，然后将提取液抽滤于250 mL浓缩瓶中。残渣再用50 mL丙酮重复提取一次，合并滤液，于35 ℃水浴中旋转浓缩至约20 mL，待液-液分配净化。

3. 样品净化

（1）敌敌畏等16种农药残留净化

将浓缩提取液转移至250 mL分液漏斗中，加入150 mL氯化钠水溶液和50 mL二氯甲烷，振摇3 min，静置分层，收集二氯甲烷相。水相再用2×50 mL二氯甲烷重复提取两次，合并二氯甲烷相。经无水硫酸钠柱脱水，收集于250 mL浓缩瓶中，于35 ℃水浴中旋转浓缩至近干，加入10 mL环己烷-乙酸乙酯（体积比，1+1）以溶解残渣，并用0.45 μm滤膜过滤，待凝胶色谱净化。

（2）凝胶色谱净化

①凝胶色谱条件　凝胶净化柱：Bio Beads S-X3，700 mm×25 mm（内径），或相当者；流动相：乙酸乙酯-环己烷（体积比，1+1）；流速：4.7 mL/min；样品定量环：10 mL；预淋洗时间：10 min；凝胶色谱平衡时间：5 min；收集时间：28～35 min。

②凝胶色谱净化步骤　将待净化液按凝胶色谱条件进行净化，收集组分于35 ℃下浓缩至近干，并用2 mL乙酸乙酯-正己烷溶解残渣，待固相萃取净化。

（3）固相萃取净化　将上述全部固相萃取净化液（2 mL）倾入串联的石墨化炭黑固相萃取柱和氟罗里硅土固相萃取柱中（石墨化炭黑固相萃取柱在上，氟罗里硅土固相萃取柱在下），并用3 mL乙酸乙酯-正己烷分3次洗涤浓缩瓶，将洗涤液倾入串联的石墨化炭黑固相萃取柱和氟罗里硅土固相萃取柱中，再用15 mL乙酸乙酯-正己烷洗脱。收集上述洗脱液至浓缩瓶中，于35 ℃水浴中旋转蒸发至约2 mL，用8 mL乙酸乙酯转移至10 mL试管中，在室温下，氮吹近干，用乙酸乙酯溶解并定容至 0.5 mL，供气相色谱-质谱联用仪测定。

4. GC-MS 条件

色谱柱：DB-5MS 石英毛细管柱，30 m×25 mm（内径），膜厚 0.25 μm，或相当者。色谱柱温度：起始温度为 50 ℃，保留 1 min，每分钟升温 30 ℃，至 180 ℃，保留 1 min，每分钟升温 5 ℃，至 270 ℃，保留 15 min。进样口温度：250 ℃。色谱-质谱接口温度：250 ℃。载气为氦气，纯度≥99.999%，流速 1.0 mL/min。进样量 1 μL，无分流进样，1.2 min 后开阀。采用电子电离方式，选择离子监测方式（$m/z$），定性离子及定量离子参见表 3-11-2，溶剂延迟 5.00 min。

5. 样品测定

根据样液中被测物含量情况，选定浓度相近的标准工作溶液，对标准工作溶液与样液等体积参插进样测定，标准工作溶液和待测样液中每种有机磷农药的响应值均应在仪器检测的线性范围内。在上述 GC-MS 条件下，16 种有机磷农药标准物的参考保留时间和 GC-MS 选择离子色谱图参见图 3-11-1。

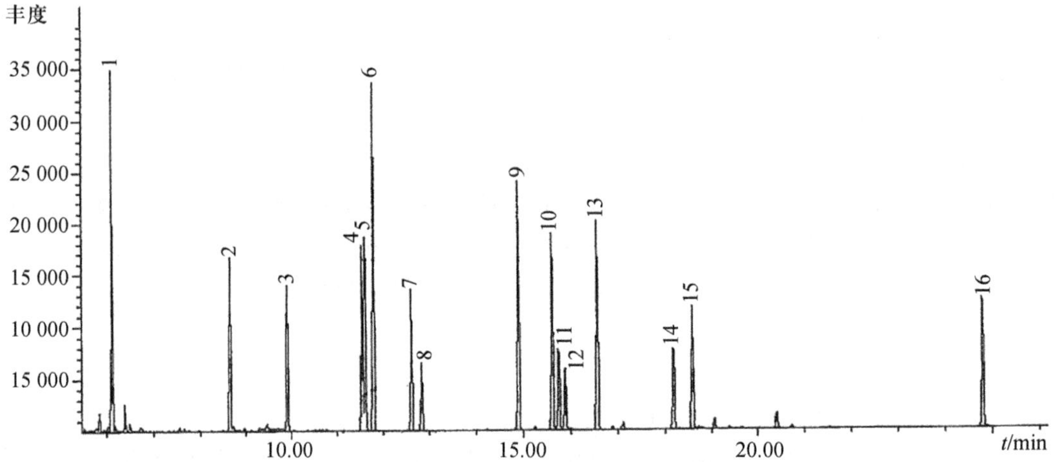


说明：

1——敌敌畏；
2——乙酰甲胺磷；
3——丙线磷；
4——特丁磷；
5——甲基乙拌磷；
6——二嗪磷；
7——乙嘧硫磷；
8——二噁硫磷；
9——甲基嘧啶磷；
10——马拉硫磷；
11——杀螟硫磷；
12——对硫磷；
13——倍硫磷；
14——稻丰散；
15——丁胺磷；
16——苯硫磷。

**图 3-11-1　敌敌畏等 16 种有机磷类农药 GC-MS 选择离子色谱图（SN/T 3768—2014）**

6. 结果计算

试样中的农药残留量（$X_i$）按公式（3-11-1）计算：

$$X_i=\frac{A_i \times c_i \times V \times 1\ 000}{A_{is} \times m \times 1\ 000} \tag{3-11-1}$$

式中：$X_i$—试样中农药 $i$ 残留量（mg/kg）；$A_i$—样液中农药 $i$ 的峰面积（或峰高）；$A_{is}$—标准工作液中农药 $i$ 的峰面积（或峰高）；$c_i$—标准工作液中农药 $i$ 的浓度（μg/mL）；$V$—样液最终定容体积（mL）；$m$—最终样液所代表的试样质量（g）。

## 五、注意事项及说明

（1）在抽样及制样的操作过程中，应防止样品受到污染或发生残留物含量的变化。

(2)结果计算时应扣除空白值。

(3)敌敌畏等 16 种有机磷类农药 GC-MS 定量和定性选择离子及测定低限见表 3-11-2。

**表 3-11-2　敌敌畏等 16 种有机磷类农药 GC-MS 定量和定性选择离子及测定低限表**

| 序号 | 农药名称 | 保留时间/min | 特征碎片离子/(amu) | | | 测定低限/(μg/g) |
|---|---|---|---|---|---|---|
| | | | 定量 | 定性 | 丰度比 | |
| 1 | 敌敌畏 | 6.13 | 185 | 109,187,222 | 37∶100∶12∶07 | 0.01 |
| 2 | 乙酰甲胺磷 | 8.68 | 136 | 94,125,142 | 100∶46∶21∶22 | 0.01 |
| 3 | 丙线磷 | 9.90 | 242 | 158,168,200 | 23∶100∶14∶40 | 0.005 |
| 4 | 特丁磷 | 11.54 | 231 | 186,203,288 | 100∶14∶10∶11 | 0.005 |
| 5 | 甲基乙拌磷 | 11.60 | 246 | 158,125,185 | 19∶18∶51∶100 | 0.01 |
| 6 | 二嗪磷 | 11.78 | 304 | 179,276,289 | 62∶100∶29∶11 | 0.01 |
| 7 | 乙嘧硫磷 | 12.61 | 292 | 181,263,277 | 100∶65∶11∶33 | 0.01 |
| 8 | 二噁硫磷 | 12.83 | 271 | 125,153,197 | 94∶100∶81∶29 | 0.01 |
| 9 | 甲基嘧啶磷 | 14.91 | 290 | 262,276,305 | 100∶25∶82∶73 | 0.01 |
| 10 | 马拉硫磷 | 15.62 | 285 | 158,173,256 | 07∶40∶100∶10 | 0.01 |
| 11 | 杀螟硫磷 | 15.75 | 277 | 214,247,260 | 100∶10∶06∶54 | 0.01 |
| 12 | 对硫磷 | 15.89 | 291 | 262,235,218 | 100∶19∶21∶16 | 0.005 |
| 13 | 倍硫磷 | 16.58 | 278 | 169,245,263 | 100∶18∶08∶06 | 0.01 |
| 14 | 稻丰散 | 18.18 | 274 | 125,246,320 | 100∶49∶22∶11 | 0.01 |
| 15 | 丁胺磷 | 18.59 | 286 | 200,232,258 | 100∶82∶41∶22 | 0.01 |
| 16 | 苯硫磷 | 24.80 | 323 | 157,169,185 | 16∶100∶60∶33 | 0.01 |

## 六、结果与分析

实验结果按表 3-11-3 进行记录。以实验小组为单位,用方差分析法分析样品在组间的差异,以及不同样品间的农药残留量差异。

**表 3-11-3　实验结果记录表**

| 农药名称 | 样品 1 | | | | 样品 2 | | | |
|---|---|---|---|---|---|---|---|---|
| | 重复 1 | 重复 2 | 重复 3 | 均值 | 重复 1 | 重复 2 | 重复 3 | 均值 |
| | | | | | | | | |

## 七、思考题

1. GC-MS 法测定农产品中多种有机磷农药残留量有哪些优缺点?
2. 若测定水产品中的农药残留量需要对样品做哪些处理?

# 第4节 农产品中微生物的检测

## 实验12 农产品中菌落总数检测

### 一、实验目的

1. 了解稀释平板计数的原理，掌握混合平板培养法，认识一些常见的菌落（如细菌、放线菌）特征。

2. 学习并掌握菌落总数测定的操作要点。

### 二、实验原理

细菌个体非常小，因此一般要经过一定适宜条件的培养使其快速增殖生长形成微生物菌落，以便于观察。菌落是食品检样经过处理，在一定条件下（如培养基、培养温度和培养时间等）培养后，所得单位质量或体积检样中形成的微生物菌落总数。

### 三、实验器材与试剂

1. 实验材料

牛奶等。

2. 实验器具

恒温培养箱[(36±1)℃和(30±1)℃]、冰箱(2～5 ℃)、恒温水浴箱[(48±2)℃]、天平（感量为0.1 g）、均质器、振荡器、无菌锥形瓶(250、500 mL)、无菌吸管或微量移液器及吸头(1、10 mL)、无菌培养皿（直径90 mm）、pH计或pH试纸、放大镜、菌落计数器等。

3. 实验试剂

本实验所需试剂及配制方法如表3-12-1所示。

**表3-12-1 本实验所需试剂及配制方法**

| 序号 | 试剂 | 配制方法 |
|---|---|---|
| 1 | 平板计数琼脂培养基 | 将5 g胰蛋白胨、2.5 g酵母浸膏、1 g葡萄糖、15 g琼脂加入1 000 mL蒸馏水中，煮沸溶解，调节pH至7.0±0.2。分装试管或锥形瓶，121 ℃高压灭菌15 min |
| 2 | 磷酸盐缓冲液（贮存液） | 称取34.0 g磷酸二氢钾($KH_2PO_4$)溶于500 mL蒸馏水中，用大约175 mL的1 mol/L氢氧化钠溶液调节pH至7.2，用蒸馏水稀释至1 000 mL后贮存于冰箱 |
| 3 | 磷酸盐缓冲液（稀释液） | 取贮存液1.25 mL，用蒸馏水稀释至1 000 mL，分装于适宜容器中，121 ℃高压灭菌15 min |
| 4 | 无菌生理盐水 | 称取8.5 g氯化钠溶于1 000 mL蒸馏水中，121 ℃高压灭菌15 min |

## 四、实验步骤

1. 样品稀释

(1)以无菌吸管吸取 25 mL 牛奶样品置于盛有 225 mL 磷酸盐缓冲液或生理盐水的无菌锥形瓶(瓶内预置适当数量的无菌玻璃珠)中,充分混匀,制成 1∶10 的样品匀液。

(2)用 1 mL 无菌吸管或微量移液器吸取 1∶10 样品匀液 1 mL,沿管壁缓慢注于盛有 9 mL 稀释液的无菌试管中(注意吸管或吸头尖端不要触及稀释液面),振摇试管或换用 1 支无菌吸管反复吹打使其混合均匀,制成 1∶100 的样品匀液。

(3)按上述步骤,制备 10 倍系列稀释样品匀液。每递增稀释一次,换用 1 支 1 mL 无菌吸管或吸头。

(4)根据对样品污染状况的估计,选择 1～3 个适宜稀释度的样品匀液(液体样品可包括原液),在进行 10 倍递增稀释时,吸取 1 mL 样品匀液于无菌平皿内,每个稀释度做两个平皿。同时,分别吸取 1 mL 空白稀释液加入两个无菌平皿内做空白对照。

(5)及时将 15～20 mL 冷却至 46～50 ℃的平板计数琼脂培养基[可放置于(48±2)℃恒温水浴箱中保温]倾注培养皿,并转动培养皿使其混合均匀。

2. 培养

(1)水平放置待琼脂凝固后,将平板翻转,(36±1)℃培养(48±2)h。

(2)如果样品中可能含有在琼脂培养基表面蔓延生长的菌落,可在凝固后的琼脂表面覆盖一薄层琼脂培养基(约 4 mL),凝固后翻转平板进行培养。

3. 菌落计数

(1)可用肉眼观察,必要时用放大镜或菌落计数器,记录稀释倍数和相应的菌落数量。菌落计数以菌落形成单位(colony-forming units,CFU)表示。

(2)选取菌落数在 30～300 CFU、无蔓延菌落生长的平板计数菌落总数。低于 30 CFU 的平板记录具体菌落数,大于 300 CFU 的可记录为多不可计。

(3)当一个平板上有较大片状菌落生长时,则不宜采用,而应以无片状菌落生长的平板作为该稀释度的菌落数;若片状菌落不到平板的一半,而其余一半中菌落分布又很均匀,即可计算半个平板后乘以 2,代表一个平板菌落数。

(4)当平板上出现菌落间无明显界线的链状生长时,则将每条单链作为一个菌落计数。

4. 菌落总数的计算方法

(1)若只有一个稀释度平板上的菌落数在适宜计数范围内,计算两个平板菌落数的平均值,再将平均值乘以相应稀释倍数,作为每克(毫升)样品中菌落总数结果。

(2)若有两个连续稀释度的平板菌落数在适宜计数范围内时,按公式(3-12-1)计算:

$$N=\frac{\sum C}{(n_1+0.1n_2)d} \tag{3-12-1}$$

式中:$N$—样品中菌落数;$\sum C$—平板(含适宜范围菌落数的平板)菌落数之和;$n_1$—第一稀释度(低稀释倍数)平板个数;$n_2$—第二稀释度(高稀释倍数)平板个数;$d$—稀释因子(第一稀释度)。

(3)若所有稀释度的平板上菌落数均大于 300 CFU,则对稀释度最高的平板进行计数,其他平板可记录为多不可计，结果按平均菌落数乘以最高稀释倍数计算。

(4)若所有稀释度的平板菌落数均小于 30 CFU，则应按稀释度最低的平均菌落数乘以稀释倍数计算。

(5)若所有稀释度(包括液体样品原液)平板均无菌落生长，则以小于 1 乘以最低稀释倍数计算。

(6)若所有稀释度的平板菌落数均不在 30～300 CFU，其中一部分小于 30 CFU 或大于 300 CFU 时，则以最接近 30 CFU 或 300 CFU 的平均菌落数乘以稀释倍数计算。

## 五、注意事项及说明

(1)菌落数小于 100 CFU 时，按“四舍五入”原则修约，以整数报告。

(2)菌落数大于或等于 100 CFU 时，第 3 位数字采用“四舍五入”原则修约后，取前 2 位数字，后面用 0 代替位数；也可用 10 的指数形式来表示，按“四舍五入”原则修约后，采用 2 位有效数字。若所有平板上为蔓延菌落而无法计数，则报告菌落蔓延。

(3)若空白对照上有菌落生长，则此次检测结果无效。

## 六、结果与分析

实验结果按表 3-12-2 进行记录。以实验小组为单位，用方差分析法分析样品在组间的差异，以及不同样品间的菌落数量差异。

**表 3-12-2　实验结果记录表**

分组编号：　　　　　　　　　　　　　　　　　　　　测定日期：　年　月　日

<table>
<tr><th>样品编号</th><th>稀释度</th><th>菌落数</th><th>样品菌落数</th></tr>
<tr><td rowspan="2">1</td><td></td><td></td><td rowspan="2"></td></tr>
<tr><td></td><td></td></tr>
<tr><td rowspan="2">2</td><td></td><td></td><td rowspan="2"></td></tr>
<tr><td></td><td></td></tr>
<tr><td rowspan="2">3</td><td></td><td></td><td rowspan="2"></td></tr>
<tr><td></td><td></td></tr>
</table>

## 七、思考题

1. 为什么琼脂培养基要冷却至(46±1)℃才可以倾注到已装入样品匀液的培养皿中？

2. 在样品的制备过程中，如何使菌体分散展开，从而有效地避免菌落的聚集，保证检测结果的精确度？

# 实验13　农产品中金黄色葡萄球菌检测

## 一、实验目的

1. 了解金黄色葡萄球菌的菌落形态特征和检验原理。

2. 学习并掌握金黄色葡萄球菌的鉴定要点和检验方法。

## 二、实验原理

金黄色葡萄球菌形态为球形，在培养基中菌落特征表现为圆形，菌落表面光滑，颜色为无色或者金黄色，无扩展生长特点；在显微镜下排列成葡萄串状，无芽孢、鞭毛，大多数无荚膜，能产生凝血浆酶，使血浆凝固。多数金黄色葡萄球菌致病菌株能产生溶血毒素，使血琼脂平板菌落周围出现溶血环，在试管中出现溶血反应。

## 三、实验器材与试剂

1. 实验材料

果汁等。

2. 实验器具

恒温培养箱[(36±1)℃]、冰箱(2～5 ℃)、恒温水浴箱(36 ～56 ℃)、天平(感量0.1 g)、均质器、振荡器、无菌锥形瓶(100、500 mL)、无菌吸管(1、10 mL)、无菌培养皿(直径90 mm)、涂布棒、pH计或pH试纸等。

3. 实验试剂

本实验所需试剂及配制方法如表3-13-1所示。

表3-13-1　本实验所需试剂及配制方法

| 序号 | 试剂 | 配制方法 |
|---|---|---|
| 1 | 7.5%氯化钠肉汤 | 将10.0 g蛋白胨、5.0 g牛肉膏、75 g氯化钠加入蒸馏水1 000 mL中，加热溶解，调节pH至7.4±0.2。分装，每瓶225 mL，121 ℃高压灭菌15 min |
| 2 | 血琼脂平板 | 加热溶化豆粉琼脂(pH 7.5±0.2)100 mL，冷却至50 ℃，以无菌操作加入5～10 mL脱纤维羊血(或兔血)，摇匀，倾注平板 |
| 3 | Baird-Parker琼脂平板 | 将10.0 g胰蛋白胨、5.0 g牛肉膏、1.0 g酵母膏、10.0 g丙酮酸钠、12.0 g甘氨酸、5.0 g氯化锂($LiCl \cdot 6H_2O$)、20.0 g琼脂加入950 mL蒸馏水中，加热煮沸至完全溶解，调节pH至7.0±0.2。分装，每瓶95 mL，121 ℃高压灭菌15 min。临用时加热溶化琼脂，冷却至50 ℃，每95 mL加入5 mL预热至50 ℃的卵黄亚碲酸钾增菌剂(50 mL 30%卵黄盐水与10 mL通过0.22 μm孔径滤膜过滤除菌的1%亚碲酸钾溶液混合，保存于冰箱内)，摇匀后倾注平板。培养基应是致密不透明的。使用前在冰箱贮存不得超过48 h |

续表3-13-1

| 序号 | 试剂 | 配制方法 |
| --- | --- | --- |
| 4 | 脑心浸出液肉汤 | 将10.0 g胰蛋白质胨、5.0 g氯化钠、2.5 g十二水合磷酸氢二钠、2.0 g葡萄糖与500 mL牛心浸出液加热溶解，调节pH至7.4±0.2，分装于16 mm×160 mm试管中，每管5 mL，121 ℃高压灭菌15 min |
| 5 | 兔血浆 | 取3.8 g柠檬酸钠，加100 mL蒸馏水，溶解后过滤，装瓶，121 ℃高压灭菌15 min。兔血浆制备：取1份3.8%柠檬酸钠溶液，加4份兔全血，混匀静置(或以3 000 r/ min离心30 min)，使血液细胞下降，即可得血浆 |
| 6 | 磷酸盐缓冲液 | ①贮存液：称取34 g磷酸二氢钾($KH_2PO_4$)溶于500 mL蒸馏水中，用大约175 mL的1 mol/L氢氧化钠溶液调节pH至7.2，用蒸馏水稀释至1 000 mL后贮存于4 ℃冰箱。<br>②稀释液：取1.25 mL贮存液，用蒸馏水稀释至1 000 mL，分装于适宜容器中，121 ℃高压灭菌15 min |
| 7 | 营养琼脂小斜面 | 称取10.0 g蛋白胨、3.0 g牛肉膏、5.0 g氯化钠，溶解于1 000 mL蒸馏水中，加入约2 mL 15%氢氧化钠溶液，调节pH至7.3±0.2。加入15～20 g琼脂，加热煮沸，使琼脂溶化，分装于13 mm×130 mm试管中，121 ℃高压灭菌15 min |
| 8 | 革兰氏染色液 | ①结晶紫染色液：将1.0 g结晶紫完全溶解于20 mL 95%乙醇中，然后与80.0 mL 1%草酸铵溶液混合；<br>②革兰氏碘液：将1.0 g碘与2.0 g碘化钾先行混合，加入少许蒸馏水并充分振摇，待完全溶解后，再加蒸馏水至300 mL；<br>③沙黄复染液：将0.25 g沙黄溶解于10 mL 95%乙醇中，然后用90 mL蒸馏水稀释。<br>将涂片在火焰上固定，滴加结晶紫染液，染1 min，水洗。滴加革兰氏碘液，作用1 min，水洗。滴加95%乙醇脱色15～30 s，直至染色液被洗掉，不要过分脱色，水洗。滴加复染液，复染1 min，水洗、待干、镜检 |
| 9 | 无菌生理盐水 | 称取8.5 g氯化钠溶于1 000 mL蒸馏水中，121 ℃高压灭菌15 min |

## 四、实验步骤

1. 样品稀释

(1)以无菌吸管吸取25 mL样品置于盛有225 mL磷酸盐缓冲液或生理盐水的无菌锥形瓶(瓶内预置适当数量的无菌玻璃珠)中，充分混匀，制成1∶10的样品匀液。

(2)用1 mL无菌吸管或微量移液器吸取1∶10样品匀液1 mL，沿管壁缓慢注于盛有9 mL磷酸盐缓冲液或生理盐水的无菌试管中(注意吸管或吸头尖端不要触及稀释液面)，振摇试管或换用1支1 mL无菌吸管反复吹打使其混合均匀，制成1∶100的样品匀液。

(3)按上述步骤，制备10倍系列稀释样品匀液。每递增稀释一次，换用1次1 mL无菌吸管或吸头。

2. 样品接种

根据对样品污染状况的估计，选择2～3个适宜稀释度的样品匀液(液体样品可包括原液)，在进行 10 倍递增稀释的同时，每个稀释度分别吸取 1 mL 样品匀液，以 0.3、0.3、0.4 mL 接种量分别加入 3 块 Baird-Parker 平板，然后用无菌涂布棒涂布整个平板，注意不要触及平板边缘。使用前，如果 Baird-Parker 平板表面有水珠，可放在培养箱(25～50 ℃)里干燥，直到平板表面的水珠消失。

3. 培养

在通常情况下，涂布后，将平板静置 10 min，样液不易吸收，可将平板放在培养箱[(36±1)℃]中培养 1 h；等样品匀液吸收后翻转平板，倒置后于培养箱[(36±1)℃]中培养 24～48 h。

4. 典型菌落计数和确认

(1)金黄色葡萄球菌在 Baird-Parker 平板上呈圆形，菌落表面光滑、凸起、湿润，直径为 2～3 mm，颜色呈灰黑色至黑色，有光泽，常有浅色(非白色)的边缘，周围绕以不透明圈(沉淀)，其外常有一清晰带。当用接种针触及菌落时，具有黄油样黏稠感。有时可见到不分解脂肪的菌株，除没有不透明圈和清晰带外，其他外观基本相同。从长期贮存的冷冻或脱水食品中分离的菌落，其黑色常较典型菌落浅些，且外观可能较粗糙，质地较干燥。

(2)选择有典型金黄色葡萄球菌菌落，且同一稀释度 3 个平板所有菌落数合计在 20～200 CFU 之间的平板，计数典型菌落数。

(3)从典型菌落中至少选 5 个可疑菌落(小于 5 个全选)进行鉴定试验。

① 染色镜检。金黄色葡萄球菌为革兰氏阳性球菌，排列呈葡萄球状，无芽孢，无荚膜，直径为 0.5～1 μm。

② 血浆凝固酶试验。挑取 Baird-Parker 平板或血平板上至少 5 个可疑菌落(小于 5 个全选)，分别接种到 5 mL 脑心浸出液肉汤和营养琼脂小斜面(36±1)℃培养 18～24 h。取 0.5 mL 新鲜配制兔血浆，放入小试管中，再加入 0.2～0.3 mL 脑心浸出液肉汤培养物，振荡摇匀，置恒温箱或水浴箱(36±1)℃内，每半小时观察一次，观察 6 h，如呈现凝固(即将试管倾斜或倒置时，呈现凝块)或凝固体积大于原体积的一半，则判定为阳性结果。同时以血浆凝固酶试验阳性和阴性葡萄球菌菌株的肉汤培养物作为对照。也可用商品化的试剂，按说明书操作，进行血浆凝固酶试验，结果如可疑，挑取营养琼脂小斜面的菌落到 5 mL 脑心浸出液肉汤中(36±1)℃培养 18～48 h，重复试验。同时划线接种到血平板(36±1)℃培养 18～24 h 后观察菌落形态，金黄色葡萄球菌菌落较大，呈圆形，光滑、凸起、湿润，呈金黄色(有时为白色)，菌落周围可见完全透明溶血圈。

5. 结果计算

(1)若只有一个稀释度平板的典型菌落数在 20 ～200 CFU，计数该稀释度平板上的典型菌落，按公式(3-13-1)计算。

(2)若最低稀释度平板的典型菌落数小于 20 CFU，计数该稀释度平板上的典型菌落，按公式(3-13-1)计算。

(3)若某一稀释度平板的典型菌落数大于 200 CFU，但下一稀释度平板上没有典型菌落，计数该稀释度平板上的典型菌落，按公式(3-13-1)计算。

(4)若某一稀释度平板的典型菌落数大于 200 CFU，而下一稀释度平板上虽有典型菌落但不在 20 ～200 CFU 范围内，应计数该稀释度平板上的典型菌落，按公式(3-13-1)计算。

$$T=\frac{A\times B}{C\times d} \tag{3-13-1}$$

式中：$T$—样品中金黄色葡萄球菌菌落数；$A$—某一稀释度典型菌落的总数；$B$—某一稀释度鉴定为阳性的菌落数；$C$—某一稀释度用于鉴定试验的菌落数；$d$—稀释因子。

(5)若2个连续稀释度的平板典型菌落数均在20～200 CFU之间，按公式(3-13-2)计算。

$$T=\frac{A_1\times B_1/C_1+A_2\times B_2/C_2}{1.1\times d} \tag{3-13-2}$$

式中：$T$—样品中金黄色葡萄球菌菌落数；$A_1$—第一稀释度（低稀释倍数）典型菌落的总数；$B_1$—第一稀释度（低稀释倍数）鉴定为阳性的菌落数；$C_1$—第一稀释度（低稀释倍数）用于鉴定试验的菌落数；$A_2$—第二稀释度（高稀释倍数）典型菌落的总数；$B_2$—第二稀释度（高稀释倍数）鉴定为阳性的菌落数；$C_2$—第二稀释度（高稀释倍数）用于鉴定试验的菌落数；1.1—计算系数；$d$—稀释因子（第一稀释度）。

## 五、注意事项及说明

(1)菌落数小于100 CFU时，按“四舍五入”原则修约，以整数报告。

(2)菌落数大于或等于100 CFU时，第3位数字采用“四舍五入”原则修约后，取前2位数字，后面用0代替位数；也可用10的指数形式来表示，按“四舍五入”原则修约后，采用2位有效数字。若所有平板上为蔓延菌落而无法计数，则报告菌落蔓延。

(3)若空白对照上有菌落生长，则此次检测结果无效。

## 六、结果与分析

实验结果按表3-13-2进行记录。以实验小组为单位，用方差分析法分析样品在组间的差异，以及不同样品间的菌落数量差异。

**表3-13-2　实验结果记录表**

分组编号：　　　　　　　　　　　　　　　　　　　　测定日期：　年　月　日

| 样品编号 | 典型菌落总数 | 鉴定为阳性的菌落数 | 用于鉴定试验的菌落数 | 金黄色葡萄球菌菌落数 |
|---|---|---|---|---|
| 1 | | | | |
| 2 | | | | |
| 3 | | | | |
| 4 | | | | |
| 5 | | | | |
| 6 | | | | |

## 七、思考题

1. 金黄色葡萄球菌对人体有哪些危害？
2. 如何避免金黄色葡萄球菌感染？

# 实验 14　农产品中霉菌和酵母计数

## 一、实验目的

1. 了解霉菌与酵母的平板计数法以及霉菌直接镜检计数法。

2. 学习并掌握霉菌与酵母的平板计数法以及霉菌直接镜检计数法的操作及其要点。

## 二、实验原理

样品经过适当稀释后，其中的微生物充分分散成单个细胞，取一定量的稀释样液接种到平板上，经过培养，由每个单细胞生长繁殖形成肉眼可见的菌落，统计菌落数，根据其稀释倍数和取样接种量换算出样品中含霉菌和酵母的数量。

## 三、实验器材与试剂

1. 实验材料

大米等。

2. 实验器具

培养箱[(28±1)℃]、拍击式均质器及均质袋、电子天平(感量 0.1 g)、旋涡混合器、恒温水浴箱[(46±1)℃]、显微镜(10～100 倍)、折光仪、测微器(具标准刻度的玻片)、微量移液器及吸头(1.0 mL)、无菌锥形瓶(500 mL)、无菌吸管(1、10 mL)、无菌试管(18 mm×180 mm)、无菌平皿(直径 90 mm)、郝氏计测玻片(具有标准计测室的特制玻片)、盖玻片等。

3. 实验试剂

本实验所需试剂及配制方法如表 3-14-1 所示。

表 3-14-1　本实验所需试剂及配制方法

| 序号 | 试剂 | 配制方法 |
|---|---|---|
| 1 | 生理盐水 | 称取 8.5 g 氯化钠加入 1 000 mL 蒸馏水中，搅拌至完全溶解，分装后，121 ℃高压灭菌 15 min，备用 |
| 2 | 马铃薯葡萄糖琼脂 | 将 300 g 去皮切块的马铃薯加入 1 000 mL 蒸馏水中，煮沸 10～20 min，用纱布过滤后定容至 1 000 mL。加入 20 g 葡萄糖及 20 g 琼脂，加热溶解，分装后，121 ℃高压灭菌 15 min，备用 |
| 3 | 孟加拉红琼脂 | 称取 5.0 g 蛋白胨、10.0 g 葡萄糖、1.0 g 磷酸二氢钾、0.5 g 无水硫酸镁、20.0 g 琼脂、0.033 g 孟加拉红、0.1 g 氯霉素，加入适量蒸馏水中，加热溶解，溶解后加入蒸馏水定容至 1 000 mL，分装后，121 ℃高压灭菌 15 min，避光保存备用 |
| 4 | 磷酸盐缓冲液 | ①贮存液：称取 34.0 g 磷酸二氢钾溶于 500 mL 蒸馏水中，用大约 175 mL 1 mol/L 氢氧化钠溶液调节 pH 至 7.2±0.1，用蒸馏水稀释至 1 000 mL 后贮存于冰箱。<br>②稀释液：取 1.25 mL 贮存液，用蒸馏水稀释至 1 000 mL，分装于适宜容器中，121 ℃高压灭菌 15 min |

## 四、实验步骤

1. 样品稀释

(1)称取 25 g 样品，加入 225 mL 无菌稀释液(蒸馏水或生理盐水或磷酸盐缓冲液)，充分振摇或用拍击式均质器拍打 1～2 min，制成 1：10 的样品匀液。

(2)取 1 mL 1：10 的样品匀液注入含有 9 mL 无菌稀释液的试管中，换另一支 1 mL 无菌吸管反复吹吸或用旋涡混合器混匀，制成 1：100 的样品匀液。按此步骤制备 10 倍递增系列稀释样品匀液。每次稀释都需换一支 1 mL 无菌吸管进行吸取。

(3)根据对样品污染状况的估计，选择 2～3 个适宜稀释度的样品匀液(液体样品可包括原液)，在进行 10 倍递增稀释的同时，每个稀释度分别吸取 1 mL 样品匀液于 2 个无菌平皿中。同时分别取 1 mL 无菌稀释液加入 2 个无菌平皿做空白对照。

(4)及时注入 20～25 mL 46 ℃的马铃薯葡萄糖琼脂或孟加拉红琼脂[可置于(46±1)℃恒温水浴箱中保温]于平皿，转动平皿使其混合均匀，平放培养基至完全凝固。

2. 培养

琼脂凝固后，正置平板，置于(28±1)℃培养箱中培养，观察并记录培养至第 5 天的结果。

3. 菌落计数

用肉眼观察，必要时可用放大镜或低倍镜，记录稀释倍数和相对应的霉菌和酵母菌落数。以菌落形成单位(CFU)表示。选取菌落数在 10～150 CFU 的平板，根据菌落形态分别计数霉菌和酵母。霉菌蔓延生长覆盖整个平板的可记录为菌落蔓延。

4. 结果

(1)计算同一稀释度两个平板菌落数的平均值，再将平均值乘以相应稀释倍数。

(2)若有两个稀释度平板上菌落数均在 10～150 CFU，则按照 GB 4789.2 的相应规定进行计算。

(3)若所有平板上菌落数均大于 150 CFU，则对稀释度最高的平板进行计数，其他平板可记录为多不可计，结果按平均菌落数乘以最高稀释倍数计算。

(4)若所有平板上菌落数均小于 10 CFU，则应按稀释度最低的平均菌落数乘以稀释倍数计算。

(5)若所有稀释度(包括液体样品原液)平板均无菌落生长，则以小于 1 乘以最低稀释倍数计算。

(6)若所有稀释度的平板菌落数均不在 10～150 CFU，其中一部分小于 10 CFU 或大于 150 CFU 时，则以最接近 10 CFU 或 150 CFU 的平均菌落数乘以稀释倍数计算。

## 五、注意事项及说明

菌落数按“四舍五入”原则修约。菌落数在 10 CFU 以内时，采用 1 位有效数字报告；菌落数在 10～100 CFU 时，采用 2 位有效数字报告。菌落数大于或等于 100 CFU 时，前第 3 位数字采用“四舍五入”原则修约后，取前 2 位数字，后面用 0 代替位数来表示结果；也可用 10 的指数形式来表示。此时也按“四舍五入”原则修约，采用 2 位有效数字。若空白对照平板上有菌落出现，则此次检测结果无效。

## 六、结果与分析

实验结果按表3-14-2进行记录。以实验小组为单位，用方差分析法分析样品在组间的差异，以及不同样品间的菌落数量差异。

表3-14-2 实验结果记录表

分组编号： 测定日期： 年 月 日

| 样品编号 | 稀释度 | 霉菌/酵母菌落数 | 样品霉菌/酵母菌落数 |
|---|---|---|---|
| 1 | | | |
| | | | |
| 2 | | | |
| | | | |
| 3 | | | |
| | | | |

## 七、思考题

1. 霉菌和酵母的生长受哪些非生物因素的影响？
2. 如何选择适当的稀释度计数保证结果的准确性？

# 实验15 同位素稀释液相色谱-串联质谱法检测农产品中黄曲霉毒素$B_1$

## 一、实验目的

1. 了解同位素稀释液相色谱-串联质谱法测定谷物及其制品、豆类及其制品中黄曲霉毒素B族的方法。
2. 学习并掌握同位素稀释液相色谱-串联质谱法的操作要点。

## 二、实验原理

目前，已分离鉴定出的黄曲霉毒素（aflatoxin，AFT）有12种，其中黄曲霉毒素$B_1$、$B_2$和$M_1$、$M_2$是最常见的，其中$B_1$是二氢呋喃氧杂萘邻酮的衍生物，所以每个$B_1$都会含有一个双呋喃环和一个氧杂萘邻酮。双呋喃环是基本毒性结构，氧杂萘邻酮被认为会导致癌症的产生。同位素稀释液相色谱-串联质谱法，用乙腈-水溶液或甲醇-水溶液提取样品中的$B_1$，提取液用含1% Triton X-100（或吐温-20）的磷酸盐缓冲溶液稀释后（必要时经黄曲霉毒素固相净化柱初步净化），通过免疫亲和柱净化和富集，净化液浓缩、定容和过滤后经液相色谱分离，串联质谱检测，同位素内标法定量。

## 三、实验器材与试剂

1. 实验材料

豆制品等。

2. 实验器具

匀浆机、高速粉碎机、组织捣碎机、电动振荡器、摇床、天平(感量 0.01 g 和 0.000 01 g)、涡旋混合器、高速均质器(转速 6 500～24 000 r/min)、离心机(转速≥6 000 r/min)、玻璃纤维滤纸(快速、高载量、液体中颗粒保留 1.6 μm)、固相萃取装置(带真空泵)、氮吹仪、液相色谱-串联质谱仪(带电喷雾离子源)、液相色谱柱、黄曲霉毒素专用型固相萃取净化柱、微孔滤头(带 0.22 μm 微孔滤膜)、筛网(1～2 mm)、快速定量滤纸、微量注射器或血色素吸管、恒温箱、pH 计、容量瓶(100、1 000 mL)、离心管(50 mL)等。

3. 实验试剂

本实验所需试剂除另有说明外均为分析纯,水为 GB/T 6682 规定的一级水,试剂配制方法如表 3-15-1 所示。

**表 3-15-1　本实验所需试剂及配制方法**

| 序号 | 试剂 | 配制方法 |
|---|---|---|
| 1 | 乙酸铵溶液(5 mmol/L) | 称取 0.39 g 乙酸铵(色谱纯),用水溶解后稀释至 1 000 mL,混匀 |
| 2 | 乙腈-水溶液(体积比,84+16) | 取 840 mL 乙腈(色谱纯)加入 160 mL 水,混匀 |
| 3 | 甲醇-水溶液(体积比,70+30) | 取 700 mL 甲醇(色谱纯)加入 300 mL 水,混匀 |
| 4 | 乙腈-水溶液(体积比,50+50) | 取 50 mL 乙腈(色谱纯)加入 50 mL 水,混匀 |
| 5 | 乙腈-甲醇溶液(体积比,50+50) | 取 50 mL 乙腈(色谱纯)加入 50 mL 甲醇(色谱纯),混匀 |
| 6 | 10%盐酸溶液 | 取 1 mL 盐酸,用纯水稀释至 10 mL,混匀 |
| 7 | 磷酸盐缓冲溶液(PBS) | 称取 8.00 g 氯化钠、1.20 g 磷酸氢二钠(或 2.92 g 十二水磷酸氢二钠)、0.20 g 磷酸二氢钾、0.20 g 氯化钾,用 900 mL 水溶解,用盐酸调节 pH 至 7.4±0.1,加水稀释至 1 000 mL |
| 8 | 1% Triton X-100(或吐温-20)的 PBS | 取 10 mL Triton X-100(或吐温-20),用 PBS 稀释至 1 000 mL |
| 9 | 标准贮备溶液(10 μg/mL) | 称取 1 mg AFT $B_1$(精确至 0.01 mg),用乙腈(色谱纯)溶解并定容至 100 mL。溶液转移至试剂瓶后,在−20 ℃下避光保存,备用 |
| 10 | 标准工作溶液(100 ng/mL) | 准确量取 1.00 mL 标准贮备溶液至 100 mL 容量瓶中,用乙腈(色谱纯)定容。密封后−20 ℃下避光保存,3 个月有效 |
| 11 | 同位素内标工作液(100 ng/mL) | 准确量取 2 mL 0.5 μg/mL $^{13}C_{17}$-AFT $B_1$(纯度≥98%),用乙腈(色谱纯)溶解并定容至 10 mL。在−20 ℃下保存,备用 |
| 12 | 系列标准工作溶液 | 准确移取 10、50、100、200、500、800、1 000 μL 标准工作液(100 ng/mL)至 10 mL 容量瓶中,加入 200 μL 100 ng/mL 的同位素内标工作液,用初始流动相定容至刻度,配制浓度点为 0.1、0.5、1.0、2.0、5.0、8.0、10.0 ng/mL 的系列标准工作溶液 |

## 四、实验步骤

1. 前处理过程

(1) 样品的制备　用高速粉碎机将样品(大于1 kg)粉碎,过筛,使其粒径小于2 mm,混合均匀后缩分至100 g,贮存于样品瓶中,密封保存,供检测用。

(2) 样品的提取　称取5 g样品(精确至0.01 g)于50 mL离心管中,加入100 μL同位素内标工作液,振荡混合后静置30 min。加入20.0 mL乙腈-水溶液(体积比,50+50)或甲醇-水溶液(体积比,70+30),涡旋混匀,置于摇床中振荡20 min(或用均质器均质3 min),在6 000 r/min下离心10 min(或均质后用玻璃纤维滤纸过滤),取上清液备用。

(3) 上清液的准备　准确吸取4 mL上清液,加入46 mL 1% Triton X-100(或吐温-20)的PBS(使用甲醇-水溶液提取时可减半加入),混匀。

(4) 免疫亲和柱的准备　将低温下保存的免疫亲和柱恢复至室温。

(5) 试样的净化　待免疫亲和柱内原有液体流尽后,将上述样液移至50 mL注射器筒中,调节下滴速度,控制样液以1～3 mL/min的速度稳定下滴。待样液滴完后,往注射器筒内加入2×10 mL水,以稳定流速淋洗免疫亲和柱。待水滴完后,用真空泵抽干亲和柱。脱离真空系统,在亲和柱下部放置10 mL刻度试管,取下50 mL的注射器筒,加入2×1 mL甲醇洗脱亲和柱,以1～3 mL/min的流速下滴,再用真空泵抽干亲和柱,收集全部洗脱液至试管中。在50 ℃下用氮气缓缓地将洗脱液吹至近干,加入1.0 mL初始流动相,涡旋30 s溶解残留物,0.22 μm滤膜过滤,收集滤液于进样瓶中以备进样。

(6) 净化柱的净化　移取适量上清液,按净化柱操作说明进行净化,收集全部净化液。

(7) 免疫亲和柱的净化　用刻度移液管准确吸取4 mL上部净化液,加入46 mL 1% Triton X-100(或吐温-20)的PBS(使用甲醇-水溶液提取时可减半加入,混匀。

2. 液相色谱条件

①流动相:A相,5 mmol/L乙酸铵溶液;B相,乙腈-甲醇溶液(体积比,50+50)。②梯度洗脱:32% B相(0 ～5 min),45% B相(3～4 min),100% B相(4.2～4.8 min),32% B相(5.0～7.0 min)。③色谱柱:$C_{18}$柱(柱长100 mm,柱内径2.1 mm,填料粒径1.7 μm),或相当者。④流速:0.3 mL/min。⑤柱温:40 ℃。⑥进样体积:10 μL。

3. 质谱参考条件

检测方式采用多离子反应检测,离子源控制条件和离子选择参数分别见表3-15-2和表3-15-3。

**表3-15-2　离子源控制条件**

| 电离方式 | $ESI^+$ | 电离方式 | $ESI^+$ |
|---|---|---|---|
| 毛细管电压/kV | 3.5 | 锥孔反吹气流量/(L/h) | 50 |
| 锥孔电压/V | 30 | 脱溶剂气温度/℃ | 500 |
| 射频透镜1电压/V | 14.9 | 脱溶剂气流量/(L/h) | 800 |
| 射频透镜2电压/V | 15.1 | 电子倍增电压/V | 650 |
| 离子源温度/℃ | 150 | | |

注:$ESI^+$指正离子模式,即电喷雾电离,electrospray ionization。

表 3-15-3　离子选择参数

| 化合物名称 | 母离子/($m/z$) | 定量离子/($m/z$) | 碰撞能量/eV | 定性离子/($m/z$) | 碰撞能量/eV | 电离方式 |
|---|---|---|---|---|---|---|
| AFT $B_1$ | 313 | 285 | 22 | 241 | 38 | $ESI^+$ |
| $^{13}C_{17}$-AFT $B_1$ | 330 | 255 | 23 | 301 | 35 | $ESI^+$ |

4. 定性测定

每种化合物的质谱定性离子必须出现，至少应包括一个母离子和两个子离子，而且同一检测批次，对同一化合物，样品中目标化合物的两个子离子的相对丰度比与浓度相当的标准溶液相比，其允许偏差不超过表 3-15-4 规定的范围。

表 3-15-4　定性时相对离子丰度的最大允许偏差

| 相对离子丰度/% | >50 | 20～50 | 10～20 | ≤10 |
|---|---|---|---|---|
| 允许相对偏差/% | ±20 | ±25 | ±30 | ±50 |

5. 标准曲线的制作

按要求调试好液相色谱-串联质谱仪，将标准系列溶液由低浓度到高浓度进样检测，以 AFT $B_1$ 色谱峰与各对应内标色谱峰的峰面积比值-浓度作图，得到标准曲线回归方程，其线性相关系数应大于 0.99。

6. 样品的测定

按照前处理过程得到待测溶液后进样，采用内标法计算待测液中目标物质的质量浓度，按照公式计算样品中待测物的含量。待测样液中的响应值应在标准曲线线性范围内，超过线性范围则应适当减少取样量重新测定。空白试验不称取试样，按照上述相关步骤做空白试验，应确认不含有干扰待测组分的物质。

7. 分析结果

样品中 AFT $B_1$ 的残留量($X$)按公式(3-15-1)计算：

$$X=\frac{\rho\times V_1\times V_3\times 1\ 000}{V_2\times m\times 1\ 000} \tag{3-15-1}$$

式中：$X$—样品中 AFT $B_1$ 的含量(μg/kg)；$\rho$—样液中 AFT $B_1$ 按照内标法在标准曲线中对应的浓度(ng/mL)；$V_1$—提取液体积(mL)；$V_3$—样品经净化洗脱后的最终定容体积(mL)；$V_2$—用于净化分取的样品体积(mL)；$m$—样品的称样量(g)。计算结果保留三位有效数字。

## 五、注意事项及说明

(1)整个分析操作过程应在指定区域内进行。该区域应避光(直射阳光)、具备相对独立的操作台和废弃物存放装置。在整个实验过程中，操作者应按照接触剧毒物的要求采取相应的保护措施。

(2)使用不同厂商的免疫亲和柱，在样品上样、淋洗和洗脱等操作方面可能会略有不同，应该按照供应商所提供的操作说明书要求进行操作。

(3)当称取样品量为 5 g 时，AFT $B_1$ 的检出限为 0.03 μg/kg。

## 六、结果与分析

实验结果按表3-15-5进行记录。以实验小组为单位,用方差分析法分析样品在组间的差异,以及不同样品间AFT $B_1$残留量的差异。

表3-15-5 实验结果记录表

| 项目 | 样品1 | | | | 样品2 | | | |
|---|---|---|---|---|---|---|---|---|
| | 重复1 | 重复2 | 重复3 | 均值 | 重复1 | 重复2 | 重复3 | 均值 |
| AFT $B_1$含量/(μg/kg) | | | | | | | | |

## 七、思考题

1. 在配制标准曲线的过程中有哪些需要注意的地方?
2. 农产品中AFT $B_1$的测定为什么不用外标法而用内标法?

# 参考文献


[1] 中华人民共和国国家标准 GB 4789.2—2022 食品安全国家标准 食品微生物学检验 菌落总数测定
[2] 中华人民共和国国家标准 GB 4789.10—2016 食品安全国家标准 食品微生物学检验 金黄色葡萄球菌检验
[3] 中华人民共和国国家标准 GB 4789.15—2016 食品安全国家标准 食品微生物学检验 霉菌和酵母计数
[4] 中华人民共和国国家标准 GB 5009.11—2014 食品安全国家标准 食品中总砷及无机砷的测定
[5] 中华人民共和国国家标准 GB 5009.12—2017 食品安全国家标准 食品中铅的测定
[6] 中华人民共和国国家标准 GB 5009.15—2014 食品安全国家标准 食品中镉的测定
[7] 中华人民共和国国家标准 GB 5009.22—2016 食品安全国家标准 食品中黄曲霉毒素B族和G族的测定
[8] 中华人民共和国国家标准 GB 5009.33—2016 食品安全国家标准 食品中亚硝酸盐与硝酸盐的测定
[9] 中华人民共和国国家标准 GB/T 5009.199—2003 蔬菜中有机磷和氨基甲酸酯类农药残留量的快速检测
[10] 中华人民共和国国家标准 GB 5009.268—2016 食品安全国家标准 食品中多元素的测定
[11] 中华人民共和国国家标准 GB/T 35876—2018 粮油检验 谷物及其制品中钠、镁、钾、钙、铬、锰、铁、铜、锌、砷、硒、镉和铅的测定 电感耦合等离子体质谱法
[12] 中华人民共和国粮食行业标准 LS/T 6139—2020 粮油检验 粮食及其制品中有机磷类和氨基甲酸酯类农药残留的快速定性检测
[13] 中华人民共和国出入境检验检疫行业标准 SN/T 3768—2014 出口粮谷中多种有机磷农药残留量测定方法 气相色谱-质谱法

# 第4章 农产品品质与安全标准化综合性实验

党的二十大报告中指出，万事万物是相互联系、相互依存的，必须坚持系统观念，用普遍联系的、全面系统的、发展变化的观点观察事物，才能把握事物发展规律，为前瞻性思考、全局性谋划、整体性推进党和国家各项事业提供科学思想方法。农业标准化工作是复杂性、综合性、交叉性特点鲜明的学科领域，开展相关综合性实验，可以帮助学生较全面地掌握农产品感官特性、品质特性和安全特性分析指标及方法，学生能够基于系统观思维对农产品质量进行标准化分析和检测，以达到综合运用各种分析方法和实验仪器解决实际问题的目的。因此，本章围绕大米、牛乳和皮蛋等我国种植、养殖业和初级食品加工业的典型农产品，设计其品质与安全性综合评估实验，以期学生可以综合应用前面章节介绍的实验方法和仪器开展相关检测。同时，本章设计了学生营养膳食标准化方案设计实验，以期学生理解如何针对具体的农业标准化对象开展标准化体系构建。每个综合实验包括多个单独检测项目，各学校可以根据实际情况选择开设不同的综合训练实验，以及选做不同的检测项目。

## 实验1 大米质量安全综合实验

### 一、实验目的

1. 掌握利用图像分析大米外观品质的方法。
2. 熟悉利用感官品质、理化性质和卫生要求等指标综合评价大米质量与安全性的方法。

### 二、实验原理

大米的食用品质是指大米制成米饭后表现出的各种性能，常用味觉、视觉、嗅觉等进行感官评价。大米的食用品质与大米本身的某些理化指标，如直链淀粉含量、胶稠度等密切相关，通过检测这些理化指标，可以间接了解各种大米的使用品质。“镉大米”，一般指镉含量超标的大米。镉通常通过废水排入环境中，再通过灌溉进入食物，水稻是典型的“受害作物”。因此镉含量是检测大米质量安全品质的关键指标之一。

### 三、实验器材与试剂

1. 实验材料

市售籼稻大米、粳稻大米各2种。

2. 实验器具与试剂

(1)图像分析法测定大米外观品质　大米外观品质检测仪(如 SC-E 型)。

(2)大米蒸煮品质检测　参考本书第 1 章第 1 节实验 1。

(3)大米直链淀粉含量检测　参考本书第 2 章第 3 节实验 12。

(4)大米中镉含量的测定　参考本书第 3 章第 2 节实验 6。

## 四、实验步骤

1. 图像分析法测定大米外观品质

打开大米外观品质检测仪，按照使用说明书调整仪器至正常工作状态。取约 40 g($m$)的大米样品，按照仪器操作要求进行样品测定，仪器自动分析、计算出大米垩白度/率、碎米率及小碎米率、整精米数量、整精米率、黄粒米、大米颜色黄度指数和大米白度、杂质量、异品种粒、不完善粒(未成熟粒)，及糯米的阴米率、病斑或黄变率，并自动测量每粒的面积、长径、短径、长宽比。

2. 大米蒸煮品质检验

参考本书第 1 章第 1 节实验 1 中相关方法，对大米蒸煮后米饭的品质进行评分。

3. 大米直链淀粉含量测定

参考本书第 2 章第 3 节实验 12，对大米直链淀粉含量进行测定。

4. 大米中镉含量的测定

参考本书第 3 章第 2 节实验 6，测定大米中镉的含量。

## 五、实验结果与分析

实验结果按表 4-1-1 进行记录，分析测定不同大米样品之间的差异，得出各个样品的综合评价。

**表 4-1-1　大米质量安全综合实验记录表**

| 项目 | | 样品 1 | 样品 2 | 样品 3 | 样品 4 |
|---|---|---|---|---|---|
| 碎米 | 总量/% | | | | |
| | 其中，小碎米含量/% | | | | |
| 垩白度/% | | | | | |
| 不完善粒含量/% | | | | | |
| 杂质含量 | 总量/% | | | | |
| | 其中：无机杂质含量/% | | | | |
| 黄粒米含量/% | | | | | |
| 互混率/% | | | | | |
| 色泽、气味 | | | | | |
| 品尝评分值 | | | | | |
| 直链淀粉含量/% | | | | | |

续表4-1-1

| 项目 | 样品 1 | 样品 2 | 样品 3 | 样品 4 |
|---|---|---|---|---|
| 镉含量/(mg/kg) | | | | |
| 综合评价 | | | | |

## 六、思考题

1. 图像分析法测定大米外观品质的优点有哪些？如何确保图像分析法的准确性？
2. "镉大米"的污染源有哪些？如何防止大米受到镉污染？

# 实验 2　皮蛋质量安全综合实验

## 一、实验目的

1. 了解蛋制品的 pH 测定方法。
2. 熟悉利用感官品质、理化性质和卫生要求等指标综合评价皮蛋的质量与安全性的方法。

## 二、实验原理

皮蛋是我国传统风味食品。成熟后的皮蛋，其蛋白呈棕褐色或绿褐色凝胶体，有弹性，蛋白凝胶体内有松针状的结晶花纹，故又称松花蛋；其蛋黄呈深浅不同的墨绿、草绿或茶色凝固体，色彩多样。传统工艺生产的皮蛋容易铅残留过量。铅在人体中的蓄积，对人体的神经系统、免疫系统、肾脏等产生危害，特别是对儿童的认知和行为功能有一定的影响。由于蛋制品的蛋白质含量很高，在蛋制品整个生产、运输、贮存过程中，原料、生产工艺和环境条件如果不达标或受到污染，容易出现微生物超标，进而引起食物中毒等食品安全问题。因此，综合皮蛋的感官品质、理化性质、重金属(铅、镉)含量和微生物指标，可合理地评价皮蛋的质量安全性。

## 三、实验器材与试剂

1. 实验材料

市售皮蛋 4 种。

2. 实验器具与试剂

(1)感官品质测定　白瓷盘。

(2)pH 测定　酸度计、磁力搅拌器、组织捣碎机。

(3)皮蛋中重金属污染物的测定　参见本书第 3 章第 2 节实验 5 和实验 6 的实验器具与试剂。

(4)皮蛋中微生物指标测定　参见本书第 3 章第 4 节实验 12 的实验器具与试剂。

## 四、实验步骤

1. 外观观察

将皮蛋依次摆开，观察并记录包泥的均匀性以及有无霉变现象，然后洗净壳外泥和涂料，观察并记录蛋壳的清洁程度及破损情况。

2. 形态、颜色、气味和滋味的检验

将样品皮蛋逐枚在手中检验弹性，优级蛋有明显震颤感，一、二级略有震颤感。将皮蛋去壳后，放在干净的白瓷盘中，先观察蛋的整体形态和光泽，然后用刀或线将蛋剖开，进行形态、颜色、气味和滋味等项目的检验，参考表 4-2-1 记录检验结果。

表 4-2-1　皮蛋感官要求

| 项目 | | 等级 | | |
|---|---|---|---|---|
| | | 优级 | 一级 | 二级 |
| 外观 | | 包泥蛋的泥层和稻壳薄厚均匀，微湿润 | 包泥蛋的泥层和稻壳薄厚均匀，微湿润 | 包泥蛋的泥层和稻壳要求基本均匀，允许有少数露壳或干枯现象 |
| 蛋内品质 | 形态 | 蛋体完整，有光泽，有明显的震颤感，松花明显，不粘壳或不粘手 | 蛋体完整，有光泽，略有震颤，有松花，不粘壳或不粘手 | 部分蛋体允许不够完整，允许有轻度粘壳和干缩现象 |
| | 颜色 | 蛋白呈半透明的青褐色或橡褐色，蛋黄呈墨绿色并有明显的多种色层 | 蛋白呈半透明的青褐色或棕褐色或棕色，蛋黄呈晶绿色，色层允许不够明显 | 蛋白允许呈不透明的深褐色或透明的黄色，蛋黄允许呈绿色，色层可不明显 |
| | 气味与滋味 | 具有皮蛋应有的气味与滋味，无异味。不苦、不涩、不辣，回味绵长 | 具有皮蛋应有的气味与滋味，无异味 | 具有皮蛋的气味和滋味，无异味，可略带辛辣味 |

3. 皮蛋 pH 的测定

将 5 个皮蛋洗净、去壳。按皮蛋∶水＝2∶1 的比例加入水，在组织捣碎机中捣成匀浆。

称取 15.00 g 匀浆（相当于 10.00 g 试样），加水搅匀，稀释至 150 mL，用双层纱布过滤，量取 50 mL 测 pH。皮蛋的理化指标要求见表 4-2-2。

表 4-2-2　皮蛋的理化指标要求

| 项目 | 指标 |
|---|---|
| pH（1∶15 稀释） | ≥ 9.0 |

4. 皮蛋中重金属污染物的测定

取 5 枚皮蛋，去壳后称其总质量，然后放入高速组织捣碎机内，按 2∶1 加去离子水捣成匀浆。按照本书第 3 章第 2 节实验 5 的方法测定皮蛋中铅含量。按照本书第 3 章第 2 节实验 6 的方法测定皮蛋中镉含量。皮蛋中污染物限量见表 4-2-3。

表 4-2-3　皮蛋中污染物限量

| 项目 | 限量/（mg/kg） |
|---|---|
| 铅（以 Pb 计） | 0.2 |

续表4-2-3

| 项目 | 限量/(mg/kg) |
|---|---|
| 镉(以 Cd 计) | 0.05 |

5. 皮蛋中微生物指标的测定

用流水冲洗外壳，再用 75%酒精棉涂擦消毒后放入灭菌袋内，待测。

用灭菌生理盐水浸湿的棉拭子充分擦拭蛋壳，然后将棉拭子直接放入培养基内增菌培养。也可将整只蛋放入灭菌小烧杯或平皿中，按检样要求加入定量灭菌生理盐水或液体培养基，用灭菌棉拭子将蛋壳表面擦洗后，以擦洗液作为检样检验。

取 30 g 检样，按照本书第 3 章第 4 节实验 12 的方法检验皮蛋外壳上的菌落总数。皮蛋的微生物限量见表 4-2-4。

**表 4-2-4　皮蛋的微生物限量**

| 项目 | 限量/(CFU/g) | |
|---|---|---|
| | $m$ | $M$ |
| 菌落总数 | $10^4$ | $10^5$ |

注：$m$ 为合格菌数限量，$M$ 为微生物培养温度为 30 ℃时的合格菌数限量。

## 五、实验结果与分析

实验结果按表 4-2-5 进行记录，分析测定不同皮蛋样品之间的差异，得出各个样品的综合评价。

**表 4-2-5　皮蛋质量安全综合实验记录表**

| 项目 | | 样品 1 | 样品 2 | 样品 3 | 样品 4 |
|---|---|---|---|---|---|
| 外观 | | | | | |
| 蛋内感官品质 | 形态 | | | | |
| | 颜色 | | | | |
| | 气味与滋味 | | | | |
| pH | | | | | |
| 铅(以 Pb 计)/(mg/kg) | | | | | |
| 镉(以 Cd 计)/(mg/kg) | | | | | |
| 菌落总数 | | | | | |
| 综合评价 | | | | | |

## 六、思考题

1. 皮蛋中的松花是怎么形成的？
2. 为什么皮蛋会容易受到铅的污染？

# 实验 3　牛乳质量安全综合实验

## 一、实验目的

1. 了解牛乳相对密度、脂肪含量、杂质度、乳糖、蔗糖、非乳脂固体、酸度和三聚氰胺等指标的测定方法。

2. 熟悉利用感官品质、理化性质和卫生要求等指标综合评价牛乳质量与安全性的方法。

## 二、实验原理

鲜牛乳是由水、脂肪、蛋白质、乳糖、矿物质、维生素等组成的复杂乳胶体。牛乳的比重平均为 1.032，比重大小与乳中固体物质含量相关。乳的各种成分含量基本稳定，可作为评定鲜乳质量的简易指标。

(1)比重计测定牛乳的密度　利用阿基米德原理，将待测液体倒入一个较高的容器，再将比重计放入液体中。比重计下沉到一定高度后呈漂浮状态，此时液面的位置在玻璃管上所对应的刻度就是该液体的密度。测得试样和水的密度的比值即为相对密度。

(2)盖勃法测定牛乳中脂肪含量　在乳中加入硫酸，破坏乳胶质性和覆盖在脂肪球上的蛋白质外膜，离心分离后可测量牛乳中脂肪的体积。

(3)乳杂质度的测定　鲜乳样品经杂质度过滤板过滤，将残留于杂质度过滤板上直观可见的非白色杂质与杂质度参考标准板比对，以此确定样品杂质的限量。

(4)牛乳中乳糖含量的测定　试样经除去蛋白质后，在加热条件下，以亚甲蓝为指示剂，直接滴定已标定过的费林氏液，根据样液消耗的体积，计算乳糖含量。

(5)牛乳中蔗糖含量的测定　试样经除去蛋白质后，其中蔗糖经盐酸水解为还原糖，再按还原糖测定。水解前后的差值乘以相应的系数即为蔗糖含量。

(6)非乳脂固体含量的测定　先分别测定乳及乳制品中的总固体含量和脂肪含量(如添加了蔗糖等非乳成分，也应扣除)，再用总固体含量减去脂肪和蔗糖等非乳成分含量，即为非脂乳固体含量。

(7)牛乳酸度的测定(酚酞指示剂法)　试样经过处理后，以酚酞作为指示剂，用 0.100 0 mol/L 氢氧化钠标准溶液滴定至中性，记录消耗氢氧化钠溶液的体积，经计算确定试样的酸度。

(8)液相色谱快速检测三聚氰胺　用乙腈作为原料乳中的蛋白质沉淀剂和三聚氰胺提取剂，用强阳离子交换色谱柱分离，用高效液相色谱-紫外检测器/二极管阵列检测器检测，用外标法定量。

## 三、实验器材与试剂

1. 实验材料

牛乳样品 4 份。

2. 实验器具

(1)感官品质评价　50 mL 烧杯。

(2)牛乳相对密度的测定

比重计：上部细管有刻度标签，表示密度读数。

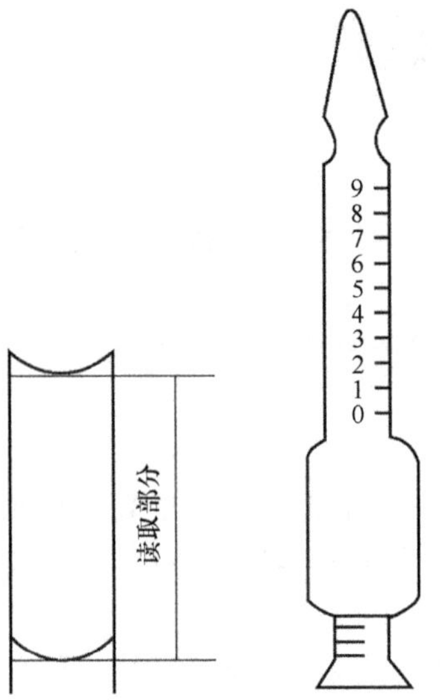

图 4-3-1 盖勃氏乳脂计

玻璃圆筒(或 200～250 mL 量筒):圆筒的高度应大于密度计的长度,其直径大小应满足沉入比重计时比重计周边与圆筒内壁的距离不小于 5 mm。

(3)牛乳中蛋白质含量的测定　参考本书第 2 章第 4 节实验 13 中所用器具。

(4)牛乳中脂肪含量的测定　10.75 mL 单标乳吸管、乳脂离心机。

盖勃氏乳脂计:最小刻度值为 0.1%,见图 4-3-1。

(5)牛乳杂质度的测定　杂质度参考标准板。

杂质度过滤板:直径 32 mm、质量(135±15) mg、厚度 0.8～1.0 mm,白色棉质板。

过滤设备:杂质度过滤机或抽滤瓶,可采用正压或负压的方式实现快速过滤(每升水的过滤时间为 10～15 s)。安放杂质度过滤板后的有效过滤直径为(28.6±0.1) mm。

(6)牛乳中乳糖和蔗糖含量的测定　天平(感量 0.1 mg)、水浴锅[温度可控制在(75±2)℃]。

(7)牛乳中非乳脂固体含量的测定　天平(感量 0.1 mg)、干燥箱、水浴锅。

平底皿盒:高 20～25 mm、直径 50～70 mm,带盖不锈钢或铝皿盒,或玻璃称量皿。

短玻璃棒:适合于皿盒的直径,可斜放在皿盒内,不影响盖盖。

(8)牛乳酸度的测定(酚酞指示剂法)　聚乙烯瓶(200 mL)、分析天平(感量 0.001 g)、碱式滴定管(容量 10 mL、最小刻度 0.05 mL)、碱式滴定管(容量 25 mL、最小刻度 0.1 mL)、锥形瓶(100、150、250 mL)、具塞磨口锥形瓶(250 mL)、振荡器(往返式、振荡频率 100 次/min)、移液管(10、20 mL)、量筒(50、250 mL)、中速定性滤纸、玻璃漏斗和漏斗架、水浴锅等。

(9)牛乳中三聚氰胺的快速测定　液相色谱仪(配有紫外检测器或二极管阵列检测器)、一次性注射器(2 mL)、滤膜(水相,0.45 μm)、针式过滤器(有机相,0.45 μm)、具塞刻度试管(50 mL)、分析天平(感量 0.000 1 g 和 0.01 g)、pH 计(测量精度± 0.02)、溶剂过滤器等。

3. 实验试剂

除非另有说明,本实验所用试剂均为分析纯,水为 GB/T 6682 规定的三级水。

(1)感官品质评价　可饮用的温开水。

(2)牛乳中蛋白质含量的测定　参考本书第 2 章第 4 节实验 13 中所用试剂。

(3)牛乳中脂肪含量的测定　硫酸($H_2SO_4$)、异戊醇($C_5H_{12}O$)。

(4)牛乳中乳糖和蔗糖含量的测定　乙酸铅、草酸钾、磷酸氢二钠、盐酸、硫酸铜、浓硫酸、酒石酸钾钠、氢氧化钠、酚酞、乙醇、亚甲蓝。试剂配制方法如表 4-3-1 所示。

表 4-3-1　牛乳中乳糖和蔗糖含量测定所需试剂及配制方法

| 序号 | 试剂 | 配制方法 |
|---|---|---|
| 1 | 乙酸铅溶液(200 g/L) | 称取 200 g 乙酸铅,溶于水并稀释至 1 000 mL |
| 2 | 草酸钾-磷酸氢二钠溶液 | 称取 30 g 草酸钾和 70 g 磷酸氢二钠,溶于水并稀释至 1 000 mL |

续表4-3-1

| 序号 | 试剂 | 配制方法 |
| --- | --- | --- |
| 3 | 盐酸(体积比,1+1) | 1 体积盐酸与 1 体积的水混合 |
| 4 | 氢氧化钠溶液(300 g/L) | 称取 300 g 氢氧化钠,溶于水并稀释至 1 000 mL |
| 5 | 费林氏液(甲液和乙液) | 甲液:称取 34.639 g 硫酸铜,溶于水中,加入 0.5 mL 浓硫酸,加水稀释至 500 mL<br>乙液:称取 173 g 酒石酸钾钠和 50 g 氢氧化钠,溶于水中,加水稀释至 500 mL,静置 2 d 后过滤 |
| 6 | 酚酞溶液(5 g/L) | 称取 0.5 g 酚酞,溶于 100 mL 体积分数为 95%的乙醇中 |
| 7 | 亚甲蓝溶液(10 g/L) | 称取 1 g 亚甲蓝,溶于 100 mL 水中 |

(5)牛乳中非乳脂固体含量的测定　石英砂或海砂。

(6)牛乳酸度的测定(酚酞指示剂法)　氢氧化钠、七水硫酸钴($CoSO_4 \cdot 7H_2O$)、酚酞、95%乙醇、乙醚、98%氮气、三氯甲烷($CHCl_3$)。试剂配制方法如表 4-3-2 所示。

**表 4-3-2　牛乳酸度测定所需试剂及配制方法**

| 序号 | 试剂 | 配制方法 |
| --- | --- | --- |
| 1 | 氢氧化钠标准溶液(0.100 0 mol/L) | 称取 110 g 氢氧化钠,溶于 100 mL 无二氧化碳的水中,摇匀,注入聚乙烯瓶中,密闭放置至溶液清亮。用塑料管量取 5.4 mL 上层清液,用无二氧化碳的水稀释至 1 000 mL,摇匀<br>称取 0.75 g 于烘箱(105～110 ℃)中干燥至恒重的工作基准试剂邻苯二甲酸氢钾,加 50 mL 无二氧化碳的水溶解,加 2 滴酚酞指示液(10 g/L),用配制好的氢氧化钠溶液滴定至溶液呈粉红色,并保持 30 s。同时做空白试验<br>注:把二氧化碳限制在洗涤瓶或者干燥管,避免滴管中氢氧化钠因吸收二氧化碳而影响其浓度。可通过与盛有 10%氢氧化钠溶液洗涤瓶连接的装有氢氧化钠溶液的滴定管,或者通过连接装有新鲜氢氧化钠或氧化钙的滴定管末尾而形成一个封闭的体系,避免此溶液吸收二氧化碳 |
| 2 | 参比溶液 | 将 3 g 七水硫酸钴溶解于水中,并定容至 100 mL |
| 3 | 酚酞指示液 | 称取 0.5 g 酚酞溶于 75 mL 体积分数为 95%的乙醇中,并加入 20 mL 水,然后滴加氢氧化钠溶液至微粉色,再加入水定容至 100 mL |
| 4 | 中性乙醇-乙醚混合液 | 取等体积的乙醇和乙醚,混合后加 3 滴酚酞指示液,然后用氢氧化钠溶液(0.1 mol/L)滴至微红色 |
| 5 | 不含二氧化碳的蒸馏水 | 将水煮沸 15 min,逐出二氧化碳,冷却,密闭 |

(7)牛乳中三聚氰胺的快速测定　乙腈(色谱纯)、磷酸(色谱纯)、磷酸二氢钾(色谱纯)、三聚氰胺标准物质(纯度≥99%)。试剂配制方法如表 4-3-3 所示。

表 4-3-3　三聚氰胺快速检测所需试剂及配制方法

| 序号 | 试剂 | 配制方法 |
| --- | --- | --- |
| 1 | 三聚氰胺标准贮备溶液（$1.00\times10^3$ mg/L） | 称取 100 mg 三聚氰胺标准物质（精确至 0.1 mg），加水完全溶解后，转移至 100 mL 容量瓶中并定容至刻度，混匀。4 ℃下避光保存，有效期为 1 个月 |
| 2 | 磷酸盐缓冲液（0.05 mol/L） | 称取 6.8 g 磷酸二氢钾（精确至 0.01 g），加约 800 mL 水完全溶解后，用磷酸调节 pH 至 3.0，用水稀释至 1 L，用滤膜过滤后备用 |
| 3 | 标准工作溶液（使用时配制） | 标准溶液 A：$2.00\times10^2$ mg/L。准确移取 20.0 mL 三聚氰胺标准贮备溶液，置于 100 mL 容量瓶中，用水稀释至刻度，混匀。<br>标准溶液 B：0.50 mg/L。准确移取 0.25 mL 标准溶液 A，置于 100 mL 容量瓶中，用水稀释至刻度，混匀 |

按表 4-3-4 分别移取不同体积的标准溶液 A 于容量瓶中，用水稀释至刻度，混匀，配得高浓度标准工作溶液。按表 4-3-5 分别移取不同体积的标准溶液 B 于容量瓶中，用水稀释至刻度，混匀，配得低浓度标准工作溶液。

表 4-3-4　标准工作溶液配制（高浓度）

| 指标 | 数量 | | | | | |
| --- | --- | --- | --- | --- | --- | --- |
| 标准溶液 A 体积/mL | 0.10 | 0.25 | 1.00 | 1.25 | 5.00 | 12.5 |
| 定容体积/mL | 100 | 100 | 100 | 50 | 50 | 50 |
| 标准工作溶液浓度/（mg/mL） | 0.20 | 0.50 | 2.00 | 5.00 | 20.0 | 50.0 |

表 4-3-5　标准工作溶液配制（低浓度）

| 指标 | 数量 | | | | |
| --- | --- | --- | --- | --- | --- |
| 标准溶液 B 体积/mL | 1.00 | 2.00 | 4.00 | 20.00 | 40.00 |
| 定容体积/mL | 100 | 100 | 100 | 100 | 100 |
| 标准工作溶液浓度/（mg/mL） | 0.005 | 0.01 | 0.02 | 0.10 | 0.20 |

## 四、实验步骤

1. *感官品质评价*

取适量牛乳试样置于 50 mL 烧杯中，在自然光下观察色泽和组织状态。闻其气味，用温开水漱口，品尝牛乳滋味。其感官要求应符合表 4-3-6 的规定。

表 4-3-6　牛乳的感官要求

| 项目 | 要求 |
|---|---|
| 色泽 | 呈乳白色或微黄色 |
| 滋味、气味 | 具有乳固有的香味，无异味 |
| 组织状态 | 呈均匀一致液体，无凝块、无沉淀、无正常视力可见异物 |

2. 牛乳相对密度的测定

将比重计洗净擦干，缓缓放入盛有待测液体试样的适当量筒中，勿使其碰及容器四周及底部，保持试样温度在 20 ℃，待其静置后，再轻轻按下少许，然后待其自然上升，静置至无气泡冒出后，从水平位置观察与液面相交处的刻度，即为试样的密度。

然后，按公式(4-3-1)计算牛乳的相对密度($\rho_R$)：

$$\rho_R=\frac{\rho_m}{\rho_w} \tag{4-3-1}$$

式中：$\rho_R$—牛乳的相对密度；$\rho_m$—牛乳试样的密度；$\rho_w$—水的密度。在重复性条件下获得的两次独立测定结果的绝对差值不得超过算术平均值的 5%。

3. 牛乳中蛋白质含量的测定

参考本书第 2 章第 4 节实验 13。

4. 牛乳中脂肪含量的测定(盖勃法)

于盖勃氏乳脂计中先加入 10 mL 硫酸，再沿着管壁小心准确加入 10.75 mL 试样，使试样与硫酸不要混合；然后加 1 mL 异戊醇，塞上橡皮塞，使瓶口向下，同时用布包裹以防冲出，用力振摇使呈均匀棕色液体，静置数分钟(瓶口向下)；置于 65～70 ℃水浴中 5 min，取出后置于乳脂离心机中以 1 100 r/min 转速离心 5 min，再置于 65～70 ℃水浴水中保温 5 min(注意水浴水面应高于乳脂计脂肪层)。取出，立即读数，即为脂肪的百分数。

在重复性条件下获得的两次独立测定结果的绝对差值不得超过算术平均值的 5%。

5. 牛乳中杂质度的测定

将液体乳样品充分混匀后，用量筒量取 500 mL。将杂质度过滤板放置在过滤设备上，将生牛乳样品倒入过滤设备的漏斗中，不得溢出漏斗，过滤。用水多次洗净烧杯，并将洗液转入漏斗过滤。分次用洗瓶洗净漏斗过滤，滤干后取出杂质度过滤板，与杂质度参考标准板比对即得样品杂质度。过滤后的杂质度过滤板与杂质度参考标准板(表 4-3-7、图 4-3-2)比对得出的结果，即为该样品的杂质度。按本方法对同一样品做两次测定，其结果应一致。

表 4-3-7　液体乳杂质参考标准板比对表

| 项目 | 参考标准板号 | | | |
|---|---|---|---|---|
| | $A_1$ | $A_2$ | $A_3$ | $A_4$ |
| 杂质绝对含量/(mg/500 mL) | 0 | 0.125 | 0.250 | 0.375 |
| 杂质相对含量/(mg/8 L) | 0 | 2 | 4 | 6 |

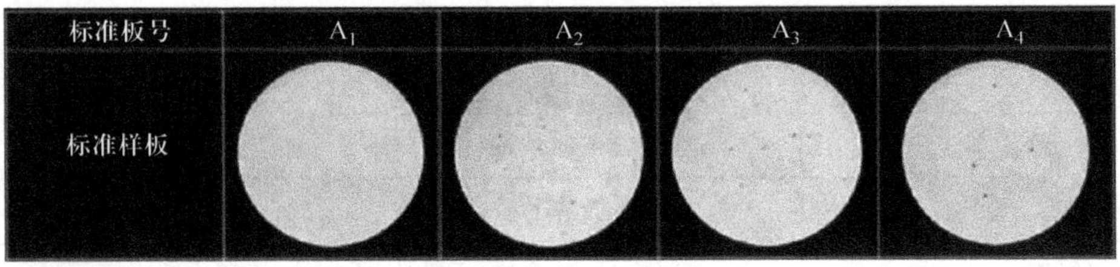


图 4-3-2　液体乳杂质度参考标准板

6. 牛乳中乳糖和蔗糖含量的测定(莱因-埃农氏法)

(1)费林氏液的标定

①用乳糖标定　称取预先在烘箱(94±2) ℃中干燥 2 h 的乳糖标样约 0.75 g(精确到 0.1 mg),用水溶解并定容至 250 mL。将此乳糖溶液注入一个 50 mL 滴定管中,待滴定。

预滴定:吸取 10 mL 费林氏液(甲、乙液各 5 mL)于 250 mL 三角瓶中,加入 20 mL 蒸馏水,放入几粒玻璃珠,从滴定管中放出 15 mL 样液于三角瓶中,置于电炉上加热,使其在 2 min 内沸腾,保持沸腾状态 15 s,加入 3 滴亚甲蓝溶液,继续滴入至溶液蓝色完全褪尽为止,读取所用样液的体积。

精确滴定:另取 10 mL 费林氏液(甲、乙液各 5 mL)于 250 mL 三角瓶中,再加入 20 mL 蒸馏水,放入几粒玻璃珠,加入比预滴定量少 0.5~1.0 mL 的样液,置于电炉上,使其在 2 min 内沸腾,维持沸腾状态 2 min,加入 3 滴亚甲蓝溶液,以每 2 秒 1 滴的速度徐徐滴入,溶液蓝色完全褪尽即为终点,记录消耗的体积。

费林氏液的乳糖校正值($f_1$)按公式(4-3-2)、(4-3-3)计算:

$$A_1=\frac{V_1\times m_1\times 1\,000}{250}=4\times V_1\times m_1 \tag{4-3-2}$$

$$f_1=\frac{4\times V_1\times m_1}{AL_1} \tag{4-3-3}$$

式中:$A_1$—实测乳糖量(mg);$V_1$—滴定时消耗乳糖溶液的体积(mL);$m_1$—称取乳糖的质量(g);$f_1$—费林氏液的乳糖校正值;$AL_1$—由乳糖溶液滴定体积查表 4-3-8 所得的乳糖量(mg)。

表 4-3-8　乳糖及转化糖因数表(10 mL 费林氏液)

| 滴定量/mL | 乳糖/mg | 转化糖/mg | 滴定量/mL | 乳糖/mg | 转化糖/mg |
|---|---|---|---|---|---|
| 15 | 68.3 | 50.5 | 23 | 67.9 | 51.1 |
| 16 | 68.2 | 50.6 | 24 | 67.9 | 51.2 |
| 17 | 68.2 | 50.7 | 25 | 67.9 | 51.2 |
| 18 | 68.1 | 50.8 | 26 | 67.9 | 51.3 |
| 19 | 68.1 | 50.8 | 27 | 67.8 | 51.4 |
| 20 | 68.0 | 50.9 | 28 | 67.8 | 51.4 |
| 21 | 68.0 | 51.0 | 29 | 67.8 | 51.5 |
| 22 | 68.0 | 51.0 | 30 | 67.8 | 51.5 |

续表4-3-8

| 滴定量/mL | 乳糖/mg | 转化糖/mg | 滴定量/mL | 乳糖/mg | 转化糖/mg |
|---|---|---|---|---|---|
| 31 | 67.8 | 51.6 | 41 | 68.0 | 52.1 |
| 32 | 67.8 | 51.6 | 42 | 68.0 | 52.1 |
| 33 | 67.8 | 51.7 | 43 | 68.0 | 52.2 |
| 34 | 67.9 | 51.7 | 44 | 68.0 | 52.2 |
| 35 | 67.9 | 51.8 | 45 | 68.1 | 52.3 |
| 36 | 67.9 | 51.8 | 46 | 68.1 | 52.3 |
| 37 | 67.9 | 51.9 | 47 | 68.2 | 52.4 |
| 38 | 67.9 | 51.9 | 48 | 68.2 | 52.4 |
| 39 | 67.9 | 52.0 | 49 | 68.2 | 52.5 |
| 40 | 67.9 | 52.0 | 50 | 68.3 | 52.5 |

注："因数"系指与滴定量相对应的数目，可自表 4-3-8 中查得。若蔗糖含量与乳糖含量的比超过 3∶1，则在滴定量中加表 4-3-9 中的校正值后计算。

**表 4-3-9　乳糖滴定量校正值数**

| 滴定终点时所用的糖液量/mL | 蔗糖及乳糖量的比(用 10 mL 费林氏液) | |
|---|---|---|
| | 3∶1 | 6∶1 |
| 15 | 0.15 | 0.30 |
| 20 | 0.25 | 0.50 |
| 25 | 0.30 | 0.60 |
| 30 | 0.35 | 0.70 |
| 35 | 0.40 | 0.80 |
| 40 | 0.45 | 0.90 |
| 45 | 0.50 | 0.95 |
| 50 | 0.55 | 1.05 |

②用蔗糖标定　称取在烘箱(105±2)℃中干燥 2 h 的蔗糖约 0.2 g(精确到 0.1 mg)，用 50 mL 水溶解并洗入 100 mL 容量瓶中，加 10 mL 水，再加入 10 mL 盐酸，置于 75 ℃水浴锅中，时时摇动，使溶液温度在 67.0～69.5 ℃，保温 5 min，冷却后，加 2 滴酚酞溶液，用氢氧化钠溶液调至微粉色，用水定容至刻度。再按上述乳糖标定费林氏液的预滴定和精确滴定方法操作。

费林氏液的蔗糖校正值($f_2$)按公式(4-3-4)、(4-3-5)计算：

$$A_2=\frac{V_2\times m_2\times 1\,000}{100\times 0.95}=10.526\,3\times V_2\times m_2 \tag{4-3-4}$$

$$f_2=\frac{10.526\,3\times V_2\times m_2}{AL_2} \tag{4-3-5}$$

式中：$A_2$—实测转化糖量(mg)；$V_2$—滴定时消耗蔗糖溶液的体积(mL)；$m_2$—称取蔗糖的质量(g)；0.95—果糖分子质量和葡萄糖分子质量之和与蔗糖分子质量的比值；$f_2$—费林氏液的蔗糖校正值；$AL_2$—由蔗糖溶液滴定体积查表 4-3-8 所得的转化糖量(mg)。

(2)测定

准确吸取 5 g 牛乳于 250 mL 容量瓶中，徐徐加入 4 mL 乙酸铅溶液、4 mL 草酸钾-磷酸氢二钠溶液，并振荡容量瓶，用水稀释至刻度。静置数分钟，用干燥滤纸过滤，弃去最初 25 mL 滤液后，所得滤液作滴定用。

预滴定操作同乳糖标定费林氏液的预滴定方法。精确滴定操作同乳糖标定费林氏液的精确滴定方法。

取 50 mL 样液(上述所得滤液)于 100 mL 容量瓶中，余下步骤按蔗糖标定费林氏液的方法操作。

(3)结果的计算

①乳糖　试样中乳糖含量($X$)按公式(4-3-6)计算

$$X=\frac{F_1\times f_1\times 0.25\times 100}{V_1\times m} \tag{4-3-6}$$

式中：$X$—试样中乳糖含量(g/100 g)；$F_1$—由消耗样液体积查表 4-3-8 所得乳糖量(mg)；$f_1$—费林氏液乳糖校正值；$V_1$—滴定消耗滤液体积(mL)；$m$—试样的质量(g)。以重复性条件下获得的两次独立测定结果的算术平均值表示，结果保留三位有效数字。

②蔗糖　利用测定乳糖时的滴定量，按公式(4-3-7)计算出相对应的转化前转化糖含量($X_1$)：

$$X_1=\frac{F_2\times f_2\times 0.25\times 100}{V_1\times m} \tag{4-3-7}$$

式中：$X_1$—转化前转化糖含量(g/100 g)；$F_2$—由测定乳糖时消耗样液体积查表 4-3-8 所得转化糖量(mg)；$f_2$—费林氏液蔗糖校正值；$V_1$—滴定消耗滤液体积(mL)；$m$—试样的质量(g)。

用测定蔗糖时的滴定量，按公式(4-3-8)计算出相对应的转化后转化糖含量($X_2$)。

$$X_2=\frac{F_3\times f_2\times 0.50\times 100}{V_2\times m} \tag{4-3-8}$$

式中：$X_2$—转化后转化糖含量(g/100 g)；$F_3$—由 $V_2$ 查得转化糖量(mg)；$f_2$—费林氏液蔗糖校正值；$m$—试样的质量(g)；$V_2$—滴定消耗的转化液体积(mL)。

试样中蔗糖含量($X'$)按公式(4-3-9)计算：

$$X'=(X_2-X_1)\times 0.95 \tag{4-3-9}$$

式中：$X'$—试样中蔗糖含量(g/100 g)；$X_1$—转化前转化糖含量(g/100 g)；$X_2$—转化后转化糖含量(g/100 g)。

以重复性条件下获得的两次独立测定结果的算术平均值表示，结果保留三位有效数字。在重复性条件下获得的两次独立测定结果的绝对差值不得超过算术平均值的 1.5%。若试样中蔗糖含量与乳糖含量之比超过 3∶1，则计算乳糖时应在滴定量中加上表 4-3-9 中的校正值数后再查表 4-3-8。

7. 牛乳中非乳脂固体含量的测定

在平底皿盒中加入 20 g 石英砂或海砂，在干燥箱(100±2)℃中干燥 2 h，于干燥器冷却 0.5 h，称量，并反复干燥至恒重。准确 5.0 g(精确至 0.000 1 g)试样于恒重的皿内，置于水浴上蒸干，擦去皿外的水渍，于干燥箱(100±2)℃中干燥 3 h，取出放入干燥器中冷却 0.5 h，称量；再于干燥箱(100±2)℃中干燥 1 h，取出冷却后称量，至前后两次质量相差不超过 1.0 mg。

试样中总固体的含量($S$)按公式(4-3-10)计算：

$$S=\frac{m_1-m_2}{m}\times 100 \tag{4-3-10}$$

式中：$S$—试样中总固体的含量(g/100 g)；$m_1$—皿盒、海砂加试样干燥后质量(g)；$m_2$—皿盒、海砂的质量(g)；$m$—试样的质量(g)。

试样中非乳脂固体的含量($S_{NFT}$)按公式(4-3-11)计算：

$$S_{NFT}=S-F-X' \tag{4-3-11}$$

式中：$S_{NFT}$—试样中非脂乳固体的含量(g/100 mL)；$S$—试样中总固体的含量(g/100 mL)；$F$—试样中脂肪的含量(g/100 mL)；$X'$—试样中蔗糖的含量(g/100 mL)。以重复性条件下获得的两次独立测定结果的算术平均值表示，结果保留三位有效数字。

8. 牛乳酸度的测定(酚酞指示剂法)

(1)制备参比溶液

向装有等体积相应溶液的锥形瓶中加入 2.0 mL 参比溶液，轻轻转动，使之混合，得到标准参比颜色。如果要测定多个相似的产品，则此参比溶液可用于整个测定过程，但时间不得超过 2 h。

(2)牛乳滴定

称取 10 g(精确至 0.001 g)已混匀的试样，置于 150 mL 锥形瓶中，加 20 mL 新煮沸冷却至室温的水，混匀，加入 2.0 mL 酚酞指示液，混匀后用氢氧化钠标准溶液滴定，边滴加边转动锥形瓶，直到颜色与参比溶液的颜色相似，且 5 s 内不消退，整个滴定过程应在 45 s 内完成。滴定过程中，向锥形瓶中吹氮气，防止溶液吸收空气中的二氧化碳。记录消耗的氢氧化钠标准溶液体积($V_3$)。

(3)空白滴定

用等体积、不含二氧化碳的蒸馏水做空白试验，读取耗用氢氧化钠标准溶液的体积($V_0$)。

(4)结果计算

牛乳试样的酸度以(°T)表示，按公式(4-3-12)计算：

$$Y=\frac{C_2\times(V_3-V_0)\times 100}{m_2\times 0.1} \tag{4-3-12}$$

式中：$Y$—试样的酸度(°T)；$C_2$—氢氧化钠标准溶液的物质的量浓度(mol/L)；$V_3$—滴定时所消耗氢氧化钠标准溶液的体积(mL)；$V_0$—空白试验所消耗氢氧化钠标准溶液的体积(mL)；100—100 g 试样；$m_2$—试样的质量(g)；0.1—酸度理论定义氢氧化钠的物质的量浓度(mol/L)。以重复性条件下获得的两次独立测定结果的算术平均值表示，结果保留三位有效数字。

9. 牛乳中三聚氰胺测定

(1)试样的制备

称取混合均匀的 15 g 原料乳样品(精确至 0.01 g),置于 50 mL 具塞刻度试管中,加入 30 mL 乙腈,剧烈振荡 6 min,加水定容至刻度,充分混匀后静置 3 min,用一次性注射器吸取上清液,用针式过滤器过滤后,作为高效液相色谱分析用试样。

(2)高效液相色谱测定

①色谱条件

色谱柱:强阳离子交换色谱柱,SCX,250 mm×4.6 mm(内径),5 μm,或性能相当者。流动相:磷酸盐缓冲溶液-乙腈(体积比,70+30),混匀。流速:1.5 mL/min。柱温:室温。检测波长:240 nm。进样量:20 μL。

②液相色谱分析测定

仪器的准备:开机,用流动相平衡色谱柱,待基线稳定后开始进样。

定性分析:依据保留时间一致性进行定性识别的方法。根据三聚氰胺标准物质的保留时间,确定样品中三聚氰胺的色谱峰(图 4-3-3、图 4-3-4)。

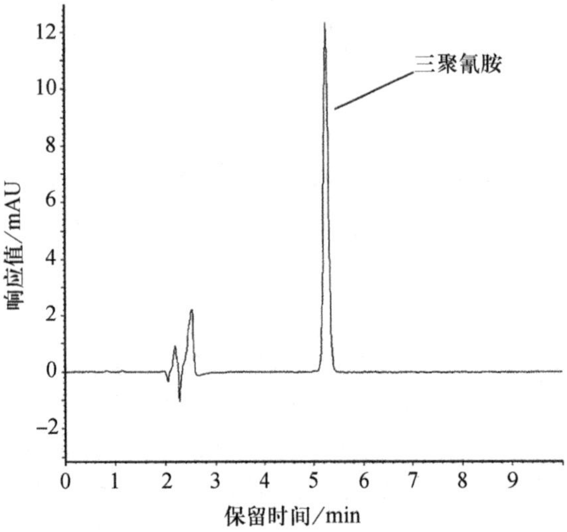


**图 4-3-3 三聚氰胺标准样品色谱图**
**(浓度 5.00 mg/kg)**

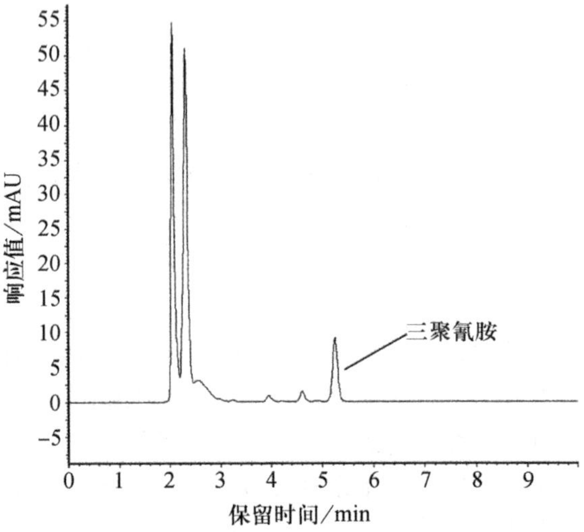


**图 4-3-4 原料乳中添加三聚氰胺的色谱图**
**(浓度 4.00 mg/kg)**

校准曲线制作:根据检测需要,使用标准工作溶液分别进样,以标准工作溶液浓度为横坐标,以峰面积为纵坐标,绘制校准曲线。

试样测定:使用试样分别进样,获得目标峰面积。根据校准曲线计算被测试样中三聚氰胺的含量(mg/kg)。

试样中待测三聚氰胺的响应值均应在方法线性范围内。当试样中三聚氰胺的响应值超出方法线性范围的上限时,可减少称样量再进行提取与测定。

③结果计算

牛乳中三聚氰胺的含量($X_3$)按公式(4-3-13)计算:

$$X_3 = c \times \frac{V}{m} \times \frac{1\ 000}{1\ 000} \tag{4-3-13}$$

式中：$X_3$—原料乳中三聚氰胺的含量(mg/kg)；$c$—从校准曲线得到的三聚氰胺溶液的浓度(mg/L)；$V$—试样定容体积(mL)；$m$—样品称量质量(g)。

通常情况下，计算结果保留三位有效数字；结果在 0.1～1.0 mg/kg 时，保留三位有效数字；结果小于 0.1 mg/kg 时，保留一位有效数字。

## 五、注意事项与说明

(1)当杂质度过滤板上的杂质量介于两个级别之间时，应判定为杂质量较多的级别。如出现纤维等外来异物，判定杂质度超过最大值。

(2)莱因-埃农氏法测定乳品中乳糖、蔗糖的检出限为 0.4 g/100 g。

(3)牛乳中非乳脂固体的测定时使用的石英砂或海砂可通过 500 μm 孔径的筛子，不能通过 180 μm 孔径的筛子，并应通过下列适用性测试：将约 20 g 的海砂同短玻璃棒一起放于一皿盒中，然后敞盖在干燥箱(100±2)℃中至少烘 2 h；把皿盒盖盖上后放入干燥器中冷却至室温后称量(精确至 0.1 mg)；用 5 mL 水将海砂润湿，用短玻璃棒混合海砂和水，将其再次放入干燥箱中干燥 4 h，把皿盒盖盖上后放入干燥器中冷却至室温后称量(精确至 0.1 mg)，两次称量的差不应超过 0.5 mg。

如果两次称量的质量差超过了 0.5 mg，则需对海砂进行下面的处理后，才能使用：将海砂在体积分数为 25%的盐酸溶液中浸泡 3 d，经常搅拌；尽可能地倾出上清液，用水洗涤海砂，直到呈中性；在 160 ℃条件下加热海砂 4 h，然后重复进行适用性测试。

(4)牛乳酸度测定时空白试验所消耗的氢氧化钠的体积应不小于零，否则应重新制备和使用符合要求的蒸馏水或中性乙醇-乙醚混合液。

(5)宜在色谱柱前加保护柱(或预柱)，以延长色谱柱使用寿命。

(6)高效液相色谱测定牛乳中三聚氰胺的检测限为 0.05 mg/kg。

## 六、实验结果与分析

实验结果按表 4-3-10 进行记录，根据牛乳理化指标要求(表 4-3-11)，分析测定的不同牛乳样品之间的差异，得出各个样品的综合评价。

**表 4-3-10　牛乳品质与安全性综合实验记录表**

| 项目 | 样品 1 | 样品 2 | 样品 3 | 样品 4 |
|---|---|---|---|---|
| 色泽 | | | | |
| 滋味、气味 | | | | |
| 组织形态 | | | | |
| 相对密度 | | | | |
| 蛋白质含量/(g/100 g) | | | | |
| 脂肪含量/(g/100 g) | | | | |

续表4-3-10

| 项目 | 样品 1 | 样品 2 | 样品 3 | 样品 4 |
|---|---|---|---|---|
| 杂质度/(mg/kg) | | | | |
| 乳糖含量/(g/100 g) | | | | |
| 蔗糖含量/(g/100 g) | | | | |
| 非乳脂固体含量/(g/100 g) | | | | |
| 酸度/°T | | | | |
| 三聚氰胺含量/(mg/kg) | | | | |
| 综合评价 | | | | |

**表 4-3-11　牛乳的理化指标要求**

| 项目 | 指标 | 项目 | 指标 |
|---|---|---|---|
| 相对密度(20 ℃/4 ℃) | ≥1.027 | 杂质度/(mg/kg) | ≤4.0 |
| 蛋白质含量/(g/100 g) | ≥2.8 | 非脂乳固体含量/(g/100 g) | ≥8.1 |
| 脂肪含量/(g/100 g) | ≥3.1 | 酸度/°T | 12～18 |

## 七、思考题

1. 全脂牛奶、低脂牛奶和脱脂牛奶有哪些区别？营养价值有无不同？
2. 为什么不法商贩会在牛乳中加入三聚氰胺？三聚氰胺对人体有哪些危害？

# 实验 4　学生营养膳食标准化评估

## 一、实验目的

1. 掌握营养调查的常用方法，根据实验要求对调查结果进行合理的统计、归纳和处理，并能对照标准进行评价。

2. 了解被调查者营养方面的健康状况，为营养不良者提出合理的营养改善措施。

## 二、实验原理

营养调查是指通过膳食调查、实验室检测、体格检查和能量消耗观察等，了解个体或群体营养状况的方法，是营养监测的基础。通过营养调查，可以了解被调查者的膳食摄取情况，将其与中国居民膳食营养素参考摄入量表(DRIs 表)进行对比，可以进一步了解被调查者营养方面的健康状况，发现其存在的营养不平衡问题，根据调查结果提出有针对性的营养改善措施。

## 三、实验对象与器具

1. 实验对象

由实验人自由选择调查人群或对象，建议以身边同学为调查对象。

2. 实验器具

电子天平、数据记录本。

## 四、实验步骤

1. 膳食检测标准体系设计

结合本实验膳食营养调查和评价的具体目标，构建标准化体系结构图。通过查阅中国居民膳食营养素参考摄入量表，结合该标准，设计本实验膳食标准调查的具体指标。

2. 膳食情况调查

根据本实验设计的膳食调查指标，对调查对象进行 14 d 连续跟踪式的营养调查。可以采用询问法、称重法、查账法等多种调查方法进行营养调查。例如，采用称重法要求使用准确的衡器和量器对被调查人每日各餐中各种食物在烹调前的生重、烹调后的熟重以及吃剩的饭菜都加以称重记录。将调查期间所消耗的各种食物加以分类、综合，求得每人每日的食物消耗量，再用“食物成分表”进行计算。按表 4-4-1 记录每人每日摄取主副食品的名称及质量。

**表 4-4-1　膳食记录表**

| 用餐时段 | 第 1 天（　月　日） | | 第 2 天（　月　日） | | 第 3 天（　月　日） | | 第 $n$ 天（　月　日） | |
|---|---|---|---|---|---|---|---|---|
| | 食物名称 | 质量/g | 食物名称 | 质量/g | 食物名称 | 质量/g | 食物名称 | 质量/g |
| 早餐 | | | | | | | | |
| 午餐 | | | | | | | | |
| 晚餐 | | | | | | | | |
| 点心 | | | | | | | | |

3. 膳食营养评价

结合本实验设计的膳食调查指标，根据国家食物与营养咨询委员会发布的“食物成分表”查出每种食物的能量和各种营养素的含量。计算出平均每人每日营养素摄入量占供给量标准（按年龄、性别、体重查表可得）的百分比，并记录于表 4-4-2。

**表 4-4-2　营养素摄入量计算表(供参考)**

| 类别 | 食物名称 | 质量/kg | 蛋白质/g | 脂肪/g | 糖类/g | 热量/kJ | 纤维素/g | 钙/mg | 磷/mg | 铁/mg | 维生素 A/μg | 胡萝卜素/mg | 维生素 C/mg |
|---|---|---|---|---|---|---|---|---|---|---|---|---|---|
| | | | | | | | | | | | | | |
| | | | | | | | | | | | | | |

续表4-4-2

| 类别 | 食物名称 | 质量/kg | 蛋白质/g | 脂肪/g | 糖类/g | 热量/kJ | 纤维素/g | 钙/mg | 磷/mg | 铁/mg | 维生素 A/μg | 胡萝卜素/mg | 维生素 C/mg |
|---|---|---|---|---|---|---|---|---|---|---|---|---|---|
| | | | | | | | | | | | | | |
| | | | | | | | | | | | | | |
| 平均每人每日摄入量 | | | | | | | | | | | | | |
| 按供给量计算平均值 | | | | | | | | | | | | | |
| 百分比/% | | | | | | | | | | | | | |

注：例如，平均能量供给量标准为 2 243 kcal(1 kcal=4.1868 kJ)，实际摄入食物的能量为 2 050 kcal，那么能量摄入与供给量标准的百分比(%)=(2 050÷2 243)×100%=91.4%。

4. 结果计算

根据公式(4-4-1)分别计算该类食物能量占总能量的百分比；根据公式(4-4-2)计算出三大营养素能量百分比，即膳食中蛋白质、脂肪、碳水化合物所供能量占总能量的百分比；根据公式(4-4-3)计算三餐能量比例；根据公式(4-4-4)计算出蛋白质或脂肪来源百分比，即日均从植物类、动物类食品中所摄入蛋白质或脂肪分别占日均蛋白质或脂肪总量的百分比。

$$A_i=E_i/T \tag{4-4-1}$$

$$B_j=E_j/T \tag{4-4-2}$$

$$C_x=E_x/T \tag{4-4-3}$$

$$D_y=S_y/T \tag{4-4-4}$$

式中：$A$—不同类别食物能量占总能量的百分比(%)；$B$—三大营养素能量百分比(%)；$C$—三餐能量占比(%)；$D$—蛋白质或脂肪来源百分比(%)；$E$—所含能量(kJ)；$T$—膳食所含总能量(kJ)；$S$—蛋白质或脂肪含量(g)；$i$—不同食物类别，如粮谷类、豆类、薯类等；$j$—膳食中蛋白质、脂肪或碳水化合物；$x$—早、中、晚三餐；$y$—植物源或动物源蛋白、脂肪。

## 五、注意事项与说明

本实验为综合性实验。实验要求学生在掌握营养调查、营养评价的基本原理和方法的基础上，设计膳食管理与评价的标准体系，自主选择调查对象，合理安排调查过程，利用所学的专业知识对调查结果进行统计处理和综合评价，提出相应的营养建议。实验着重考查学生综合运用知识的能力。

## 六、实验结果与分析

以实验个人为单位，根据计算结果设计数据记录表格并完成记录。通过查阅最新版中国居民膳食营养素参考摄入量表(DRIs 表)，根据膳食营养调查的结果给出被调查人的营养评价报告，分析被调查人膳食结果是否合理；如不合理，试分析原因并提出改进措施。

## 七、思考题

1. 你在本实验中设计了哪些关键指标？为什么？
2. 如何实现我国传统食品的现代化？

# 实验 5　种植类农业标准化示范区效果评价

## 一、实验目的

1. 理解农业标准化效果产生的机理。
2. 了解农业标准化效果评价的内容和方法。

## 二、实验原理

农业标准化为各项农业生产实践确立了活动准则，使农业生产有序化、规范化，从而产生突出的效果。农业标准化效果就是运用农业标准化原理与方法，以制定和贯彻农业标准为手段，有组织地进行农业生产活动所产生的经济、社会和生态效果的总和。

## 三、实验对象与工具

1. 实验对象

已开展示范工作 3 年以上的种植管理类农业标准化示范区。

2. 实验工具

图书馆纸质及电子资源、标准数据库及网站资源等。

## 四、实验步骤

1. 标准制定与实施

(1)标准制(修)订与采标　调查示范区标准制(修)订人员结构组成，评价其人员结构是否符合农业标准制定中的人员组成要求，参加人员是否具备相应资质。审查技术标准、工作标准、管理标准和操作标准的配套情况，各项标准现行版本是否有效。随机调查使用标准的人员，统计其满意程度；调查标准在生产适用性和市场适用性方面的评价。

(2)标准化工作宣传　调查示范区是否在公众媒体上进行宣传，是否具有可见的记录，如发表的稿件、广播录音带以及电视录像带等。是否在示范区现场开展宣传活动，如与标准化有关的娱乐节目、知识竞赛、专题报道、墙体标语、自制宣传画等。

(3)标准化培训　审查示范区是否具有培训教师资源调查表，审查培训师资是否具有相关证明文件，是否具有签字的受聘文件。根据示范区内容和所聘全部教师信息的符合程度，判断培训师资队伍结构是否合理。调查其培训教材内容与相关标准内容的符合程度，以及对标准的解读水平和材料的配套情况。审查是否具有培训记录及其完整性，根据培训率和满意度判定培训实施情况。

(4)过程控制　根据示范区确定过程关键控制点的支撑材料，评价关键控制点的科学性。通过考核或观察，掌握操作层对标准的熟悉程度。评价监督主体的独立性、责任制度和工作能力。检查过程关键点监管的制度及其适用性和有效性，相应机构或人员配备及素质情况；调查农民或农工对监管的有效性评价。

(5)评分　根据调查结果，参考表 4-5-1 的评分细则，对示范区的标准制订与实施情况进行评分。

表 4-5-1　示范区标准制订与实施情况评分表

| 指标 | 考核点 | 打分 | 打分档级细则 | |
|---|---|---|---|---|
| | | | A | C |
| 1.1　标准制(修)订与采标(0.2) | 1.1.1　标准制(修)订人员(0.3) | | 标准制(修)订人员结构合理,具备良好资质 | 人员结构基本合理、具备一定资质 |
| | 1.1.2　标准体系建设(0.4) | | 四类标准配套齐全;各项标准现行有效 | 有相关标准、有配套雏形 |
| | 1.1.3　标准的实用性(0.3) | | 应用满意率达 85% | 应用满意率在 50%～70% |
| 1.2　标准化工作宣传(0.3) | 1.2.1　公众媒体利用(0.3) | | 年省级以上媒体利用 1 次以上 | 年县级媒体利用 3 次以上 |
| | 1.2.2　直接的宣传活动(0.7) | | 年现场宣传组织活动 3 次以上,效果优良、相关材料齐备 | 年现场宣传组织活动 1 次,宣传材料齐备 |
| 1.3　标准化培训(0.3) | 1.3.1　培训师资(0.2) | | 有培训教师资源调查表;有培训师资相关证明文件;有受聘文件和老师签字;培训师资队伍结构合理 | 有培训教师资源调查表;有受聘文件 |
| | 1.3.2　培训资料(0.3) | | 培训材料内容紧密围绕示范区标准;材料配套齐全、适用性强 | 培训材料能反映相关标准;材料基本配套,有一定适用性 |
| | 1.3.3　培训实施情况(0.5) | | 有完整的培训计划并按期实施;平均培训率达 90%以上;有完整的培训记录,平均满意度达 80%以上 | 有培训计划并能够执行;被培训人数在 60%～70% |
| 1.4　过程控制(0.2) | 1.4.1　关键控制点的监管(0.3) | | 过程关键控制点明晰、完整,有系统的监管方案和措施,有详细的关键控制监管记录 | 关键控制点确定且比较完整,有监管方案和措施 |
| | 1.4.2　监督主体与实施主体(0.4) | | 监督主体与实施主体分离;监督主体具备资质,有明确的工作职责和相关制度 | 有监督主体,具备一定的资质 |
| | 1.4.3　过程监督机制(0.3) | | 监管制度操作性强,人员自律性高,被监管人员对监管的反映良好 | 有一定可操作性的监管制度,能够实施监管 |

注:1. 本表设计为百分制,前 2 栏括号内数字为各自权重值。2. 整个考核基础为考核点。每考核点要求按 100 分制打分。考核依据为 A、C 两项说明,实际定位为 A、B、C、D 四级。本表只对 A 和 C 等级说明,介于 A、C 之间为 B,低于 C 者为 D。分制确定区为:A 取值 90 分以上,C 取值 60～75 分。

2. 组织管理

(1)组织结构　调查其是否设立组织机构,人员结构按照国家农业标准化示范区管理办法中的规定衡量。调查其是否设立技术机构,衡量人员结构与该农业标准化示范区要求的技术体系符合程度，人员组成所体现的梯队结构合理性，并分析机构人员的资质和阅历。

(2)管理工作　考查管理计划的完整性、落实的可靠性和控制的有效性，包括管理实施方案、年度计划、年度考核结果材料、过程控制和持续改进方案和管理工作记录。调查部门分工、沟通和活动(例会、联席会等)制度，根据示范区整体发展能力判断其效果。考查激励制度、实施的结果记录和相关文件等材料；随机调查农工对激励制度的反映和态度。

(3)评分　根据调查结果，参考表 4-5-2 中的评分细则，对示范区的组织管理情况进行评分。

**表 4-5-2　示范区组织管理情况评分表**

| 指标 | 考核点 | 打分 | 打分档级细则 | |
|---|---|---|---|---|
| | | | A | C |
| 2.1　组织结构(0.5) | 2.1.1　组织机构与人员结构(0.5) | | 成立组织机构，人员结构合理；有独立办公室，有专职人员，有明确分工 | 有组织机构，人员结构不全；有办公室，有兼职工作人员 |
| | 2.1.2　技术机构与人员结构(0.5) | | 设立技术机构，人员结构符合要求；有技术总责任人，技术运行能力强 | 有技术机构，人员结构欠妥；机构有一定的技术驾驭能力 |
| 2.2　管理工作(0.5) | 2.2.1　计划、实施与控制(0.5) | | 实施方案和年度计划科学合理，便于实施控制；有工作总结，有完善的过程控制和持续改进方案 | 实施方案和年度计划较科学、合理，能按照计划组织实施 |
| | 2.2.2　部门分工协作(0.2) | | 部门分工明确，沟通协调机制健全，效果良好 | 部门分工较明确，有较好的沟通协调机制 |
| | 2.2.3　工作机制(0.3) | | 有明确的激励制度，能及时反映和兑现激励结果，农工对激励反映积极 | 有激励制度，基本按照制度实施 |

注：1. 本表设计为百分制，前 2 栏括号内数字为各自权重值。2. 整个考核基础为考核点。每考核点要求按 100 分制打分。考核依据为 A、C 两项说明，实际定位为 A、B、C、D 四级。本表只对 A 和 C 等级说明，介于 A、C 之间为 B，低于 C 者为 D。分制确定区为：A 取值 90 分以上，C 取值 60～75 分。

3. 保障与服务体系

(1)市场监管力度　调查其对农药、肥料、种子(苗)等生产投入品的监管文件和依法监管记录(禁用品、打假、使用者的反映等)。在必要的情况下，考查示范区内的报务体系，包括农药、化肥、种子(苗)等生产投入品的统一管理供应情况，病虫害的统一防治情况，对灾害性因素的预防反应能力，及对“统、分”结合的把握情况等。

(2)政策保障　了解示范区是否具备对营造氛围和实际支持的相关政策，政策贯彻机制是否健全，对示范区推动的作用。注意对农民或农工的影响力。

(3)资金保障　了解专款使用情况、有无违规行为，在标准的制(修)订、宣传和实施方面的使用力度与合理性，技术、管理层对资金的使用反映。查看要求配套的资金与实际到位量的符合率及有关文件。考察在标准化示范区是否有其他项目执行，项目的联动密切性和效益情况（需要支撑材料）。

（4）评分　根据调查结果，参考表 4-5-3 中的评分细则，对示范区的保障与服务体系进行评分。

**表 4-5-3　示范区保障与服务体系评分表**

| 指标 | 考核点 | 打分 | 打分档级细则 | |
|---|---|---|---|---|
| | | | A | C |
| 3.1　市场监管力度(0.4) | 3.1.1　生产投入品监管(0.4) | | 有年度监管文件、工作计划和实施监管记录文件，无违法记录 | 有年度生产投入品专项监管文件和实施监管记录 |
| | 3.1.2　服务体系(0.6) | | 建立了能够实施规模化服务的专门体系，形成“统、分”结合的服务机制，组织化程度高，反应快，统一服务率达80%以上 | 建立了服务机构，形成“统、分”结合的专业服务机制，统防统治的组织化程度较高。统一防治率达50%～65% |
| 3.2　政策保障(0.2) | 3.2.1　示范区建设的相关政策(1.0) | | 出台了相关政策，支持力度大，作用显著 | 有相关政策保障 |
| 3.3　资金保障(0.4) | 3.3.1　专款专用情况(0.4) | | 严格做到专款专用，资金使用效率高，导向作用显著 | 能够做到专款专用，资金使用效率较高，有导向作用 |
| | 3.3.2　配套资金情况(0.3) | | 地方资金足额实际配套，资金使用效率高，效果明显 | 有地方资金配套，有促进效果 |
| | 3.3.3　与其他项目结合情况(0.3) | | 与当地争取的其他多个项目充分结合，综合效果显著 | 与其他项目有结合 |

注：1. 本表设计为百分制，前 2 栏括号内数字为各自权重值。2. 整个考核基础为考核点。每考核点要求按 100 分制打分。考核依据为 A、C 两项说明，实际定位为 A、B、C、D 四级。本表只对 A 和 C 等级说明，介于 A、C 之间为 B，低于 C 者为 D。分制确定区为：A 取值 90 分以上，C 取值 60～75 分。

4. 长效机制的建立

（1）企业发展状况　统计示范区内企业的数量、规模、级别、总产值；龙头企业及其带动作用；同类型的产业是否集群；企业的发展势头。调查示范区内原产品粗加工、深加工水平；产业链延伸情况；短链产品是否形成较大规模。

（2）品牌与认证　调查示范区内品牌商标的数量、影响力、级别。调查示范区内“三品一标”农产品的认证情况，有无完整的认证类型、名称、级别及证实材料。

（3）农民组织化程度　调查农民组织是否形成行业协会和专业化服务组织，以及行业协会的规模、发展情况及其日常活动，材料（章程、制度）和相关记录（培训、宣传），协会开拓市场的举措和效果。调查协会与企业之间有无协议（培训、收购、农资供应等）；协会直接面对市场的能力；与技术、教育、金融、政府等部门的合作活动或条约（要有支撑材料）。

（4）评分　根据调查结果，参考表4-5-4中的评分细则，对示范区的长效机制建立情况进行评分。

**表4-5-4　示范区长效机制建立评分表**

| 指标 | 考核点 | 打分 | 打分档级细则 | |
|---|---|---|---|---|
| | | | A | C |
| 4.1　企业发展状况(0.4) | 4.1.1　发展规模(0.5) | | 有多家企业，有明显龙头企业，并带动形成了当地的支柱产业；产业群基本形成，经济增长显著 | 有龙头企业，有一定的规模，有发展势头 |
| | 4.1.2　产品加工水平/能力(0.5) | | 形成产业链并可完全“消化”区内原产品，或短链产业在国内形成了较大市场规模 | 具有一定的初加工能力并能够加工销售2/3以上产品 |
| 4.2　品牌与认证(0.2) | 4.2.1　品牌的创建(0.4) | | 独有国家级商标1个以上 | 有自己的注册品牌商标 |
| | 4.2.2　认证情况(0.6) | | 1个以上产品通过认定，至少符合绿色级农产品要求 | 有明确主导产品并可证明已经取得地方初步认证 |
| 4.3　农民组织化程度(0.4) | 4.3.1　专业化协会(0.6) | | 形成了行业协会和专业化服务组织，组织运行机制较好，容纳农户规模占示范区总农户数90%以上 | 有专业化协会，容纳农户规模占示范区总农户数40%～60% |
| | 4.3.2　协会的外部联系(0.4) | | 协会与企业有直接供销关系或能够直销本协会产品；与相关部门合作良好 | 能积极与企业联系，同其他部门有书面协议合作 |

注：1. 本表设计为百分制，前2栏括号内数字为各自权重值。2. 整个考核基础为考核点。每考核点要求按100分制打分。考核依据为A、C两项说明，实际定位为A、B、C、D四级。本表只对A和C等级说明，介于A、C之间为B，低于C者为D。分制确定区为：A取值90分以上，C取值60～75分。

5. 生产档案记录

（1）产前投入品记录　查看购置凭证、记录（采购人、时间、地点、数量），检验合格证明。

（2）产中过程记录　指生产过程的完整记录，包括病虫害发生情况、不可抗拒的灾害发生情况、交易记录等。与标准体系建设中的关键控制点对应，并考查其操作记录的系统性和有效性。

(3)产后加工记录　包括总量、分级、包装过程记录的认真、清晰程度，是否符合有关制度规定；记录的真实性。质量安全检验报告的有效性、有效期，检验范围，委托单位等是否明确。贮运等记录及质检报告；直接提供企业、超市/出口的批次数量，占生产总量情况等记录是否清楚。

(4)评分　根据调查结果，参考表4-5-5的评分细则，对示范区的生产档案记录情况进行评分。

**表4-5-5　示范区生产档案记录评分表**

| 指标 | 考核点 | 打分 | 打分档级细则 | |
|---|---|---|---|---|
| | | | A | C |
| 5.1　产前投入品记录(0.3) | 5.1.1　生产投入品的记录(1.0) | | 记录完备，票证齐全 | 有记录，但较零散 |
| 5.2　产中过程记录(0.4) | 5.2.1　生产操作过程的记录(1.0) | | 记录完整、真实、清晰；能明显体现关键控制点 | 有记录，但不连续；部分体现关键控制点 |
| 5.3　产后加工记录(0.3) | 5.3.1　产品初加工的记录(0.5) | | 记录顺序明确，过程完整 | 有记录，但不完整 |
| | 5.3.2　质量检测记录(0.3) | | 定期检验计划与检验结束记录齐全，并有相关检验报告 | 有记录且有检验报告，但不够完整 |
| | 5.3.3　产品去向记录(0.2) | | 产品的贮运、加工与销售去向记录明了，过程中的转换记录清晰 | 有产品移动过程记录，但去向不十分明确 |

注：1. 本表设计为百分制，前2栏括号内数字为各自权重值。2. 整个考核基础为考核点。每考核点要求按100分制打分。考核依据为A、C两项说明，实际定位为A、B、C、D四级。本表只对A和C等级说明，介于A、C之间为B，低于C者为D。分制确定区为：A取值90分以上，C取值60～75分。

6. 示范效果

(1)社会效果　用随机调查法，对领导层、管理层、技术层和农民或农工的农业标准化意识程度方面进行调查，而后综合分析评价各层次人员的农业标准化意识。根据培训农业标准化人才数量，获得资质人数，各层面涌现的农业标准化热心人、专业人数，评定农业标准化人才队伍。根据质量安全的认证计划和落实计划，查看相关检测是不是按期进行，检测报告的合格率；通过对材料、汇报和个人感受评价农产品安全性。

(2)经济效果　调查示范区农民户近3～5年的收入变化情况，根据公式(4-5-1)计算农民收入增长率($R$)：

$$R=\frac{I_1-I_0}{I_0}\times 100\% \qquad (4\text{-}5\text{-}1)$$

式中：$R$—农民收入增长率(%)；$I_1$—当年收入(元或万元)；$I_0$—上年平均收入(元或万元)。

调查示范区产业结构调整情况(主导产业的面积变化和优良品种替代情况)，产品的上市率和有效率，高档产品的占有比率。

根据示范区分年统计的单产报表，结合实地考察计算 3 年示范区平均单产增长率。

(3)生态效果　根据国家和地方有关农药管理规定考查示范区用药的科学性和总量变化。主要依据生产记录、管理记录和生产资料的出入记录计算年农药用量变化情况。通过比较前后两个或者多个时期的环境质量检测报告评价示范区对生态环境的改善作用。

(4)评分　根据调查结果，参考表 4-5-6 细则，对示范区示范效果进行评分。

**表 4-5-6　示范区示范效果评分表**

| 指标 | 考核点 | 打分 | 打分档级细则 | |
|---|---|---|---|---|
| | | | A | C |
| 6.1　社会效果(0.3) | 6.1.1　农业标准化意识(0.2) | | 农民标准化意识明显提高；区内标准化意识已经形成；有农业标准化推动的成功经验 | 农民的标准化意识有提高；示范区标准化氛围基本形成 |
| | 6.1.2　农业标准化人才队伍(0.4) | | 形成了一支有效的农业标准化人才队伍，出现了热衷农业标准化事业、熟悉工作的人才 | 基本形成了一支农业标准化人才队伍，并能够胜任工作 |
| | 6.1.3　农产品安全性(0.4) | | 安全性有保障，社会声誉良好，无不安全事件 | 安全性提高，有一定的社会声誉 |
| 6.2　经济效果(0.4) | 6.2.1　农民增收(0.4) | | 较上年增收 15%以上 | 较上年增收 5%～9% |
| | 6.2.2　市场效益(0.3) | | 产品商品化率达 100%，企业带动显著，主导产品/品种有明显优化，规模扩张明显 | 产品商品化率在 50%～70%，有企业带动，主导产品/品种能随市场变化调整 |
| | 6.2.3　产量增长(0.3) | | 3 年示范区平均单产增长大于 10% | 3 年示范区平均单产增长 5%以内 |
| 6.3　生态效果(0.3) | 6.3.1　农药年用量减少幅度(0.6) | | 能够严格执行有关规定，杜绝禁用药品流入；年农药用量较 3 年前平均下降 30%以上 | 能够执行有关规定，杜绝禁用药品流入，年农药用量较 3 年前平均下降 10% |
| | 6.3.2　对生态环境的改善作用(0.4) | | 有建设前和验收期的产地环境质量检测报告，比较结果明显向良性化发展 | 有其他证明本示范区环境质量的间接资料，能看出改善作用 |

注：1. 本表设计为百分制，前 2 栏括号内数字为各自权重值。2. 整个考核基础为考核点。每考核点要求按 100 分制打分。考核依据为 A、C 两项说明，实际定位为 A、B、C、D 四级。本表只对 A 和 C 等级说明，介于 A、C 之间为 B，低于 C 者为 D。分制确定区为：A 取值 90 分以上，C 取值 60～75 分。

7. 创新点

属于附加项，由评估组根据整体考核，与同类示范区横向比较，确有突出创新时才给分，并填写打分理由。

## 五、注意事项与说明

(1)培训教师资源调查表包括教师的姓名、性别、年龄、住址、工作单位、联系方法和身份证号。

(2)培训率指被培训人数占总人数的百分率；满意度指每一次培训中，对本次培训感到满意的人数占参加总人数的百分率。

## 六、实验结果与分析

以实验小组为单位，对目标示范区进行分组调查。实验个人根据调查资料，参考表 4-5-7 对示范区效果进行评价，并形成示范区效果评价报告，内容包括：前言、示范计划目标任务、实际完成情况、具体实施过程、示范效果、典型事例(可选)、经验教训、创新点、下一步计划及建议。

**表 4-5-7 种植类农业标准化示范区效果评价体系表**

| 一级指标 | 二级指标 | 考核点 | 打分 |
| --- | --- | --- | --- |
| 1. 标准制定与实施(0.25) | 1.1 标准制(修)订与采标(0.2) | 1.1.1 标准制(修)订人员(0.3) | |
| | | 1.1.2 标准体系建设(0.4) | |
| | | 1.1.3 标准的实用性(0.3) | |
| | 1.2 标准化工作宣传(0.3) | 1.2.1 公众媒体利用(0.3) | |
| | | 1.2.2 直接的宣传活动(0.7) | |
| | 1.3 标准化培训(0.3) | 1.3.1 培训师资(0.2) | |
| | | 1.3.2 培训资料(0.3) | |
| | | 1.3.3 培训实施情况(0.5) | |
| | 1.4 过程控制(0.2) | 1.4.1 关键控制点的监管(0.3) | |
| | | 1.4.2 监督主体与实施主体(0.4) | |
| | | 1.4.3 过程监督机制(0.3) | |
| 2. 组织管理(0.1) | 2.1 组织结构(0.5) | 2.1.1 组织机构与人员结构(0.5) | |
| | | 2.1.2 技术机构与人员结构(0.5) | |
| | 2.2 管理工作(0.5) | 2.2.1 计划、实施与控制(0.5) | |
| | | 2.2.2 部门分工协作(0.2) | |
| | | 2.2.3 工作机制(0.3) | |

续表4-5-7

| 一级指标 | 二级指标 | 考核点 | 打分 |
|---|---|---|---|
| 3. 保障与服务体系(0.1) | 3.1　市场监管力度(0.4) | 3.1.1　生产投入品监管(0.4) | |
| | | 3.1.2　服务体系(0.6) | |
| | 3.2　政策保障(0.2) | 3.2.1　示范区建设的相关政策(1.0) | |
| | 3.3　资金保障(0.4) | 3.3.1　专款专用情况(0.4) | |
| | | 3.3.2　配套资金情况(0.3) | |
| | | 3.3.3　与其他项目结合情况(0.3) | |
| 4. 长效机制的建立(0.15) | 4.1　企业发展状况(0.4) | 4.1.1　发展规模(0.5) | |
| | | 4.1.2　产品加工水平/能力(0.5) | |
| | 4.2　品牌与认证(0.2) | 4.2.1　品牌的创建(0.4) | |
| | | 4.2.2　认证情况(0.6) | |
| | 4.3　农民组织化程度(0.4) | 4.3.1　专业化协会(0.6) | |
| | | 4.3.2　协会的外部联系(0.4) | |
| 5. 生产档案记录(0.15) | 5.1　产前投入品记录(0.3) | 5.1.1　生产投入品的记录(1.0) | |
| | 5.2　产中过程记录(0.4) | 5.2.1　生产操作过程的记录(1.0) | |
| | 5.3　产后加工记录(0.3) | 5.3.1　产品初加工的记录(0.5) | |
| | | 5.3.2　质量检测记录(0.3) | |
| | | 5.3.3　产品去向记录(0.2) | |
| 6. 示范效果(0.25) | 6.1　社会效果(0.3) | 6.1.1　农业标准化意识(0.2) | |
| | | 6.1.2　农业标准化人才队伍(0.4) | |
| | | 6.1.3　农产品安全性(0.4) | |
| | 6.2　经济效果(0.4) | 6.2.1　农民增收(0.4) | |
| | | 6.2.2　市场效益(0.3) | |
| | | 6.2.3　产量增长(0.3) | |
| | 6.3　生态效果(0.3) | 6.3.1　农药年用量减少幅度(0.6) | |
| | | 6.3.2　对生态环境的改善作用(0.4) | |
| 创新点(0.1) | | 特别突出的创新点(1.0) | |

注：本表设计为百分制，前 3 栏括号内数字为各自权重值，最终得分以“实得分＋创新分”格式表达。总分保留小数点后 2 位。

## 七、思考题

1. 如何科学地设定各评价指标的权重？
2. 对养殖类和生态类农业标准化示范区的效果进行评价时应对哪些指标进行调整？

# 实验6　养殖类农业标准体系构建

## 一、实验目的

1. 熟悉针对具体的农业标准化对象开展标准化体系构建的方法。
2. 了解养殖业生产过程的关键控制点及标准化工作的相关要素。

## 二、实验原理

构建标准体系是运用系统论指导标准化工作的一种方法。构建标准体系主要体现为编制标准体系结构图和标准明细表，提供标准统计表和编写标准体系编制说明，是开展标准体系建设的基础和前提工作，也是编制标准制(修)订规划和计划的依据。

## 三、实验对象与工具

1. 实验对象

由实验人自由选择具体养殖类标准体系对象，如蛋鸡、肉羊、奶牛等。

2. 实验工具

图书馆纸质及电子资源库、标准数据库及网站资源等。

## 四、实验步骤

1. 标准对象分析

拟定养殖业标准体系对象，对其进行调查研究，包括：标准体系建设的国内外情况；现有的标准化基础，包括已制定的标准和已开展的相关标准化研究项目和工作项目；存在的标准化相关问题；对标准体系的建设需求，明确所制定的标准体系的范围和边界。

2. 确定标准体系结构图

根据不同维度的标准分析结果，选择恰当的维度作为标准体系框架的主要维度，编制标准体系结构图。标准体系的结构关系一般包括上下层之间的“层次”关系，或按一定的逻辑顺序排列起来的“序列”关系，也可以是由以上几种结构相结合的组合关系。

3. 编制标准明细表

收集整理拟采用的国际标准、国家标准等外部标准和本领域已存在的内部标准，提出近期和将来拟制定的标准列表，参考表4-6-1，编制标准明细表。

**表4-6-1　**养殖标准明细表**

| 序号 | 标准体系编号 | 子体系名称 | 标准名称 | 引用标准编号 | 归口部门 | 宜定级别 | 实施日期 | 备注 |
|---|---|---|---|---|---|---|---|---|
| 1 | | | | | | | | |
| 2 | | | | | | | | |
| 3 | | | | | | | | |
| 4 | | | | | | | | |

续表4-6-1

| 序号 | 标准体系编号 | 子体系名称 | 标准名称 | 引用标准编号 | 归口部门 | 宜定级别 | 实施日期 | 备注 |
|---|---|---|---|---|---|---|---|---|
| 5 | | | | | | | | |
| …… | | | | | | | | |

注：标准体系编号指纳入标准明细表的标准或子体系的编号，编号可包含子体系所在的层次含义；子体系名称指标准体系所包含子体系的名称；标准名称指已发布标准或拟制定标准的名称；引用标准编号指引用的外部标准编号；归口部门指标准或子体系的归口管理部门；宜定级别指拟制定或拟修订标准的级别，如国家标准、行业标准、地方标准、团体标准、企业标准等；实施日期指标准或子体系的已实施或拟实施日期；备注指在以上列中没有包含的其他内容。

4. 编制标准统计表

根据标准体系中标准的类别及其他统计项，参考表 4-6-2 编制标准统计表。

**表 4-6-2　标准统计表**

| 统计项 | 应有数/个 | 现有数/个 | 现有数占应有数比率/% |
|---|---|---|---|
| 标准类别 | | | |
| 国家标准 | | | |
| 行业标准 | | | |
| 团体标准 | | | |
| 地方标准 | | | |
| 企业标准 | | | |
| 共计 | | | |
| 基础标准 | | | |
| 方法标准 | | | |
| 产品、过程、服务标准 | | | |
| 零部件、元器件标准 | | | |
| 原材料标准 | | | |
| 安全、卫生、环保标准 | | | |
| 其他 | | | |
| 共计 | | | |

5. 编写标准体系表编制说明

查找相关资料，根据制定的标准体系表，编写其必要的编制说明。标准体系表编制说明的内容一般包括：标准体系建设的背景；标准体系的建设目标、构建依据及实施原则；国内外相关标准化情况综述；各级子体系划分原则和依据；各级子体系的说明，包括主要内容、适用范围等；与其他体系交叉情况和处理意见；需要其他体系协调配套的意见；结合统计表，分析现有标准与国际相关标准的差距和薄弱环节，明确今后的主攻方向；标准制(修)订规划建议；其他。

## 五、注意事项与说明

(1)标准体系结构图由总结构方框图和若干个子方框图组成。每个方框可编上图号，并按图号编制标准明细表。

(2)编制标准体系表应符合以下符号约定：

①标准体系结构图用矩形方框表示，方框内的文字表示该标准体系或标准子体系的名称。

②通常，一个方框代表一组若干标准；如果方框内的文字有下划线，则方框仅表示体系标题之意，不包含具体的标准。

③方框间用实线或虚线连接。

④用实线表示方框间的层次关系、序列关系，不表示上述关系的连线用虚线。

⑤为了表示与其他系统的协调配套关系，用虚线连接表示本体系方框与相关标准间的关联关系；对虽由本体系负责制定，但应属其他体系的标准，作为相关标准并用虚线相连，且应在标准体系编制说明中加以说明。

## 六、实验结果与分析

以实验个人为单位，拟定具体的标准体系对象，通过查找文献资料及标准现状，完成其标准体系的构建，并以小组为单位，互相评价其标准体系的合理性。

## 七、思考题

1. 针对具体农业标准化对象开展农业标准化体系设计时，要按照什么原则进行设计？
2. 如何推进养殖类标准体系的实施？

# 参考文献

[1] 国家标准化管理委员会．现代农业标准化(上)[M]．北京：中国质检出版社，中国标准出版社，2013
[2] 中华人民共和国国家标准 GB 2715—2016 食品安全国家标准 粮食
[3] 中华人民共和国国家标准 GB 2749—2015 食品安全国家标准 蛋与蛋制品
[4] 中华人民共和国国家标准 GB 2761—2017 食品安全国家标准 食品中真菌毒素限量
[5] 中华人民共和国国家标准 GB 2762—2022 食品安全国家标准 食品中污染物限量
[6] 中华人民共和国国家标准 GB/T 3533.1—2017 标准化效益评价 第 1 部分：经济效益评价通则
[7] 中华人民共和国国家标准 GB/T 3533.2—2017 标准化效益评价 第 2 部分：社会效益评价通则
[8] 中华人民共和国国家标准 GB/T 4789.19—2003 食品卫生微生物学检验 蛋与蛋制品检验
[9] 中华人民共和国国家标准 GB 5009.2—2016 食品安全国家标准 食品相对密度的测定
[10] 中华人民共和国国家标准 GB 5009.6—2016 食品安全国家标准 食品中脂肪的测定
[11] 中华人民共和国国家标准 GB/T 5009.47—2003 蛋与蛋制品卫生标准的分析方法
[12] 中华人民共和国国家标准 GB 5009.239—2016 食品安全国家标准 食品酸度的测定
[13] 中华人民共和国国家标准 GB 5413.5—2010 食品安全国家标准 婴幼儿食品和乳品中乳糖、蔗糖的测定
[14] 中华人民共和国国家标准 GB 5413.30—2016 乳和乳制品杂质度的测定
[15] 中华人民共和国国家标准 GB 5413.39—2010 食品安全国家标准 乳和乳制品中非脂乳固体的测定

[16] 中华人民共和国国家标准 GB/T 9694—2014 皮蛋
[17] 中华人民共和国国家标准 GB/T 15683—2008 大米 直链淀粉含量的测定
[18] 中华人民共和国国家标准 GB/T 17891—2017 优质稻谷
[19] 中华人民共和国国家标准 GB 19301—2010 生乳
[20] 中华人民共和国国家标准 GB/T 22294—2008 粮油检验 大米胶稠度的测定
[21] 中华人民共和国国家标准 GB/T 22388—2008 原料乳与乳制品中三聚氰胺检测方法